变电设备检修调试辅助手册

典型作业法分册

国网湖南省电力有限公司超高压变电公司　组编

中国电力出版社
CHINA ELECTRIC POWER PRESS

内 容 提 要

本书主要围绕变电设备检修典型作业法展开，包括第 1 篇安装调试、第 2 篇例行检修维护、第 3 篇典型作业法缺陷消除、第 4 篇典型作业法技能、第 5 篇典型作业法变电检修。并结合大量典型案例对断路器、隔离开关、组合电器、开关柜、电流互感器、电压互感器等变电设备的安装、检修、调试及缺陷处理等方法进行深入分析、讲解。

本书理论结合实际，通俗易懂，案例丰富。对从事变电设备检修相关工作的人员有很好的指导作用。

图书在版编目（CIP）数据

变电设备检修调试辅助手册. 典型作业法分册 / 国网湖南省电力有限公司超高压变电公司组编. —北京：中国电力出版社，2023.5

ISBN 978-7-5198-6151-3

Ⅰ. ①变… Ⅱ. ①国… Ⅲ. ①变电所–电气设备–检修–技术手册 Ⅳ. ①TM63-62

中国版本图书馆 CIP 数据核字（2021）第 225231 号

出版发行：中国电力出版社
地   址：北京市东城区北京站西街 19 号（邮政编码 100005）
网   址：http://www.cepp.sgcc.com.cn
责任编辑：杨敏群（010-63412531）　代　旭
责任校对：黄　蓓　郝军燕　李　楠
装帧设计：王红柳
责任印制：钱兴根

印   刷：北京雁林吉兆印刷有限公司
版   次：2023 年 5 月第一版
印   次：2023 年 5 月北京第一次印刷
开   本：787 毫米×1092 毫米　16 开本
印   张：27.5
字   数：627 千字
定   价：98.00 元

编　委　会

前　言

目前，国网湖南省电力有限公司超高压变电公司（简称公司）变电检修专业经过长期的发展与积累，对于模式相对固定的各类检修作业，已积累了丰富而又实用的检修经验。由于变电检修涉及的设备类型、生产厂家及结构原理不尽相同，设备在运行过程中出现的故障或缺陷的形式层出不穷，特别是对于一些典型且可重复性较低的缺陷处理流程或经验，往往集中在少数专业技术突出的技能人员手中，没有经过专业部门的审核，没有梳理成册，经验难以普及至公司全部检修人员。另外，各分支专业积累的典型作业法存在不全面、不成体系的问题也尤为突出，造成成果难以有效支撑公司专业的发展和快速提升。

为达到典型经验积累及传承的目的，公司生产管理部门积极采取措施，激励典型问题处理方法总结提炼，形成典型作业法，供全体专业人员参考借鉴，进一步拓展骨干员工的知识面、促进年轻员工的快速成长成才。在公司生产管理部门的大力支持下，特组织变电检修专业的专家人才及技术骨干，对历年来形成的各类典型作业法进行审核及优化，形成典型作业法汇编手册，以供参考借鉴，达到提升全员技能水平，助力现代设备管理体系建设，实现公司本质安全的目标。

本手册涵盖断路器、隔离开关、组合电器、开关柜、电流互感器、电压互感器等变电设备的安装、检修、调试及缺陷处理等方法，内容丰富全面，流程全面细致，对现场施工作业有一定的指导作用。

编制本手册经历了长期的素材收集、优化及整理，特别感谢公司检修及运维各专业领导和专家的大力支持。

由于编写人员水平有限，书中难免有不足之处，恳请批评指正。

编　者

2023 年 5 月

目 录

前言

第1篇 安装调试

第 2 篇　例行检修维护

第 3 篇　典型作业法缺陷消除

第4篇 典型作业法技能

第 5 篇　典型作业法变电检测

第1篇　安装调试

1

220kV 及以下三相联动操作
支柱式断路器安装

1.1 适用范围

本典型作业法适用于 220kV 及以下三相联动操作支柱式断路器安装施工，主要包括以下内容：施工准备、基础复核、支架和机构安装、本体安装、接地线安装、管道附件安装、SF_6 气体充注、二次接线、断路器调试、检漏及测量水分、断路器试验、传动操作、一次引线制作安装、外观维护及竣工验收等工艺流程及主要质量控制要点。

1.2 施工流程

220kV 及以下三相联动操作支柱式断路器安装施工流程如图 1-1-1 所示。

图 1-1-1　220kV 及以下三相联动操作支柱式断路器安装施工流程图

1.3　工艺流程说明及质量关键点控制

1.3.1　施工准备

（1）技术准备。包括施工图纸、产品说明书、出厂试验报告及合格证、施工方案及作业指导书、施工安全技术交底。具体详见表 1－1－1～表 1－1－4。

表 1－1－1　　　　　　　　　　材　料　准　备

序号	名称	型号	单位	数量	备注
1	SF_6	50kg/12kg 装	瓶	1	厂家配备
2	油漆	黄、绿、红、黑	桶	各 1	5kg 装
3	防锈底漆	铁红	桶	1	5kg 装
4	毛刷	3.5 寸、5 寸	把	各 5	
5	低温润滑脂		支	1	
6	导线	根据设计	m	若干	
7	设备线夹	根据设计	套	若干	
8	硅酮密封胶	防水耐候性	支	3	
9	电力复合脂	高滴点	g	200	
10	真空硅脂	50g 装	瓶	1	
11	铜排	根据设计	m	若干	
12	热镀锌扁钢	根据设计	m	若干	
13	航空液压油	10 号	L	若干	液压机构厂家提供
14	真空泵油	根据产品	L	若干	气动机构厂家提供
15	密封圈	根据产品	套	若干	厂家提供

表 1－1－2　　　　　　　　　　车　辆　准　备

序号	名称	型号	单位	数量	备注
1	汽车吊	8～16t	台	1	依据现场实际调整
2	高处作业车	16～20m	台	1	
3	货车	5t	台	1	
4	叉车	2t	台	2	

表 1－1－3　　　　　　　　工机具、安全工器具准备

序号	名称型号	单位	数量	备注
1	2t 吊带	根	2	
2	揽风绳	根	2	
3	5t 卸扣	套	4	

序号	名称型号	单位	数量	备注
4	专用吊具	套	1	厂家提供
5	充放气工具	套	1	厂家提供
6	排气工具	套	1	厂家提供
7	慢动工具	套	1	厂家提供
8	导线压接机（带模具）	套	1	
9	电焊机（焊条若干）	套	1	
10	打孔机	套	1	
11	台钻（带各种规格钻花）	套	1	
12	切割机（带切割片）	套	1	
13	角磨机（带砂轮片）	套	1	
14	电源盘	个	1	
15	常用工具（各种规格）	箱	1	
16	力矩扳手	套	1	20～100N
17	电动扳手	套	1	
18	套筒（各种规格）	套	1	

表 1-1-4 　　　　　　　　　　　仪 器 仪 表 准 备

序号	名称型号	单位	数量	备注
1	数字式万用表	个	1	
2	SF_6 检漏仪	个	1	TIF 型
3	绝缘电阻表	个	1	电动
4	回路电阻测试仪	套	1	
5	微水测试仪	套	1	
6	特性测试仪	套	1	

（2）开箱检查及试验。应在厂家技术人员、施工方、业主或监理在场的情况下，进行开箱验货，并开展以下检查及试验：

1）外观检查：开箱前检查包装无破损、变形；开箱后重点检查瓷件与绝缘件外观应完好；瓷外套的瓷套与金属法兰胶装部位应牢固密实，并涂有性能良好的防水胶；硅橡胶外套外观不得有裂纹、损伤或变形。

2）部件检查：部件齐全、完好，规格型号符合技术协议要求；重点检查二次元器件主要技术参数是否满足要求，金属部件油漆、镀层完好，无锈蚀、变形或损伤，液压部件及管道无渗漏；检查备件及专用工具数量、尺寸、规格符合订货合同约定。

3）安装前试验：检查本体无泄漏，检查其压力值应符合产品技术文件要求；测量预充注 SF_6 气体和 SF_6 钢瓶内气体微水合格；测量断口回路电阻符合产品技术规定。

开箱检查及试验发现问题，应立即拍照记录，并及时通知厂家处理。

1.3.2 基础复核

安装前应对断路器基础进行检查，地基基础最小水平剖面尺寸及深度应根据断路器的操作力由用户设计，并考虑预留电缆进出位置。断路器安装前，现场核实相关安装尺寸，应符合产品技术文件要求，并应符合以下规定：

（1）混凝土强度应达到设备安装要求。

（2）基础的中心距离及高度的偏差不应大于 10mm。

（3）预留孔或预埋件中心线偏差不应大于 10mm；基础预埋件上端应高出混凝土表面 1～10mm。

（4）预埋螺栓中心线的偏差不应大于 2mm。

1.3.3 支架和机构安装

按照产品安装说明书要求，安装断路器支架和机构，将支架吊装在混凝土基础上，用水平仪校好水平后，依次紧固所有地脚螺钉。操动机构箱按照说明书要求吊装至对支架上，用水平仪校好水平后，紧固固定螺栓。

（1）应按制造厂的部件编号和规定顺序进行组装，不得混装。

（2）断路器支架和机构的固定应符合产品技术文件要求且牢固可靠。支架或底架与基础的垫片不宜超过 3 片，其总厚度不应大于 10mm，各垫片尺寸应与基座相符且连接牢固。

1.3.4 本体安装

（1）检查所有部件完好，安装位置正确，并按产品技术规定保持在其应有的水平或垂直位置。

（2）极柱起吊：应按产品技术文件要求选用吊装器具、吊点及吊装程序。220kV 及以下极柱通常采用直板法吊装，底部应垫实，整个起吊过程中，吊钩应顺着起立方向缓慢走动，端部系好揽风绳保险，侧向做好保护措施。

（3）极柱安装：本体起吊到机构箱顶部以后，缓慢下落，让支柱拉杆从支架顶部的中心孔穿入，注意防止碰伤极柱底部气体接头，对接后紧固极柱与支架之间的连接螺栓。

（4）安装时应注意：各支柱瓷套的法兰面宜在同一水平面上，各支柱中心线间距离的偏差不应大于 5mm，相间中心距离的偏差不应大于 5mm；密封槽面应清洁，无划伤痕迹；已用过的密封垫（圈）不得重复使用，对新密封（垫）圈应检查无损伤；涂密封脂时，不得使其流入密封垫（圈）内侧而与 SF_6 气体接触；所有安装螺栓必须用力矩扳手紧固，力矩值应符合产品技术文件要求；应按产品技术文件要求涂抹防水胶。

1.3.5 接地线安装

（1）落地安装的机构箱和断路器支架接地线的安装，应满足双接地要求。

（2）接地线与主接地网连接采用焊接、与断路器连接采用螺栓，接地线规格及焊接符合 GB 50169《电气装置安装工程 接地装置施工及验收规范》要求。

（3）接地线切割端面应打磨并作防腐处理，清除接地线焊接面焊渣，进行防腐处理后刷黄绿标识漆。

（4）断路器横梁和悬空安装的机构箱均应与支架可靠连接后接地。

1.3.6 管道附件安装及 SF$_6$ 气体充注

（1）管道附件安装。

1）将断路器本体和 SF$_6$ 密度监测装置之间的管道连接好，注意自动接头连接时表压是否变化，确保本体与 SF$_6$ 密度监测装置可靠连通。

2）按照产品安装使用说明书，把其他相关附件安装到位。

（2）充注 SF$_6$ 气体。

1）检查断路器生产厂家提供的专用充气装置的管道及接头完好、清洁，连接好气瓶、减压阀与专用充气装置，将管道内的残余空气排净。

2）把专用充气装置的充气接头与密度继电器或本体上的充气接头对接，按照产品技术文件要求，将断路器充至额定压力。充气过程中对密度继电器的报警、闭锁触点动作压力值同步进行校验。

1.3.7 二次接线

（1）机构箱、汇控柜和断路器本体吊装就位后，根据设计图纸安装二次电缆槽盒，将二次电缆敷设到槽盒内并固定好。

（2）按照产品电气控制回路图检查厂方二次接线的正确性和可靠性，完成现场二次回路接线。

（3）按照设计图纸进行电缆接线并核对回路设计与使用产品的符合性，验证回路接线的可靠性。

（4）机构箱、汇控柜二次接线工艺应符合 GB 50171《电气装置安装工程　盘、柜及二次回路接线施工及验收规范》的要求。

（5）二次接线完毕，应对电缆槽盒和孔洞封堵密实。

1.3.8 断路器调试

断路器在投入运行前，应做以下检查和调整，并应满足产品技术规定。

（1）按照产品安装使用说明书要求，在断路器机构储能全部释放的情况下，检查机构与本体的连接可靠、正确。

1）对液压机构，在启动油泵打压前，把厂家提供的供安装用的 10 号航空液压油补充至油箱油位的上限，再启动油泵打压并排除液压系统中的空气。上述工作完成后，将断路器慢分、慢合各 2 次。

2）对气动机构，应在机构无气压、合闸弹簧释放状态下（即合闸位置），使用专用工具将断路器慢分、慢合各 1 次，检查机构运动灵活、无卡涩。在启动空气压缩机打压前，应按照工艺要求配制连接好三相空气管道，检查无误后，启动气泵打压到额定气压，对空气系统所有管道和接头进行检漏合格。

3）对弹簧机构，应检查机构分闸弹簧和合闸弹簧能量均已释放。

（2）检查机构零部件齐全完好，各转动部分应涂以低温润滑脂（或符合当地气候条件的润滑脂），电动机固定应牢固，转向应正确。各种接触器、继电器、微动开关、压力开关、压力表、加热装置等二次元器件的动作应准确、可靠，触点应接触良好、无烧损或锈蚀。分、合闸线圈的铁芯应动作灵活、无卡阻。操动机构的缓冲器应经过调整；采用油缓冲器时，油位应正常，所采用的液压油应适合当地气候条件。加热、驱潮装置及控制元件的绝缘应良好，加热器与各元件、电缆及电线的距离应大于 50mm。

（3）辅助开关应满足以下要求：辅助开关应安装牢固，应能防止因多次操作松动变位；辅助开关触点应转换灵活、切换可靠、性能稳定；辅助开关与机构间的连接应松紧适当、转换灵活，并应满足通电时间的要求；连接锁紧螺帽应拧紧，并应采取防松措施。

（4）检查主要机械尺寸：用断路器慢分、慢合的方法测量断路器的机械尺寸，测量行程、超行程，应符合产品技术规定。测量超行程时，一般应从分闸位置开始，通过慢合测量，而不应从合闸位置开始，通过慢分测量。

（5）液压机构的安装及调整工艺要求：油箱内部应洁净，液压油的标号符合产品技术文件要求，液压油应洁净无杂质、油位指示正常；连接管路应清洁，连接处应密封良好、牢固可靠；液压回路在额定油压时，外观检查无渗漏；检查液压机构预充氮气压力符合产品技术规定，检查油压开关各微动接点动作值并进行校核（合闸、分闸、重合闸闭锁及其解除压力，起泵、停泵值等），检查安全阀动作正常，启动与恢复压力应符合产品技术规定。

（6）气动机构的安装及调整工艺要求：空气过滤器应清洁无堵塞，吸气阀和排气阀应完好、动作可靠；冷却器、风扇叶片和电动机、皮带轮等所有附件应清洁并安装牢固、运转正常；气缸用的润滑油应符合产品技术文件要求；空气压缩机油位应在标线中间位置；机构箱内的加热装置应完好；自动排污装置应动作正确，凝水位置合适并防水正常；在额定气压下空气系统无泄漏，检查空气压力开关各微动接点动作值并进行校核（合闸、分闸、重合闸闭锁及其解除压力，起泵、停泵值等），检查安全阀动作正常，启动与恢复压力应符合产品技术规定。

（7）弹簧机构的安装及调整工艺要求：不得将机构"空合闸"；合闸弹簧储能时，牵引杆的位置应符合产品技术文件；合闸弹簧储能完毕后，限位行程开关应能立即将电动机电源切除；合闸完毕，行程开关应将电动机电源接通；合闸弹簧储能后，牵引杆的下端或凸轮应与合闸锁扣可靠地联锁；分、合闸闭锁装置动作应灵活，复位应准确而迅速，并应开合可靠；弹簧储能正常，指示清晰；缓冲装置可靠，其行程应符合产品技术规定。

1.3.9 检漏及测量水分

（1）断路器按规定充入 SF_6 气体 24h 后，按现场检漏规程检漏，各点漏气率应符合产品技术规定，断路器年漏气率应小于 0.5%。推荐采用薄膜包扎法对各密封面进行包扎检漏，对发现的疑似漏气点可使用肥皂水精确定位具体泄漏位置。

（2）测量水分，充入 SF$_6$ 气体 48h 后，按现场水分测量规程对断路器内 SF$_6$ 气体含水量进行测量，气体中水分含量不应大于 150μL/L。

1.3.10　断路器试验

在断路器储能正常的前提下，液压机构经充分排气后打压至额定油压，气动机构打压至额定气压，弹簧机构合闸弹簧储能到位。在额定 SF$_6$ 气压下，进行以下试验：

（1）低电压动作试验。分闸电磁铁额定电压 30% 不动作，65%～110% 可靠动作（连续 3 次）；合闸电磁铁额定电压 30% 不动作，85%～110% 可靠动作（连续 3 次）。

（2）机械特性试验。测量分闸、合闸时间，合−分时间，分闸、合闸同期性，分闸、合闸速度，应符合产品技术规定。

（3）主导电回路接触电阻测量。灭弧室处于合闸位置，通以 100A 以上直流电流，在其进出线接线板两端（不包括接线板的接触电阻）测量断路器的主回路电阻，应符合产品技术规定，且不得大于出厂值的 1.2 倍。

（4）控制回路工频耐压。断路器的电气控制回路中，导电部分与底座之间、不同导电回路之间、同一导电回路的各分断触头之间工频耐压 2kV/1min，不应发生闪络或击穿，其中电动机绕组、继电器线圈应能承受工频 1kV/1min 耐压。

备注：可用控制回路绝缘电阻测量代替工频耐压试验。

（5）一次绝缘电阻测量，工频耐压试验（仅定开距断路器需要）。

1.3.11　传动操作

（1）对断路器电气控制回路进行检查，验证 SF$_6$ 气体压力报警与闭锁，操作闭锁，防跳试验，储能超时，分、合闸位置指示，控制回路继电器检验和整定。

（2）操作试验应可靠，指示正确；操作循环和性能满足电网要求；气动和液压机构在操作过程中压力下降值应符合产品技术规定。

（3）对气动或液压机构的重合闸闭锁试验，应将断路器置于合位，压力释放至重合闸闭锁临界值（未发出重合闸闭锁信号），由继电保护人员配合进行重合闸测试，应可靠重合；当气压或油压泄至重合闸闭锁压力值时，应闭锁重合闸并发闭锁信号，重合闸不动作。

1.3.12　一次引线制作安装

根据设计要求和导线施工工艺要求，制作软母线或管母线，安装时应符合以下规定：

（1）线夹接触面及设备接线板用铜刷打磨氧化层，用 800 号砂纸及无水酒精清洁。

（2）清理完毕立即均匀涂抹导电脂，要求可见金属色。注意严格控制涂抹剂量，用不锈钢尺刮平，再用百洁布擦拭干净，使接线板表面形成一薄层导电脂，对多余挤出的导电脂应清除干净。

（3）对角均匀紧固连接螺栓，紧固力矩及螺栓数量、规格应符合 GB 50149《电气装置安装工程　母线装置施工及验收规范》的要求。

1.3.13　外观维护

（1）检查绝缘子外观完好，并进行清扫。

（2）按运行要求标识相色，接地线防腐并涂刷黄绿标识漆。

（3）检查金属件镀锌层及油漆完好，对破损面进行修复处理。

（4）检查机构箱密封良好，二次电缆槽盒、孔洞封堵检查。

1.3.14　竣工验收

（1）外观验收（静态验收）。

1）固定牢靠，外观完好，表面清洁，油漆完整，相色标识正确，接地应良好，标识清楚，二次电缆牌标识清晰。

2）电气连接可靠，导电接触良好，螺栓紧固力矩应达到产品技术文件的要求。

3）液压机构油压、油位正常，无渗漏；气动机构气压、空压机油位正常，无漏气；弹簧机构储能指示到位。

4）密度继电器、压力表外观完好、无渗油、校验标签合格。

5）所有柜、箱防水涂层完好，防雨防潮防尘性能良好，加热驱潮装置投切正常。

（2）操作验收（动态验收）。

1）操作验收前，所有的交接试验项目应合格。

2）操动机构储能正常，电动机声音正常，储能时间符合产品技术规定。

3）密度继电器的报警、闭锁值应符合产品技术文件的要求，电气回路传动应正确。

4）断路器及其操动机构的联动应正常，无卡阻现象；分、合闸指示应正确；辅助开关动作应正确可靠。

5）现场与保护、运行人员进行传动操作试验（此步骤可结合 1.3.11 进行）。

（3）资料验收。

1）竣工图，设计变更的证明文件。

2）制造厂提供的产品说明书、装箱单、试验记录、合格证明文件及安装图纸等技术文件。

3）过程检验及质量验收资料。

4）交接试验报告。

（4）备件及工具验收。按合同供货清单向运维单位移交备品备件、专用工具及测试仪器。

1.4　三相联动操作支柱式断路器示例图

三相联动操作支柱式断路器示例如图 1-1-2 和图 1-1-3 所示。

图 1-1-2　220kV 及以下三相联动操作支柱式断路器

图 1-1-3　220kV 以下三相联动操作支柱式断路器引线连接

2

500kV 支柱式断路器安装

2.1 适用范围

本典型作业法适用于 500kV 支柱式断路器安装施工，主要包括以下内容：施工准备、基础复核、支架和机构安装、本体支柱安装、灭弧室组件安装、附件安装、断路器本体抽真空充注 SF_6 气体、接地线安装、二次接线、断路器调试、检漏及测量水分、断路器试验、传动操作、一次引线制作安装、外观维护及竣工验收等工艺流程及主要质量控制要点。

2.2 施工流程

500kV 支柱式断路器安装施工流程如图 1-2-1 所示。

图 1-2-1　500kV 支柱式断路器安装施工流程图

11

2.3 工艺流程说明及质量关键点控制

2.3.1 施工准备

（1）技术准备。包括施工图纸，产品说明书，出厂试验报告及合格证，施工方案及作业指导书，施工安全技术交底、查勘记录。具体详见表1-2-1~表1-2-4。

表1-2-1　材　料　准　备

序号	名称	型号	单位	数量	备注
1	SF_6	50kg装	瓶	2	厂家提供
2	油漆	黄、绿、红、黑	桶	各1	5kg装
3	防锈底漆	铁红	桶	1	5kg装
4	毛刷	3.5寸、5寸	把	各5	
5	低温润滑脂		支	1	
6	无水酒精	500mL装	瓶	3	
7	导线	根据设计	m	若干	
8	铝合金管母	根据设计	m	若干	
9	无毛纸		kg	1	
10	设备线夹	根据设计	套	若干	
11	硅酮密封胶	防水耐候性	支	3	
12	电力复合脂	高滴点	g	200	
13	真空硅脂	50g装	瓶	1	
14	铜排	根据设计	m	若干	
15	热镀锌扁钢	根据设计	m	若干	
16	吸附剂	根据设计	包	若干	厂家提供
17	密封圈	根据产品	套	若干	厂家提供

表1-2-2　车　辆　准　备

序号	名称型号	单位	数量	备注
1	25t汽车吊	台	1	
2	28m高处作业车	台	1	
3	8t货车	台	1	
4	2t叉车	台	2	

表1-2-3　工机具、安全工器具准备

序号	名称型号	单位	数量	备注
1	3t吊带	根	2	
2	5t吊带	根	2	

续表

序号	名称型号	单位	数量	备注
3	揽风绳	根	2	
4	5t 卸扣	套	4	
5	专用吊具	套	1	厂家提供
6	充放气工具	套	1	厂家提供
7	排气工具	套	1	厂家提供
8	慢动工具	套	1	厂家提供
9	导线压接机（带模具）	套	1	
10	交流电焊机（焊条若干）	套	1	
11	氩弧焊机（整套）	套	1	
12	打孔机	套	1	
13	台钻（带各种规格钻花）	套	1	
14	切割机（带切割片）	套	1	
15	角磨机（带砂轮片）	套	1	
16	电源盘	个	2	
17	手电钻	把	1	
18	撬棍	根	2	
19	常用工具（各种规格）	箱	2	
20	力矩扳手	套	1	20～100N
21	电动扳手	套	1	
22	套筒（各种规格）	套	1	
23	安全带	根	4	
24	个人保安线	副	2	
25	大活动扳手	把	2	18寸
26	液压剪	把	2	
27	真空泵	台	1	
28	水平尺	把	2	

表1-2-4　　　　仪 器 仪 表 准 备

序号	名称型号	单位	数量	备注
1	数字式万用表	个	1	
2	SF_6检漏仪	个	1	TIF 型
3	绝缘电阻表	个	1	电动
4	回路电阻测试仪	套	1	
5	微水测试仪	套	1	
6	特性测试仪	套	1	
7	激光测距仪	个	1	

（2）开箱检查及试验。应在厂家技术人员、施工方、业主或监理在场的情况下，进行开箱验货，并开展以下检查及试验：

1）外观检查：开箱前检查包装无破损、变形；开箱后重点检查瓷件与绝缘件外观应完好；瓷外套的瓷套与金属法兰胶装部位应牢固密实，并涂有性能良好的防水胶；硅橡胶外套外观不得有裂纹、损伤或变形。

2）部件检查：应按随机附带的装箱单、随机安装备品备件清单、随机专用工具清单仔细核对产品部件、随机安装备品及随机专用工具是否齐全、完好，并检查产品铭牌数据及技术说明书是否符合订货合同；重点检查二次元器件主要技术参数是否满足要求，金属部件油漆、镀层完好，无锈蚀、变形或损伤，液压部件及管道无渗漏。

3）安装前试验：检查本体无泄漏，检查其压力值应符合产品技术文件要求；测量预充注 SF_6 气体和 SF_6 钢瓶内气体微水合格；进行断口电容低压介质损耗及电容量测试。

开箱检查及试验发现问题，应立即拍照记录，并及时通知厂家处理。

2.3.2 基础复核

安装前应对断路器基础进行检查，地基基础最小水平剖面尺寸及深度应根据断路器的操作力由用户设计，并考虑预留电缆进出位置。断路器安装前，现场核实相关安装尺寸，应符合产品技术文件要求，并应符合以下规定：

（1）混凝土强度应达到设备安装要求。

（2）基础的中心距离及高度的偏差不应大于 10mm。

（3）预留孔或预埋件中心线偏差不应大于 10mm；基础预埋件上端应高出混凝土表面 1～10mm。

（4）预埋螺栓中心线的偏差不应大于 2mm。

2.3.3 支架和机构安装

按照产品安装说明书要求，安装断路器支架和机构，将断路器支架吊装在混凝土基础上，用水平仪校好水平后，依次紧固所有地脚螺钉。断路器支架固定后，按相序依次将断路器机构吊装至支架上。

（1）应按制造厂的部件编号和规定顺序进行组装，不得混装。

（2）断路器支架和机构的固定应符合产品技术文件要求且牢固可靠。支架或底架与基础的垫片不宜超过 3 片，其总厚度不应大于 10mm，各垫片尺寸应与基座相符且连接牢固。

2.3.4 本体支柱安装

（1）检查所有部件完好，安装位置正确，并按产品技术规定保持在其应有的水平或垂直位置。

（2）支柱起吊：应按产品技术文件要求选用吊装器具、吊点及吊装程序。先将支柱从包装箱中水平吊出，平放到地面上，然后用两根等长的吊带对称捆在支柱最上节瓷套上法兰下边，吊带另一端挂在吊钩上，以支柱底部的法兰焊装为支点用吊车缓慢吊起，整个起吊过程中，吊钩应顺着起立方向缓慢走动，端部系好揽风绳保险，侧向做好保护措施。待支柱直立后，拆除法兰焊装。

（3）支柱安装：支柱起吊到机构箱顶部以后（支柱 A、B、C 相序与机构 A、B、C 相对应），缓慢下落，让支柱拉杆从机构箱（或支架）顶部的中心孔穿入，注意防止碰伤支柱充气接头，紧固支柱与机构箱（或支架）之间的连接螺栓。

（4）安装时应注意：各支柱瓷套的法兰面宜在同一水平面上，各支柱中心线间距离的偏差不应大于 5mm，相间中心距离的偏差不应大于 5mm；所有安装螺栓必须用力矩扳手紧固，力矩值应符合产品技术文件要求；应按产品技术文件要求涂抹防水胶。

2.3.5 灭弧室组件安装

（1）电容器安装：先用专用吊具将灭弧室从包装箱中吊出放置在水平的坚固地面上，并做好稳固措施，在灭弧室触头座上安装电容器支架。将电容器从包装箱中吊出放平，用吊带将电容器吊起，注意绑扎吊带时，应使电容器倾斜角度与灭弧室倾斜角度一致。同一相断路器的两个电容器电容量宜相等或相近。

（2）附件安装及拐臂位置调整：用吊车将整个灭弧室组件吊起 300mm 左右，安装均压环、接线板等。根据产品安装说明，将灭弧室三（五）联箱封盖打开，驱动主拐臂至分闸或合闸位置，以便于主拐臂与支柱推拉杆的连接。

（3）灭弧室组件安装：将支柱均压环套于灭弧室的底部法兰上，用吊车将灭弧室组件吊起，落于支柱上，连接主拐臂与支柱推拉杆的轴销，连接灭弧室与支柱 SF₆ 管道自封接头［灭弧室、支柱气室与三（五）联箱隔断］，进行三联箱分子筛吸附剂更换，将三（五）联箱封盖安装紧固，安装过程中注意密封槽面应清洁，无划伤痕迹；已用过的密封垫（圈）不得重复使用，对新密封（垫）圈应检查无损伤；涂密封脂时，不得使其流入密封垫（圈）内侧而与 SF₆ 气体接触。对于带合闸电阻的断路器，在五联箱封盖安装前，还应按产品技术要求进行慢分慢合操作，检查五联箱连板及主拐臂的动作情况。

2.3.6 附件安装、断路器本体抽真空充注 SF₆ 气体

（1）附件安装：按照产品说明书进行断路器机构平台及其他附件安装。

（2）断路器本体抽真空：断路器灭弧室安装完成后，更换吸附剂，各气室连接部件紧固后，分别对断路器三（五）联箱、本体支柱及灭弧室进行抽真空处理。对于本体及灭弧室微正压运输装配的断路器，本体抽真空时间按产品技术要求进行。

（3）充注 SF₆ 气体：检查断路器生产厂家提供的专用充气装置的管道及接头完好、清洁，连接好气瓶、减压阀与专用充气装置，将管道内的残余空气排净。把专用充气装置的充气接头与密度继电器或本体上的充气接头对接，按照产品技术文件要求，将断路器充至额定压力。充气过程中对密度继电器的报警、闭锁触点动作压力值同步进行校验。

2.3.7 接地线安装

（1）落地安装的机构箱和断路器支架接地线的安装，应满足双接地要求。

（2）接地线与主接地网连接采用焊接、与断路器连接采用螺栓，接地线规格及焊接符合 GB 50169《电气装置安装工程 接地装置施工及验收规范》的要求。

（3）接地线切割端面应打磨并作防腐处理，清除接地线焊接面焊渣，进行防腐处理后刷黄绿标识漆。

（4）断路器机构平台与支架均应可靠接地。

2.3.8　二次接线

（1）机构箱、汇控柜和断路器本体吊装就位后，根据设计图纸安装二次电缆槽盒，将二次电缆敷设到槽盒内并固定好。

（2）按照产品电气控制回路图检查厂方二次接线的正确性和可靠性，完成现场二次回路接线。

（3）按照设计图纸进行电缆接线并核对回路设计与使用产品的符合性，验证回路接线的可靠性。

（4）机构箱、汇控柜二次接线工艺应符合 GB 50171《电气装置安装工程　盘、柜及二次回路接线施工及验收规范》的要求。

（5）二次接线完毕，应对电缆槽盒和孔洞封堵密实。

2.3.9　断路器调试

断路器在投入运行前，应做以下检查和调整，并应满足产品技术规定。

（1）按照产品安装使用说明书要求，在断路器机构储能全部释放的情况下，检查机构与本体的连接可靠、正确。

1）对液压机构，在启动油泵打压前，把厂家提供的供安装用的 10 号航空液压油补充至油箱油位的上限，再启动油泵打压并排除液压系统中的空气。上述工作完成后，将断路器慢分、慢合各 2 次。

2）对气动机构，应在机构无气压、合闸弹簧释放状态下（即合闸位置），使用专用工具将断路器慢分、慢合各 1 次，检查机构运动灵活、无卡涩。在启动空气压缩机打压前，应按照工艺要求配制连接好三相空气管道，检查无误后，启动气泵打压到额定气压，对空气系统所有管道和接头进行检漏合格。

3）对弹簧机构，应检查机构分闸弹簧和合闸弹簧能量均已释放。

（2）检查机构零部件齐全完好，各转动部分应涂以低温润滑脂（或符合当地气候条件的润滑脂），电动机固定应牢固，转向应正确。各种接触器、继电器、微动开关、压力开关、压力表、加热装置等二次元器件的动作应准确、可靠，触点应接触良好、无烧损或锈蚀。分、合闸线圈的铁芯应动作灵活、无卡阻。操动机构的缓冲器应经过调整；采用油缓冲器时，油位应正常，所采用的液压油应适合当地气候条件。加热、驱潮装置及控制元件的绝缘应良好，加热器与各元件、电缆及电线的距离应大于 50mm。

（3）辅助开关应满足以下要求：辅助开关应安装牢固，应能防止因多次操作松动变位；辅助开关触点应转换灵活、切换可靠、性能稳定；辅助开关与机构间的连接应松紧适当、转换灵活，并应能满足通电时间的要求；连接锁紧螺帽应拧紧，并应采取防松措施。

（4）检查主要机械尺寸：用断路器慢分、慢合的方法测量断路器的机械尺寸，测量行程、超行程，应符合产品技术规定。测量超行程时，一般应从分闸位置开始，通过慢合测量，而不应从合闸位置开始，通过慢分测量。

（5）液压机构的安装及调整工艺要求：油箱内部应洁净，液压油的标号符合产品技术文件要求，液压油应洁净无杂质、油位指示正常；连接管路应清洁，连接处应密封良好、牢固可靠；液压回路在额定油压时，外观检查无渗漏；检查液压机构预充氮气压力符合产品技术规定，对油压开关各微动接点动作值进行校核（合闸、分闸、重合闸闭锁及其解除压力，起泵、停泵值等），检查安全阀动作正常，启动与恢复压力应符合产品技术规定。

（6）气动机构的安装及调整工艺要求：空气过滤器应清洁无堵塞，吸气阀和排气阀应完好、动作可靠；冷却器、风扇叶片和电动机、皮带轮等所有附件应清洁并安装牢固、运转正常；气缸用的润滑油应符合产品技术文件要求；空气压缩机油位应在标线中间位置；机构箱内的加热装置应完好；自动排污装置应动作正确，凝水位置合适并防水正常；在额定气压下空气系统无泄漏，检查空气压力开关各微动接点动作值并进行校核（合闸、分闸、重合闸闭锁及其解除压力，起泵、停泵值等），检查安全阀动作正常，启动与恢复压力应符合产品技术规定。

（7）弹簧机构的安装及调整工艺要求：不得将机构"空合闸"；合闸弹簧储能时，牵引杆的位置应符合产品技术文件；合闸弹簧储能完毕后，限位行程开关应能立即将电动机电源切除；合闸完毕，行程开关应将电动机电源接通；合闸弹簧储能后，牵引杆的下端或凸轮应与合闸锁扣可靠地联锁；分、合闸闭锁装置动作应灵活，复位应准确而迅速，并应开合可靠；弹簧储能正常，指示清晰；缓冲装置可靠，其行程应符合产品技术规定。

2.3.10 检漏及测量水分

（1）断路器按规定充入 SF_6 气体 24h 后，按现场检漏规程检漏，各点漏气率应符合产品技术规定，断路器年漏气率应小于 0.5%。推荐采用薄膜包扎法对各密封面进行包扎检漏，对发现的疑似漏气点可使用肥皂水精确定位具体泄漏位置。

（2）测量水分，充入 SF_6 气体 48h 后，按现场水分测量规程对断路器内 SF_6 气体含水量进行测量，气体中水分含量不应大于 150μL/L。

2.3.11 断路器试验

在断路器储能正常的前提下，液压机构经充分排气后打压至额定油压，气动机构打压至额定气压，弹簧机构合闸弹簧储能到位。在额定 SF_6 气压下，进行以下试验：

（1）低电压动作试验。分闸电磁铁额定电压 30%不动作，65%～110%可靠动作（连续3 次）；合闸电磁铁额定电压 30%不动作，85%～110%可靠动作（连续 3 次）。

（2）机械特性试验。测量分闸、合闸时间，合－分时间，分闸、合闸同期性，分闸、合闸速度，应符合产品技术规定。对于带合闸电阻的断路器，还应进行合闸电阻阻值测量、电阻提前主断口合闸时间及在合－分或分－合－分操作中电阻提前主断口分闸时间测量，以及电阻断口的合分时间测量等。

（3）主导电回路接触电阻测量。灭弧室处于合闸位置，通以 100A 以上直流电流，在其进出线接线板两端（不包括接线板的接触电阻）测量断路器的主回路电阻，应符合产品技术规定，且不得大于出厂值的 1.2 倍。

（4）控制回路工频耐压。断路器的电气控制回路中，导电部分与底座之间、不同导电回路之间、同一导电回路的各分断触头之间工频耐压 2kV/1min，不应发生闪络或击穿，其中电动机绕组、继电器线圈应能承受工频 1kV/1min 耐压。

注：可用控制回路绝缘电阻测量代替工频耐压试验。

（5）一次绝缘电阻测量，工频耐压试验（仅定开距断路器需要）。

2.3.12　传动操作

（1）对断路器电气控制回路进行检查，验证 SF_6 气体压力报警与闭锁，操作闭锁，防跳试验，储能超时，非全相试验，分、合闸位置指示，控制回路继电器检验和整定。

（2）操作试验应可靠，指示正确；操作循环和性能满足电网要求；气动和液压机构在操作过程中压力下降值应符合产品技术规定。

（3）对气动或液压机构的重合闸闭锁试验，应将断路器置于合位，压力释放至重合闸闭锁临界值（未发出重合闸闭锁信号），由继电保护人员配合进行重合闸测试，应可靠重合；当气压或油压泄至重合闸闭锁压力值时，应闭锁重合闸并发闭锁信号，重合闸不动作。

2.3.13　一次引线制作安装

根据设计要求和导线施工工艺要求，制作软母线或管母线，安装时应符合以下规定：

（1）线夹接触面及设备接线板用铜刷打磨氧化层，用 800 号砂纸及无水酒精清洁。

（2）清理完毕立即均匀涂抹导电脂，要求可见金属色。注意严格控制涂抹剂量，用不锈钢尺刮平，再用百洁布擦拭干净，使接线板表面形成一薄层导电脂，对多余挤出的导电脂应清除干净。

（3）对角均匀紧固连接螺栓，紧固力矩及螺栓数量、规格应符合 GB 50149《电气装置安装工程　母线装置施工及验收规范》的要求。

2.3.14　外观维护

（1）检查绝缘子外观完好，并进行清扫。

（2）按运行要求标识相色，接地线防腐并涂刷黄绿标识漆。

（3）检查金属件镀锌层及油漆完好，对破损面进行修复处理。

（4）检查机构箱密封良好，二次电缆槽盒、孔洞封堵检查。

2.3.15　竣工验收

（1）外观验收（静态验收）。

1）固定牢靠，外观完好，表面清洁，油漆完整，相色标识正确，接地应良好，标识清楚，二次电缆牌标识清晰。

2）电气连接可靠，导电接触良好，螺栓紧固力矩应达到产品技术文件的要求。

3）液压机构油压、油位正常，无渗漏；气动机构气压、空压机油位正常，无漏气；弹簧机构储能指示到位。

4）密度继电器、压力表外观完好，无渗油，校验标签合格。

5）所有柜、箱防水涂层完好，防雨防潮防尘性能良好，加热驱潮装置投切正常。

（2）操作验收（动态验收）。

1）操作验收前，所有的交接试验项目应合格。

2）操动机构储能正常，电动机声音正常，储能时间符合产品技术规定。

3）密度继电器的报警、闭锁值应符合产品技术文件的要求，电气回路传动应正确。

4）断路器及其操动机构的联动应正常，无卡阻现象；分、合闸指示应正确；辅助开关动作应正确可靠。

5）现场与保护、运行人员进行传动操作试验（此步骤可结合 2.3.12 进行）。

（3）资料验收。

1）竣工图，设计变更的证明文件。

2）制造厂提供的产品说明书、装箱单、试验记录、合格证明文件及安装图纸等技术文件。

3）过程检验及质量验收资料。

4）交接试验报告。

（4）备件及工具验收。按合同供货清单向运维单位移交备品备件、专用工具及测试仪器。

2.4　500kV 支柱式断路器示例图

500kV 支柱式断路器示例如图 1－2－2 所示。

图 1－2－2　500kV 支柱式断路器

3

GIS 设 备 安 装

3.1 适用范围

本作业方法适用于变电站 110kV 及以上 GIS/HGIS 间隔扩建电气安装工作，主要包括以下内容：施工准备、基础复核、本体部件及接地安装、管道安装及充注 SF_6 气体、检漏及测量水分、二次接线、断路器调试及试验、导线制作与接入、外观维护及验收等工艺流程及主要质量控制要点。

3.2 施工流程

GIS 设备安装施工流程如图 1-3-1 所示。

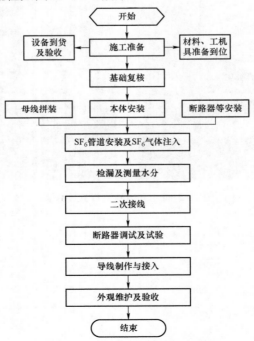

图 1-3-1　GIS 设备安装施工流程图

20

3.3　工艺流程说明及质量关键点控制

3.3.1　施工准备

（1）技术准备。包括施工图纸、产品说明书、出厂试验报告及合格证、施工方案及作业指导书、施工安全技术交底。

（2）材料准备见表1-3-1。

表1-3-1　　　　　　　　　　　　材 料 准 备

序号	名称	规格型号	数量	备注
1	棉纱头		若干	
2	无水酒精		若干	
3	钢芯铝绞线		若干	
4	铜牌	40mm×4mm	若干	
5	焊条		若干	
6	油漆（银灰）		3桶	
7	油漆（黄）		3桶	
8	油漆（绿）		3桶	
9	油漆（红）		3桶	
10	油漆刷		12把	
11	保鲜膜		若干	
12	无尘纸		若干	

（3）车辆准备见表1-3-2。

表1-3-2　　　　　　　　　　车 辆 准 备

序号	名称	型号	单位	数量	备注
1	汽车吊	16t	台	1	
2	高处作业车	16～20m	台	1	
3	货车	5t	台	1	
4	叉车	2t	台	2	

（4）工机具、安全工器具准备见表1-3-3。

表1-3-3　　　　　　　　工机具、安全工器具准备

序号	名称型号	单位	数量	备注
1	2t吊带	根	2	
2	揽风绳	根	2	

续表

序号	名称型号	单位	数量	备注
3	5t 卸扣	套	4	
4	专用吊具	套	1	厂家提供
5	充放气工具	套	1	厂家提供
6	排气工具	套	1	厂家提供
7	慢动工具	套	1	厂家提供
8	导线压接机（带模具）	套	1	
9	电焊机（焊条若干）	套	1	
10	打孔机	套	1	
11	台钻（带各种规格钻花）	套	1	
12	切割机（带切割片）	套	1	
13	角磨机（带砂轮片）	套	1	
14	电源盘	个	1	
15	常用工具（各种规格）	箱	1	
16	力矩扳手	套	1	20～100N
17	电动扳手	套	1	
18	套筒（各种规格）	套	1	
19	链条葫芦		4 个	
20	水平尺		1 个	
21	吊绳		若干	
22	SF_6 回收车		1 台	
23	SF_6 充气装置		1 套	
24	SF_6 气体		若干	
25	空压机		1 套	

（5）仪器仪表准备见表 1-3-4。

表 1-3-4 　　　　　　　仪 器 仪 表 准 备

序号	名称型号	单位	数量	备注
1	数字式万用表	个	1	
2	SF_6 检漏仪	个	1	TIF 型
3	绝缘电阻表	个	1	电动
4	回路电阻测试仪	套	1	
5	微水测试仪	套	1	
6	特性测试仪	套	1	
7	气体成分分析仪			

（6）开箱检查及试验。应在厂家技术人员、施工方、业主或监理在场的情况下，进行开箱验货，并开展以下检查及试验：

1）资料检查。检查发运清单，核对物品与清单一致；根据制造厂提供的相关资料，查看设备到货的状态与出厂时的状态相符。

2）外观检查。检查冲撞记录仪数据符合制造厂要求，运输方向有特殊要求的，对运输方向正确性进行检查；充有气体的运输单元，按产品技术规定检查压力值，并做好记录，有异常情况时应及时采取措施。组合电器元件包装箱拆除后所有部件要完整无损：件外壳无损伤、变形、裂纹、锈蚀，设备漆面完好、无油污、无划伤；玻璃制品或其他易碎品须完好，设备紧固件无明显松动、脱落、损坏现象，上架组合运输的套管检查瓷件无损伤。

3）部件检查。元件的接线端子、插接件及载流部分应光洁、无锈蚀；各分隔气室的压力值和含水量应符合产品的技术规定；密度继电器和压力表应检验合格；紧固螺栓应齐全，无松动；密封良好；检查备件及专用工具数量、尺寸、规格符合订货合同约定。

4）安装前试验。对每一充气运输部件应进行气压检查，如发现问题，则应返厂处理。为及早发现因长途运输所引起的部件内部结构变化，安装前应及时测量各部件回路及主回路电阻。新 SF_6 气体应具有出厂试验报告及合格证件，运到现场后每瓶都应做含水量检验，并抽样做全分析。

开箱检查及试验发现问题，应立即拍照记录，并及时通知厂家处理。

（7）安装前准备。防尘室的搭设满足产品技术要求。制造厂至少列明温度、湿度、洁净度等技术指标。

1）防尘室内温度应在 $-10 \sim +40$℃之间，空气相对湿度小于 80%。

2）风沙大的地区，入口处设置风淋室，通过风淋室吹去作业人员身上附带的粉尘及其他微粒。

3）所有进入防尘室的人员应穿戴专用防尘服、室内工作鞋。

4）防尘室内应充入经过滤尘的干燥空气。

5）具备完善的防蚊虫设施及措施。

6）通风设施齐全有效。

3.3.2 基础复核

安装前应对断路器基础进行检查，地基基础最小水平剖面尺寸及深度应根据断路器的操作力由用户设计，并考虑预留电缆进出位置。断路器安装前，现场核实相关安装尺寸，应符合产品技术文件要求，并应符合以下规定：

（1）混凝土强度应达到设备安装要求。

（2）基础的中心距离偏差不应大于 2mm。

（3）基础预埋件上表面需高出最终土建基体上表面至少 5mm，水平误差不大于 2mm，整体水平误差不大于 3mm。

3.3.3 本体安装

本文以整段母线安装为例，现场安装先选取主母线中间部位的一个间隔作为基准间隔首先就位，再依次向两侧分别安装过渡母线和其余间隔。主母线对接完毕并完成部分检测试验（比如回路电阻）后，再安装各间隔的分支母线和套管部分。耐压试验前，电压互感器、避雷器与主回路的导体连接先断开，待主回路交流耐压结束后，再安装电压互感器、避雷器单元或其与 GIS 主回路间的连接导体。

母线对接：所有 GIS 本体部分发货单元内均已预充了 0.03～0.05MPa 的运输气体，现场需要再解体的非封闭气室内充的是高纯氮气，现场需要排放后再进行开盖工作；现场不需要再解体的封闭气室内充的是纯净的 SF_6 气体，现场经微水复测合格后可直接补气不用再进行抽真空处理。

核对图纸：按基准间隔调整安装位置，双母线情况的要求两条母线中心分别与基准线重合

清理壳体与导体：

（1）用吸尘器将基准间隔和待安装间隔外表面，特别是母线筒法兰封口处灰尘清理干净。拆除两间隔母线筒工装封板，开盖的法兰对接面随时扣防尘罩。

（2）将步骤（1）备齐的两间隔之间的母线导电杆进行检查、清理。

（3）导体等零部件表面状况检查满足使用要求（比如镀银层色泽光亮、预充气压无泄压）。

安装导体：

（1）间隔内导体安装：将检查清理后的导体按照图纸要求和顺序装配到母线筒内。装配完毕后，为确保内部件装配的正确性，必须分段测试导体接触电阻。

（2）基准间隔、待安装间隔电阻测量：将基准间隔内各开关状态调整至可进行回路电阻测试的状态（断路器和隔离开关处于合闸状态，接地开关处于分闸状态），对母线筒内导体至分支母线解体口的回路电阻进行测试，并书面记录，同时与出厂测试值进行比对，要求三相均衡且不大于出厂测试值的 120%，超出偏差的应分析原因并进行处理。

（3）间隔间导体安装：将挑选好的 3 根（双母线为 6 根）导电杆，在需要与触座装配接触的端部均匀涂抹薄薄一层导电脂，中相和距离对接面较远的一相的导体装入基准间隔触座内，另外一相导体装入待安装间隔触座装配内，要求接头装入到触座的最底部，再向外移出约 10mm。用绝缘支撑工装使导电杆保持水平状态。

外壳对接：

（1）检查待安装间隔母线筒两端的法兰上水平螺孔距离底架下平面的高度 H 是否一致，如不一致需要首先将此高度 H 通过母线支座处支撑螺杆调整至符合图纸要求。

（2）准备手拉葫芦：在基准间隔和待安装间隔底架吊点孔上安装两副 3t 的手拉葫芦，收紧手拉葫芦。

（3）对接密封面处理：按要求在待安装间隔的待对接母线筒法兰面密封槽中，装配好密封圈并涂覆密封胶。

（4）合拢过程中的调整方式：通过慢速收紧手拉葫芦拖动待安装间隔沿 X 轴向基准间隔靠拢，两副手拉葫芦的收紧速度尽量保持相等，速度低于 10mm/s，从而保证待安装间隔不倾斜的沿 X 轴移动。在待安装间隔移动到两对接面距离达到 150mm 时，停止拖动间隔，通过撬棍、千斤顶等调整待安装间隔母线筒轴线与地面画线 X 轴（双母线还有 X_1 轴）重合。

（5）对接面合拢前调整：继续收紧手拉葫芦进行待安装间隔拖动，拖动速度放低至5mm/s，随时观察所有导电杆端面与对应的电连接屏蔽罩顶端面间的距离，在该距离减少至约10mm时停止移动待安装间隔，此时待对接两法兰面距离约120mm时，在对侧间隔母线筒的两水平螺栓孔穿入导向杆。再次检查调整待安装间隔母线筒轴线与地面画线X轴（双母线还有X_1轴）重合。用水平仪检查待对接的待安装间隔线法兰高度与基准间隔的线法兰高度是否相等，略有差别的通过筒体支撑螺杆进行调整至相同高度。

（6）导电杆预对接：将三相导电杆向反方向拉出约60mm装入待对接的触座装配内，务必保证本侧导电杆能够完全装入触头座的导向套，同时保证导电杆另一端不能与导向套脱离。将绝缘支撑工装从母线筒内取出，注意不要剐蹭密封面及内部件。

（7）对接面合拢导电杆对接：收紧手拉葫芦继续拖动待安装间隔，速度保持在5mm/s以下。随时通过轻微转动三相导电杆，确保其在接下来的对接过程中不要出现卡滞现象。

（8）对接面预紧固：拖动待安装间隔至对接面间距缩小到10mm时停止移动，目测检查两对接面螺孔是否一一对正，应先将法兰中部两处（取出导向杆）及下半圈的螺栓装配就位，严禁装配上半圈的螺栓。如果螺孔对中度略有偏差，可松开母线隔离开关处的补偿器四根大螺杆后通过调整母线支撑的高度来进行。

（9）对接面螺栓紧固：继续拖动待安装间隔，将对接面贴合，确保两对接法兰面边沿重合不错位的情况下，先用扳手将水平中部两处螺栓预紧至法兰面合拢住。然后再装配上半圈螺栓，用力矩扳手对角依次紧固。

（10）调整导电杆插入量：用手转动三相导电杆确认无卡滞现象，调整导电杆两端插入量相等，使工艺孔处于朝向上状态。

（11）测量对接段回路电阻。

3.3.4 断路器安装

在新建站项目，中断路器模块一般是和其他模块组装为一个主体间隔整体发货，现场不需要单独进行断路器的安装。只有在扩建工程中，比如前期母线及母线隔离接地开关已上齐的情况下才需要现场对接断路器。新扩建断路器时需要对邻近的主母线进行短时停电，并且对临近的隔离开关气室进行降半压。

清理壳体与导体：拆除工装封板，开盖的法兰对接面随时扣防尘罩；将导电杆进行检查、清理，导体等零部件表面状况检查满足使用要求（比如镀银层色泽光亮、预充气压无泄压）。

导体安装：三相导电杆的端部相间距及中心标高应符合图纸要求，否则应给予调整。密封面密封圈需重新更换，涂抹密封胶。

断路器就位：准备对接断路器单元，将断路器调整至合闸状态，拆除封口的工装盖板，测试回路电阻、插入量满足要求。

回路电阻测试：测量断路器静侧触头座至母线侧接地开关接地端子间回路电阻。

3.3.5 隔离开关的安装

安装前将隔离开关调整至合闸位置，接地开关调整至合闸位置，进行回路电阻测试合格后进行安装。

本体对接：悬挂好柔性吊带起吊，为保证对接顺畅，起吊后的装配单元应两端水平不偏转。清洁后，安装密封圈起吊，完成与断路器上拔口的对接（注意核对相别一一对应）。然后安装底部支撑件。三相全部对接完毕后，调整相间距和中心标高符合图纸要求。安装隔离接地机构及机构传动系统。

3.3.6　内置式 TV 及避雷器安装

单元吊装：在 TV 及避雷器罐体底部安装专用吊环，使用柔性吊带配合吊装工具进行罐体起吊离地，拆除 TV 及避雷器的防护盖板，检查绝缘子表面无裂纹、气泡，镀银面无氧化、脱落起皮现象。

本体对接：注意按照外壳标识方向进行旋转或移动。将吊起的 TV 及避雷器扶稳使导电触头正对腔内屏蔽罩开口，缓慢平稳落下，使导电触头慢速装入屏蔽罩触头盒内连接，同时 TV 及避雷器绝缘子与待对法兰面合拢，穿入法兰螺栓，用力矩扳手紧固。对接面清理之后，安放密封圈，在法兰上涂抹密封胶。应注意气嘴、接线盒、接地块的方向与间隔断面图一致。

3.3.7　套管安装安装

安装前核对现场到货套管防污等级、干弧距离等参数是否正确。

起吊时用两套吊装工具分别吊住套管装配的首尾两端，注意使用合适的连接件和 U 形环。两副吊装工具缓慢起吊，将套管离地约 2m 时，继续起吊接线板端使瓷套逐渐竖直，时尾端逐渐下降，使瓷套逐渐竖直，竖直后拆下尾端吊具母线导体的安装。

拆除工装封板，开盖的法兰对接面随时扣防尘罩。

电缆连接终端的安装：核实电缆终端仓以及终端头尺寸、截面积是否匹配；由安装单位将高压电缆敷设至电缆出线间隔的电缆仓下方，并制作好终端头；在电缆终端头上部安装触头座，然后固定梅花触头，最后安装固定屏蔽罩。

3.3.8　母线气室的对接

现场间隔调整好水平后应先将各母线气室的两端封盖拆除，再泄放掉内部原来冲进去的氮气，随后利用酒精、无毛纸将母线气室的法兰面进行清洁。按照安装的顺序，依次对后面的母线拼接进行相同的处理方式。需要吊装的罐体在吊装对接前应进行清洁，主要是清擦盆子或法兰表面，做到清洁无毛刺；装好密封圈，调整好水平度，并保证连接触头的插入深度。

3.3.9　波纹管的安装

波纹管在吊装安装前应先进行清化，每一节波纹内外都应仔细清理，在每根螺杆上均匀涂抹固体二硫化钼，达到润滑作用。随后再用扳手将波纹管长度压缩，以便于安装的方便，吊装进入罐体之间后再反操作松开螺母，将波纹管长度延长至正好与母线法兰紧密接触。

3.3.10 接地线安装

（1）落地安装的机构箱和断路器支架接地线的安装，应满足双接地要求。

（2）接地线与主接地网连接采用焊接、与断路器连接采用螺栓，接地线规格及焊接符合 GB 50169《电气装置安装工程 接地装置施工及验收规范》的要求。

（3）接地线切割端面应打磨并作防腐处理，清除接地线焊接面焊渣，进行防腐处理后刷黄绿标识漆。

（4）断路器横梁和悬空安装的机构箱均应与支架可靠连接后接地。

3.3.11 SF_6 气管安装、抽真空及 SF_6 补气

（1）气管安装。气管安装要对气管所有接触面、垫片及密封圈进行除尘、润滑和紧固处理，防止 SF_6 气体泄漏。安装完为避免长期运行导致雨水由对接面渗入气管乃至组合电器气室内影响绝缘，要对所有气管对接面打防水密封胶。

（2）抽真空处理。当气室气压下降至 0.01MPa 后，关闭储气罐截止阀，并将回收装置调至抽真空挡位，对相应气室抽取真空。抽真空至 133Pa 以下并继续抽真空 30min，停泵 30min，记录真空度（A），再隔 5h，读真空度（B），若（B）−（A）的值小于 133Pa，则可认为合格，否则应进行处理并重新抽真空至合格为止。

选用的真空泵其功率等技术参数应能满足气室抽真空的最低要求，管径大小及强度、管道长度、接头口径应与被抽真空的气室大小相匹配。设备抽真空时，严禁用抽真空的时间长短来估计真空度，抽真空所连接的管路一般不超过 5m。

（3）SF_6 充气。使用经微水检测合格的 SF_6 气体充气，对国产气体宜采用液相法充气（将钢瓶放倒，底部垫高约 30°），使钢瓶的出口处于液相。对于进口气体，可以采用气相法充气。充气速率不宜过快，以气瓶底部（充气管）不结霜为宜。环境温度较低时，液态 SF_6 气体不易气化，可对钢瓶加热（不能超过 40℃），提高充气速度。

当气瓶内压力降至 0.1MPa 时，应停止充气。充气完毕后，应称钢瓶的质量，以计算断路器内气体的质量，瓶内剩余气体质量应标出。

将各个气室补充到规定压力，静置 24h 后进行耐压试验。

3.3.12 检漏及测量水分

（1）断路器按规定充入 SF_6 气体 24h 后，按现场检漏规程检漏，各点漏气率应符合产品技术规定，断路器年漏气率应小于 0.5%。推荐采用薄膜包扎法对各密封面进行包扎检漏，对发现的疑似漏气点可使用肥皂水精确定位具体泄漏位置。

（2）测量水分，充入 SF_6 气体 48h 后，按现场水分测量规程对断路器内 SF_6 气体含水量进行测量，气体中水分含量不应大于 150μL/L。

3.3.13 二次接线

（1）机构箱、汇控柜和断路器本体吊装就位后，根据设计图纸安装二次电缆槽盒，将二次电缆敷设到槽盒内并固定好。

（2）按照产品电气控制回路图检查厂方二次接线的正确性和可靠性，完成现场二次回路接线。

（3）按照设计图纸进行电缆接线并核对回路设计与使用产品的符合性，验证回路接线的可靠性。

（4）机构箱、汇控柜二次接线工艺应符合 GB 50171《电气装置安装工程 盘、柜及二次回路接线施工及验收规范》的要求。

（5）二次接线完毕，应对电缆槽盒和孔洞封堵密实。

3.3.14　断路器调试

断路器在投入运行前，应做以下检查和调整，并应满足产品技术规定。

（1）按照产品安装使用说明书要求，在断路器机构储能全部释放的情况下，检查机构与本体的连接可靠、正确。

1）对液压机构，在启动油泵打压前，把厂家提供的供安装用的 10 号航空液压油补充至油箱油位的上限，再启动油泵打压并排除液压系统中的空气。上述工作完成后，将断路器慢分、慢合各 2 次。

2）对气动机构，应在机构无气压、合闸弹簧释放状态下（即合闸位置），使用专用工具将断路器慢分、慢合各 1 次，检查机构运动灵活、无卡涩。在启动空气压缩机打压前，应按照工艺要求配制连接好三相空气管道，检查无误后，启动气泵打压到额定气压，对空气系统所有管道和接头进行检漏合格。

3）对弹簧机构，应检查机构分闸弹簧和合闸弹簧能量均已释放。

（2）检查机构零部件齐全完好，各转动部分应涂以低温润滑脂（或符合当地气候条件的润滑脂），电动机固定应牢固，转向应正确。各种接触器、继电器、微动开关、压力开关、压力表、加热装置等二次元器件的动作应准确、可靠，触点应接触良好、无烧损或锈蚀。分、合闸线圈的铁芯应动作灵活、无卡阻。操动机构的缓冲器应经过调整；采用油缓冲器时，油位应正常，所采用的液压油应适合当地气候条件。加热、驱潮装置及控制元件的绝缘应良好，加热器与各元件、电缆及电线的距离应大于 50mm。

（3）辅助开关应满足以下要求：辅助开关应安装牢固，应能防止因多次操作松动变位；辅助开关触点应转换灵活、切换可靠、性能稳定；辅助开关与机构间的连接应松紧适当、转换灵活，并应能满足通电时间的要求；连接锁紧螺帽应拧紧，并应采取防松措施。

（4）检查主要机械尺寸：用断路器慢分、慢合的方法测量断路器的机械尺寸，测量行程、超行程，应符合产品技术规定。测量超行程时，一般应从分闸位置开始，通过慢合测量，而不应从合闸位置开始，通过慢分测量。

（5）液压机构的安装及调整工艺要求：油箱内部应洁净，液压油的标号符合产品技术文件要求，液压油应洁净无杂质、油位指示正常；连接管路应清洁，连接处应密封良好、牢固可靠；液压回路在额定油压时，外观检查无渗漏；检查液压机构预充氮气压力符合产品技术规定，检查油压开关各微动接点动作值并进行校核（合闸、分闸、重合闸闭锁及其解除压力，起泵、停泵值等），检查安全阀动作正常，启动与恢复压力应符合产品技术规定。

（6）弹簧机构的安装及调整工艺要求：不得将机构"空合闸"；合闸弹簧储能时，牵引杆的位置应符合产品技术文件；合闸弹簧储能完毕后，限位行程开关应能立即将电动机电源切除；合闸完毕，行程开关应将电动机电源接通；合闸弹簧储能后，牵引杆的下端或凸轮应与合闸锁扣可靠地联锁；分、合闸闭锁装置动作应灵活，复位应准确而迅速，并应开合可靠；弹簧储能正常，指示清晰；缓冲装置可靠，其行程应符合产品技术规定。

3.3.15 断路器试验

在断路器储能正常的前提下，液压机构经充分排气后打压至额定油压，气动机构打压至额定气压，弹簧机构合闸弹簧储能到位。在额定 SF_6 气压下，进行以下试验：

（1）低电压动作试验。分闸电磁铁额定电压 30%不动作，65%～110%可靠动作（连续3次）；合闸电磁铁额定电压 30%不动作，85%～110%可靠动作（连续 3 次）。

（2）机械特性试验。测量分闸、合闸时间，合－分时间，分闸、合闸同期性，分闸、合闸速度，应符合产品技术规定。

（3）主导电回路接触电阻测量。灭弧室处于合闸位置，通以 100A 以上直流电流，在其进出线接线板两端（不包括接线板的接触电阻）测量断路器的主回路电阻，应符合产品技术规定，且不得大于出厂值的 1.2 倍。

（4）控制回路工频耐压。断路器的电气控制回路中，导电部分与底座之间、不同导电回路之间、同一导电回路的各分断触头之间工频耐压 2kV/1min，不应发生闪络或击穿，其中电动机绕组、继电器线圈应能承受工频 1kV/1min 耐压。

注：可用控制回路绝缘电阻测量代替工频耐压试验。

（5）一次绝缘电阻测量，工频耐压试验（仅定开距断路器需要）。

3.3.16 导线制作与安装

（1）悬式绝缘子的拼接与接入。为了保证悬式绝缘子的绝缘能力和机械强度，悬式绝缘子采用"4+1"的模式进行拼接。悬式绝缘子的拼接如图 1－3－2 所示。

（2）导线的制作。使用钢芯铝绞线作为测量元件，将钢芯铝绞线的上端接入点压接完成后，将上端固定，在满足弧垂要求后在下端接入点做好标记，进行下端接入点的压接；为了避免导线在运行中从线夹内脱落，要求压接的每一模符合规程规范要求，铝模

图 1－3－2 悬式绝缘子的拼接

每一模达到 80MPa，叠模长度不小于 10mm，其中导线与悬式绝缘子的对接使用钢矛，需要将钢芯铝绞线的铝绞线切割下来，留下长过钢矛线夹 10mm 的钢芯，其中钢模每一模要达到 60MPa，叠模长度不小于 8mm，刷好防锈漆后，套上保护铝壳，将耐张线夹盖过钢

矛线夹，为了避免钢矛的机械强度受损，压接前将钢矛突起部分标记出来，在进行耐张线夹的压接时，不得压接标记部分。

3.3.17　外观维护

（1）检查外观完好，并进行清扫。

（2）按运行要求标识相色，接地线防腐并涂刷黄绿标识漆。

（3）检查金属件镀锌层及油漆完好，对破损面进行修复处理。

（4）检查机构箱密封良好，二次电缆槽盒、孔洞封堵检查。

3.3.18　竣工验收

（1）外观验收（静态验收）。

1）固定牢靠，外观完好，表面清洁，油漆完整，相色标识正确，接地应良好，标识清楚，二次电缆牌标识清晰。

2）电气连接可靠，导电接触良好，螺栓紧固力矩应达到产品技术文件的要求。

3）液压机构油压、油位正常，无渗漏；气动机构气压、空压机油位正常，无漏气；弹簧机构储能指示到位。

4）密度继电器、压力表外观完好，无渗油，校验标签合格。

5）所有柜、箱防水涂层完好，防雨防潮防尘性能良好，加热驱潮装置投切正常。

（2）操作验收（动态验收）。

1）操作验收前，所有的交接试验项目应合格。

2）操动机构储能正常，电动机声音正常，储能时间符合产品技术规定。

3）密度继电器的报警、闭锁值应符合产品技术文件的要求，电气回路传动应正确。

4）断路器及其操动机构的联动应正常，无卡阻现象；分、合闸指示应正确；辅助开关动作应正确可靠。

5）现场与保护、运行人员进行传动操作试验。

（3）资料验收。

1）竣工图，设计变更的证明文件。

2）制造厂提供的产品说明书、装箱单、试验记录、合格证明文件及安装图纸等技术文件。

3）过程检验及质量验收资料。

4）交接试验报告。

（4）备件及工具验收。按合同供货清单向运维单位移交备品备件、专用工具及测试仪器。

3.4　安装示例图

安装示例如图 1-3-3～图 1-3-6 所示。

图1-3-3 组合电器吊装

图1-3-4 组合电器吊装

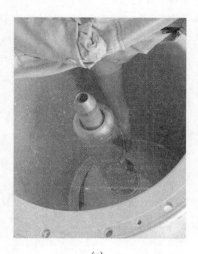

(a)

(b)

(c)

(d)

图1-3-5 组合电器和套管的处理和对接（一）

（a）处理；（b）出线套管起吊；（c）连接套管对接；（d）断路器对接

(e)　　　　　　　　　　　　　　　　　(f)

图 1-3-5　组合电器和套管的处理和对接（二）

（e）出线套管对接；（f）出线套管线夹

(a)　　　　　　　　　　　　　　　　　(b)

图 1-3-6　气管安装、抽真空处理和 SF_6 补气

（a）气管安装；（b）抽真空、补气

4

单柱式隔离开关安装

4.1 适用范围

本典型作业法适用于单柱式隔离开关安装施工，主要包括以下内容：施工准备、隔离开关底座安装、支撑绝缘子及操作绝缘子安装、导电系统安装、机构箱安装、二次接线、隔离开关调试、接地引线制作安装、一次引线制作安装、外观维护及竣工验收等工艺流程及主要质量控制要点。

4.2 施工流程

单柱式隔离开关安装施工流程如图 1-4-1 所示。

图 1-4-1 单柱式隔离开关安装施工流程图

4.3 工艺流程说明及质量关键点控制

4.3.1 施工准备

（1）技术准备。包括施工图纸、产品说明书、出厂试验报告及合格证、施工方案及作业指导书、施工安全技术交底。

（2）材料准备。材料准备详见表1—4—1。

表1—4—1　　　　　　　　　　材料准备

序号	名称	型号	单位	数量	备注
1	油漆	黄、绿、红、黑、白	桶	各1	5kg装
2	防锈底漆	铁红	桶	1	5kg装
3	毛刷	3.5寸、5寸	把	各5	
4	二硫化钼锂基脂	—	瓶	1	
5	导线	根据设计	m	若干	
6	设备线夹	根据设计	套	若干	
7	硅酮密封胶	防水耐候性	支	3	
8	电力复合脂	高滴点	g	200	
9	真空硅脂	50g装	瓶	1	
10	铜排	根据设计	m	若干	
11	热镀锌扁钢	根据设计	m	若干	

（3）车辆准备。车辆准备详见表1—4—2。

表1—4—2　　　　　　　　　　车辆准备

序号	名称型号	单位	数量	备注
1	16t汽车吊	台	1	
2	16～20m高处作业车	台	1	
3	2t叉车	台	2	

（4）工机具、安全工器具准备。工机具、安全工器具准备详见表1—4—3。

表1—4—3　　　　　　　　工机具、安全工器具准备

序号	名称型号	单位	数量	备注
1	2t吊带	根	2	
2	揽风绳	根	2	
3	5t卸扣	套	4	
4	专用吊具	套	1	厂家提供

序号	名称型号	单位	数量	备注
5	导线压接机（带模具）	套	1	
6	电焊机（焊条若干）	套	1	
7	打孔机	套	1	
8	台钻（带各种规格钻花）	套	1	
9	切割机（带切割片）	套	1	
10	角磨机（带砂轮片）	套	1	
11	电源盘	个	1	
12	常用工具（各种规格）	箱	1	
13	力矩扳手	套	1	20～100N
14	电动扳手	套	1	
15	套筒（各种规格）	套	1	

（5）仪器仪表准备。仪器仪表准备详见表1-4-4。

表1-4-4 仪 器 仪 表 准 备

序号	名称型号	单位	数量	备注
1	绝缘电阻表	个	1	
2	回路电阻测试仪	套	1	

（6）开箱检查。应在厂家技术人员、施工方、业主或监理在场的情况下，进行开箱验货，并开展以下检查：

1）外观检查：开箱前检查包装无变破损、变形。开箱后重点检查项目：瓷绝缘子金属附件应采用上砂水泥胶装，胶装后露砂高度10～20mm，且不得小于10mm；绝缘子金属法兰与瓷件的胶装部位涂以性能良好的防水密封胶。

2）部件检查：部件齐全、完好，规格型号符合技术协议要求。重点检查项目：隔离开关触头镀银层无破损、脱落，厚度不应小于20μm；导电回路不同金属接触应采取镀银、搪锡等有效过渡措施。

开箱检查发现问题，应立即拍照记录，并及时通知厂家处理。

4.3.2 隔离开关底座安装

按照产品安装说明书要求，安装隔离开关底座。将隔离开关底座用螺栓（配槽钢垫片）固定在基础上。

（1）将装有铭牌的底座安装在 B 相。

（2）找正水平及相间距离并使三相联动输出轴中心处在同一线上。

（3）用水平尺检查底座的上平面（绝缘子安装平面）是否水平，如不水平在底座和基础之间加 U 形垫调整。

4.3.3　支撑绝缘子及操作绝缘子安装

按照产品安装说明书要求，安装隔离开关支撑绝缘子及操作绝缘子。将下支撑绝缘子固定连接在底座的底板上，下操作绝缘子固定连接在底座的转动法兰上。

用 U 形垫片调整绝缘子垂直度，使下支撑绝缘子和下操作绝缘子与水平面垂直，垫片不应超过 3 片，厚度不应超过 10mm。

调整下旋转绝缘子下端可调节支承上的调节螺栓，螺栓锁紧操作后绝缘子应转动灵活，连接底座不左右摆动。

4.3.4　导电系统安装

（1）将隔离开关导电系统上导电臂与下导电臂用铁丝可靠捆绑，防止在安装过程中导电系统突然伸直导致设备损坏和伤人。

（2）将隔离开关导电系统吊装起来与上支撑绝缘子、上操作绝缘子用螺栓可靠连接，在上操作绝缘子的上法兰端面加装橡胶缓冲垫。

（3）将连接好的隔离开关导电系统与上支撑绝缘子、上操作绝缘子吊装起来，将上支撑绝缘子与下支撑绝缘子、上操作绝缘子与下操作绝缘子用螺栓可靠连接，并用 U 形垫片调整绝缘子的直线度，且保证绝缘子与水平面垂直。

（4）依据产品说明书安装接地开关静触头，将静触头固定在导电系统底座上，将接地开关导电杆插入底座的夹头，紧固夹头上螺栓、螺母。将接地开关软连接可靠连接至底座上。

（5）导电系统安装完毕后，需对隔离开关绝缘子开展探伤试验。

4.3.5　机构箱安装

对隔离开关机构箱进行安装定位，具体包括以下步骤：

（1）依据设计要求，确定机构箱离地面的高度；从隔离开关底座转动法兰下方传动杆处采用铅垂法，确定机构箱离隔离开关基础的水平距离。

（2）采用小型升降平台将机构箱调整至步骤（1）确定的安装位置，将机构垫平，并用水平尺校核机构的水平度。

（3）测量隔离开关机构与隔离开关支柱距离，确定槽钢尺寸，将槽钢侧面进行契型处理，使其便于与隔离开关支柱上的抱箍紧密焊接。

（4）将槽钢焊接至隔离开关支柱抱箍上，将槽钢与隔离开关背板进行焊接，注意均匀焊接，防止因焊点冷却而导致隔离开关位置变化。

（5）测量隔离开关机构箱垂直连杆下端抱箍与底座转动法兰连接点之间距离，确定隔离开关垂直连杆长度。垂直连杆下料，切割面防腐处理。

（6）垂直连杆安装。

4.3.6　二次接线

（1）机构箱和隔离开关本体吊装就位后，根据设计图纸安装二次电缆槽盒，将二次电缆敷设到槽盒内并固定好。

（2）按照产品电气控制回路图检查厂方二次接线的正确性和可靠性，完成现场二次回路接线。

（3）按照设计图纸进行电缆接线并核对回路设计与使用产品的符合性，验证回路接线的可靠性。

（4）机构箱、汇控柜二次接线工艺应符合 GB 50171《电气装置安装工程 盘、柜及二次回路接线施工及验收规范》的要求。

（5）二次接线完毕，应对电缆槽盒和孔洞封堵密实。

4.3.7　隔离开关调试

（1）松开隔离开关机构箱垂直连杆下端抱箍，将隔离开关机构箱手动摇至合闸位置。

（2）松开隔离开关导电系统上的捆绑铁丝，调整隔离开关小连杆，使主隔离开关处于垂直状态，上导电臂与下导电臂处于一条直线上，隔离开关小连杆过死点。

（3）测量钳夹位置至管母之间的距离，确定静触杆至导电板之间的距离 H。H 与 LGJ240 型铝绞线的展开长度 L 参考表见表 1-4-5。

表 1-4-5　　　　　　　　　　静触头尺寸明细表

H（m）	600	700	800	900
L（单圈，m）	2230	2550	2860	3490
L（双圈，m）	4120	4780	5360	6040

（4）将静触头悬挂在产品上方母线，微调静触头与主隔离开关位置，使主隔离开关中心与静触头垂直方向中心重合。

（5）如隔离开关合闸不到位而分闸过位，或隔离开关分闸不到位而合闸过位，则应调节机构抱夹与垂直连杆紧固位置，使开关与机构分合闸同步。

（6）如隔离开关分、合闸均不到位或均过位，则应调节机构箱内行程开关，调整电动机构输出角度。

（7）三相联动型隔离开关，用水平连杆将三相开关连接成一个整体进行调试，通过调节拐臂板的长短、水平连杆的长短来调节三相合闸同期性，同期误差满足设备技术要求。

4.3.8　接地引线制作安装

（1）隔离开关底座应满足双接地要求。

（2）接地线与主接地网连接采用焊接、与隔离开关连接采用螺栓，接地线规格及焊接符合 GB 50169《电气装置安装工程 接地装置施工及验收规范》的要求。

（3）接地线切割端面应打磨并作防腐处理，清除接地线焊接面焊渣，进行防腐处理后刷黄绿标识漆。

4.3.9　一次引线制作安装

根据设计要求和导线施工工艺要求，制作软母线或管母线，安装时应符合以下规定：

（1）线夹接触面及设备接线板用铜刷打磨氧化层，用 800 号砂纸及无水酒精清洁。

（2）清理完毕立即均匀涂抹导电脂，要求可见金属色。注意严格控制涂抹剂量，用不锈钢尺刮平，再用百洁布擦拭干净，使接线板表面形成一薄层导电脂，对多余挤出的导电脂应清除干净。

（3）对角均匀紧固连接螺栓，紧固力矩及螺栓数量、规格应符合 GB 50149《电气装置安装工程 母线装置施工及验收规范》的要求。

4.3.10 外观维护

（1）检查绝缘子外观完好，并进行清扫。

（2）按运行要求标识相色，接地线防腐并涂刷黄绿标识漆。

（3）检查金属件镀锌层及油漆完好，对破损面进行修复处理。

（4）检查机构箱密封良好，二次电缆槽盒、孔洞封堵检查。

4.3.11 竣工验收

（1）设备验收。

1）固定牢靠，外观完好，表面清洁，油漆完整，相色标识正确，接地应良好，标识清楚，二次电缆牌标识清晰。

2）电气连接可靠，导电接触良好，螺栓紧固力矩应达到产品技术文件的要求。

3）隔离开关传动部位、螺杆丝扣应涂抹二硫化钼锂基脂。

（2）操作验收。

1）隔离开关手动操作、电动操作正常、无卡涩。

2）隔离开关分、合闸到位，合闸小拐臂应过死点。

3）隔离开关三相同期满足产品技术要求。

4）隔离开关机械闭锁、电气闭锁完备、可靠。

5）隔离开关回路电阻不应大于出厂值的 1.2 倍。

（3）资料验收。

1）竣工图，设计变更的证明文件。

2）制造厂提供的产品说明书、装箱单、试验记录、合格证明文件及安装图纸等技术文件。

3）过程检验及质量验收资料。

4）交接试验报告。

4.4 安装示例图

GW16 型隔离开关安装图如图 1-4-2 所示。

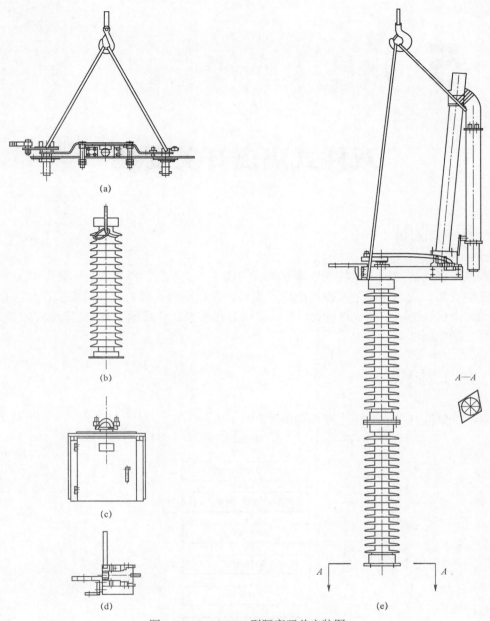

图 1-4-2　GW16 型隔离开关安装图

（a）基座；（b）支柱绝缘子；（c）电动机操动机构；（d）静触头；（e）上导电部分及操作绝缘子

5

双柱式隔离开关安装

5.1 适用范围

本典型作业法适用于双柱式隔离开关安装施工,主要包括以下内容:施工准备、隔离开关底座安装、支撑绝缘子及操作绝缘子安装、导电系统安装、机构箱安装、二次接线、隔离开关调试、接地引线制作安装、一次引线制作安装、外观维护及竣工验收等工艺流程及主要质量控制要点。

5.2 施工流程

双柱式隔离开关安装施工流程如图 1−5−1 所示。

图 1−5−1 双柱式隔离开关安装施工流程图

5.3　工艺流程说明及质量关键点控制

5.3.1　施工准备

（1）技术准备。包括施工图纸、产品说明书、出厂试验报告及合格证、施工方案及作业指导书、施工安全技术交底。

（2）材料准备。材料准备详见表 1-5-1。

表 1-5-1　　　　　　　　　　材　料　准　备

序号	名称	型号	单位	数量	备注
1	油漆	黄、绿、红、黑、白	桶	各1	5kg装
2	防锈底漆	铁红	桶	1	5kg装
3	毛刷	3.5寸、5寸	把	各5	
4	二硫化钼锂基脂	—	瓶	1	
5	导线	根据设计	m	若干	
6	设备线夹	根据设计	套	若干	
7	硅酮密封胶	防水耐候性	支	3	
8	电力复合脂	高滴点	g	200	
9	铜排	根据设计	m	若干	
10	热镀锌扁钢	根据设计	m	若干	

（3）车辆准备。车辆准备详见表 1-5-2。

表 1-5-2　　　　　　　　　　车　辆　准　备

序号	名称	型号	单位	数量	备注
1	汽车吊	16t	台	1	
2	高处作业车	16～20m	台	1	
3	叉车	2t	台	2	

（4）工机具、安全工器具准备。工机具、安全工器具准备详见表 1-5-3。

表 1-5-3　　　　　　　　　　工机具、安全工器具准备

序号	名称	型号	单位	数量	备注
1	吊带	2t	根	2	
2	揽风绳		根	2	
3	导线压接机（带模具）		套	1	

续表

序号	名称	型号	单位	数量	备注
4	电焊机（焊条若干）		套	1	
5	打孔机		套	1	
6	台钻（带各种规格钻花）		套	1	
7	切割机（带切割片）		套	1	
8	角磨机（带砂轮片）		套	1	
9	电源盘		个	1	
10	常用工具（各种规格）		箱	1	
11	力矩扳手		套	1	20～100N
12	电动扳手		套	1	
13	套筒（各种规格）		套	1	

（5）仪器仪表准备。仪器仪表准备详见表 1-5-4。

表 1-5-4　　　　　　　　　仪 器 仪 表 准 备

序号	名称	单位	数量	备注
1	绝缘电阻表	个	1	
2	回路电阻测试仪	套	1	

（6）开箱检查。应在厂家技术人员、施工方、业主或监理在场的情况下，进行开箱验货，并开展以下检查：

1）外观检查：开箱前检查包装无变破损、变形。开箱后重点检查项目：瓷绝缘子金属附件应采用上砂水泥胶装，胶装后露砂高度 10～20mm，且不得小于 10mm；绝缘子金属法兰与瓷件的胶装部位涂以性能良好的防水密封胶。

2）部件检查：部件齐全、完好，规格型号符合技术协议要求。重点检查项目：隔离开关触头镀银层无破损、脱落，厚度不应小于 20μm；导电回路不同金属接触应采取镀银、搪锡等有效过渡措施。

开箱检查发现问题，应立即拍照记录，并及时通知厂家处理。

5.3.2　隔离开关底座安装

按照产品安装说明书要求，安装隔离开关底座。将隔离开关底座用螺栓（配槽钢垫片）固定在基础上。

（1）将装有铭牌的底座安装在 B 相。

（2）找正水平及相间距离并使三相联动输出轴中心处在同一线上。

（3）用水平尺检查底座的上平面（绝缘子安装平面）是否水平，如不水平，在底座和基础之间加 U 形垫调整。

（4）按设计要求安装静触头底座，重复步骤（3）。

5.3.3　支撑绝缘子及操作绝缘子安装

按照产品安装说明书要求，安装隔离开关支撑绝缘子、操作绝缘子。

（1）将下支撑绝缘子固定连接在底座的底板上，下操作绝缘子固定连接在底座的转动法兰上。

（2）用 U 形垫片调整绝缘子垂直度，使下支撑绝缘子和下操作绝缘子与水平面垂直，垫片不应超过 3 片，厚度不应超过 10mm。

（3）调整下旋转绝缘子下端可调节支承上的调节螺栓，螺栓锁紧操作后绝缘子应转动灵活，连接底座不左右摆动。

（4）将静触头下支撑绝缘子固定连接在底座的底板上，用 U 形垫片调整绝缘子垂直度，使下支撑绝缘子与水平面垂直。将上支撑绝缘子与下支撑绝缘子用螺栓可靠连接，并用 U 形垫片调整绝缘子的直线度，且保证绝缘子与水平面垂直。

5.3.4　导电系统安装

（1）将隔离开关导电系统上导电臂与下导电臂用铁丝可靠捆绑，防止在安装过程中导电系统突然伸直导致设备损坏和伤人。

（2）将隔离开关导电系统吊装起来与上支撑绝缘子、上操作绝缘子用螺栓可靠连接，在上操作绝缘子的上法兰端面加装橡胶缓冲垫。

（3）将连接好的隔离开关导电系统与上支撑绝缘子、上操作绝缘子吊装起来，将上支撑绝缘子与下支撑绝缘子、上操作绝缘子与下操作绝缘子用螺栓可靠连接，并用 U 形垫片调整绝缘子的直线度，且保证绝缘子与水平面垂直。

（4）将静触头与上支撑绝缘子用螺栓可靠连接，用 U 形垫片调整静触头与绝缘子的直线度。

（5）依据产品说明书安装接地开关静触头，将静触头固定在导电系统底座上，将接地开关导电杆插入底座的夹头，紧固夹头上螺栓、螺母。将接地行软连接可靠连接至底座上。

（6）导电系统安装完毕后，需对隔离开关绝缘子开展探伤试验。

5.3.5　机构箱安装

对隔离开关机构箱进行安装定位，具体包括以下步骤：

（1）依据设计要求，确定机构箱离地面的高度；从隔离开关底座转动法兰下方传动杆处采用铅垂法，确定机构箱离隔离开关基础的水平距离。

（2）采用小型升降平台将机构箱调整至步骤（1）确定的安装位置，将机构垫平，并用水平尺校核机构的水平度。

（3）测量隔离开关机构与隔离开关支柱距离，确定槽钢尺寸，将槽钢侧面进行契型处理，使其便于与隔离开关支柱上的抱箍紧密焊接。

（4）将槽钢焊接至隔离开关支柱抱箍上，将槽钢与隔离开关背板进行焊接，注意均匀焊接，防止因焊点冷却而导致隔离开关位置变化。

（5）测量隔离开关机构箱垂直连杆下端抱箍与底座转动法兰连接点之间距离，确定隔离开关垂直连杆长度。垂直连杆下料，切割面防腐处理。

（6）垂直连杆安装。

5.3.6　二次接线

（1）机构箱和隔离开关本体吊装就位后，根据设计图纸安装二次电缆槽盒，将二次电缆敷设到槽盒内并固定好。

（2）按照产品电气控制回路图检查厂方二次接线的正确性和可靠性，完成现场二次回路接线。

（3）按照设计图纸进行电缆接线并核对回路设计与使用产品的符合性，验证回路接线的可靠性。

（4）机构箱、汇控柜二次接线工艺应符合 GB 50171《电气装置安装工程　盘、柜及二次回路接线施工及验收规范》的要求。

（5）二次接线完毕，应对电缆槽盒和孔洞封堵密实。

5.3.7　隔离开关调试

（1）松开隔离开关机构箱垂直连杆下端抱箍，将隔离开关机构箱手动摇至合闸位置。

（2）松开隔离开关导电系统上的捆绑铁丝，调整隔离开关小连杆，使主隔离开关处于水平状态，上导电臂与下导电臂处于一条直线上，隔离开关小连杆过死点。

（3）紧固隔离开关机构箱垂直连杆下端抱箍。

（4）如隔离开关合闸不到位而分闸过位，或隔离开关分闸不到位而合闸过位，则应调节机构抱夹与垂直连杆紧固位置，使开关与机构分合闸同步。

（5）如隔离开关分、合闸均不到位或均过位，则应调节机构箱内行程开关，调整电动机构输出角度。

（6）三相联动型隔离开关，用水平连杆将三相开关连接成一个整体进行调试，通过调节拐臂板的长短、水平连杆的长短来调节三相合闸同期性，同期误差满足设备技术要求。

5.3.8　接地引线制作安装

（1）隔离开关底座应满足双接地要求。

（2）接地线与主接地网连接采用焊接、与隔离开关连接采用螺栓，接地线规格及焊接符合 GB 50169《电气装置安装工程　接地装置施工及验收规范》的要求。

（3）接地线切割端面应打磨并作防腐处理，清除接地线焊接面焊渣，进行防腐处理后刷黄绿标识漆。

5.3.9　一次引线制作安装

根据设计要求和导线施工工艺要求，制作软母线或管母线，安装时应符合以下规定：

（1）线夹接触面及设备接线板用铜刷打磨氧化层，用 800 号砂纸及无水酒精清洁。

（2）清理完毕立即均匀涂抹导电脂，要求可见金属色。注意严格控制涂抹剂量，用不锈钢尺刮平，再用百洁布擦拭干净，使接线板表面形成一薄层导电脂，对多余挤出的导电脂应清除干净。

（3）对角均匀紧固连接螺栓，紧固力矩及螺栓数量、规格应符合 GB 50149《电气装置安装工程　母线装置施工及验收规范》的要求。

5.3.10　外观维护

（1）检查绝缘子外观完好，并进行清扫。

（2）按运行要求标识相色，接地线防腐并涂刷黄绿标识漆。

（3）检查金属件镀锌层及油漆完好，对破损面进行修复处理。

（4）检查机构箱密封良好，二次电缆槽盒、孔洞封堵检查。

5.3.11　竣工验收

（1）设备验收。

1）固定牢靠，外观完好，表面清洁，油漆完整，相色标识正确，接地应良好，标识清楚，二次电缆牌标识清晰。

2）电气连接可靠，导电接触良好，螺栓紧固力矩应达到产品技术文件的要求。

3）隔离开关传动部位、螺杆丝扣应涂抹二硫化钼锂基脂。

（2）操作验收。

1）隔离开关手动操作、电动操作正常、无卡涩。

2）隔离开关分、合闸到位，合闸小拐臂应过死点。

3）隔离开关三相同期满足产品技术要求。

4）隔离开关机械闭锁、电气闭锁完备、可靠。

5）隔离开关回路电阻不应大于出厂值的 1.2 倍。

（3）资料验收。

1）竣工图，设计变更的证明文件。

2）制造厂提供的产品说明书、装箱单、试验记录、合格证明文件及安装图纸等技术文件。

3）过程检验及质量验收资料。

4）交接试验报告。

5.4　隔离开关示例图

GW4 型隔离开关示例图如图 1－5－2 所示。

图 1-5-2　GW4 型隔离开关示例图

6

三柱式隔离开关安装

6.1 适用范围

本典型作业法适用于三柱式隔离开关安装施工,主要包括以下内容:施工准备、隔离开关底座安装、支撑绝缘子及导电系统安装、机构箱安装、二次接线、隔离开关调试、接地引线制作安装、一次引线制作安装、外观维护及竣工验收等工艺流程及主要质量控制要点。

6.2 施工流程

三柱式隔离开关安装施工流程如图1-6-1所示。

施工准备

隔离开关底座安装

支撑绝缘子及导电系统安装

机构箱安装

二次接线

隔离开关调试

接地引线制作安装

一次引线制作安装

外观维护

竣工验收

图1-6-1 三柱式隔离开关安装施工流程图

6.3　工艺流程说明及质量关键点控制

6.3.1　施工准备

（1）技术准备。包括施工图纸、产品说明书、出厂试验报告及合格证、施工方案及作业指导书、施工安全技术交底。

（2）材料准备。材料准备见表1-6-1。

表1-6-1　　　　　　　　　　　　　材　料　准　备

序号	名称	型号	单位	数量	备注
1	油漆	黄、绿、红、黑、白	桶	各1	5kg装
2	防锈底漆	铁红	桶	1	5kg装
3	毛刷	3.5寸、5寸	把	各5	
4	二硫化钼锂基脂	—	瓶	1	
5	导线	根据设计	m	若干	
6	设备线夹	根据设计	套	若干	
7	硅酮密封胶	防水耐候性	支	3	
8	电力复合脂	高滴点	g	200	
9	铜排	根据设计	m	若干	
10	热镀锌扁钢	根据设计	m	若干	

（3）车辆准备。车辆准备见表1-6-2。

表1-6-2　　　　　　　　　　　　　车　辆　准　备

序号	名称	型号	单位	数量	备注
1	汽车吊	16t	台	1	
2	高处作业车	16~20m	台	1	
3	叉车	2t	台	2	

（4）工机具、安全工器具准备。工机具、安全工器具准备见表1-6-3。

表1-6-3　　　　　　　　　　工机具、安全工器具准备

序号	名称	型号	单位	数量	备注
1	吊带	2t	根	2	
2	揽风绳		根	2	
3	导线压接机（带模具）		套	1	
4	电焊机（焊条若干）		套	1	
5	打孔机		套	1	

序号	名称	型号	单位	数量	备注
6	台钻（带各种规格钻花）		套	1	
7	切割机（带切割片）		套	1	
8	角磨机（带砂轮片）		套	1	
9	电源盘		个	1	
10	常用工具（各种规格）		箱	1	
11	力矩扳手		套	1	20～100N
12	电动扳手		套	1	
13	套筒（各种规格）		套	1	

（5）仪器仪表准备。仪器仪表准备详见表1-6-4。

表1-6-4　　　　　　　　　仪 器 仪 表 准 备

序号	名称	单位	数量	备注
1	绝缘电阻表	个	1	
2	回路电阻测试仪	套	1	

（6）开箱检查。应在厂家技术人员、施工方、业主或监理在场的情况下，进行开箱验货，并开展以下检查：

1）外观检查：开箱前检查包装无变破损、变形。开箱后重点检查项目：瓷绝缘子金属附件应采用上砂水泥胶装，胶装后露砂高度10～20mm，且不得小于10mm；绝缘子金属法兰与瓷件的胶装部位涂以性能良好的防水密封胶。

2）部件检查：部件齐全、完好，规格型号符合技术协议要求。重点检查项目：隔离开关触头镀银层无破损、脱落，厚度不应小于20μm；导电回路不同金属接触应采取镀银、搪锡等有效过渡措施。

开箱检查发现问题，应立即拍照记录，并及时通知厂家处理。

6.3.2　隔离开关底座安装

按照产品安装说明书要求，安装隔离开关底座。将隔离开关底座用螺栓（配槽钢垫片）固定在基础上。

（1）将装有铭牌的底座安装在B相。

（2）找正水平及相间距离并使三相联动输出轴中心处在同一线上。

（3）用水平尺检查底座的上平面（绝缘子安装平面）是否水平，如不水平，在底座和基础之间加U形垫调整。

6.3.3　支撑绝缘子及导电系统安装

按照产品安装说明书要求，安装隔离开关支撑绝缘子及导电系统。

（1）将下支撑绝缘子、操作绝缘子固定连接在底座的底板上，用 U 形垫片调整绝缘子垂直度，使绝缘子与水平面垂直，垫片不应超过 3 片，厚度不应超过 10mm。

（2）将接地静触头、左右静触头安装至上支撑绝缘子顶部，将其整体吊装至下支撑绝缘子上方，用 U 形垫片调节上下绝缘子直线度。

（3）将动触头传动箱下部转动法兰固定至上操作绝缘子顶部安装孔，整体吊装至下操作绝缘子上方，用 U 形垫片调节上下绝缘子直线度。

（4）动触头与上操作绝缘子一起吊装时，禁止将吊绳固定在导电系统任何部位，吊绳应固定在绝缘子伞裙之间。

（5）导电系统安装完毕后，需对隔离开关绝缘子开展探伤试验。

6.3.4 机构箱安装

对隔离开关机构箱进行安装定位，具体包括以下步骤：

（1）依据设计要求，确定机构箱离地面的高度；从隔离开关底座转动法兰下方传动杆处采用铅垂法，确定机构箱离隔离开关基础的水平距离。

（2）采用小型升降平台将机构箱调整至步骤（1）确定的安装位置，将机构垫平，并用水平尺校核机构的水平度。

（3）测量隔离开关机构与隔离开关支柱距离，确定槽钢尺寸，将槽钢侧面进行契型处理，使其便于与隔离开关支柱上的抱箍紧密焊接。

（4）将槽钢焊接至隔离开关支柱抱箍上，将槽钢与隔离开关背板进行焊接，注意均匀焊接，防止因焊点冷却而导致隔离开关位置变化。

（5）测量隔离开关机构箱垂直连杆下端抱箍与底座转动法兰连接点之间距离，确定隔离开关垂直连杆长度。垂直连杆下料，切割面防腐处理。

（6）垂直连杆安装。

6.3.5 二次接线

（1）机构箱和隔离开关本体吊装就位后，根据设计图纸安装二次电缆槽盒，将二次电缆敷设到槽盒内并固定好。

（2）按照产品电气控制回路图检查厂方二次接线的正确性和可靠性，完成现场二次回路接线。

（3）按照设计图纸进行电缆接线并核对回路设计与使用产品的符合性，验证回路接线的可靠性。

（4）机构箱、汇控柜二次接线工艺应符合 GB 50171《电气装置安装工程 盘、柜及二次回路接线施工及验收规范》的要求。

（5）二次接线完毕，应对电缆槽盒和孔洞封堵密实。

6.3.6 隔离开关调试

（1）松开隔离开关机构箱垂直连杆下端抱箍，将隔离开关机构箱手动摇至合闸位置。

（2）用辅助杆操作联动拐臂进行分、合闸调整。

（3）检查主隔离开关导电管的水平度及静触头触指面的水平度，如主导电管不水平，则在主隔离开关法兰与旋转绝缘子之间用 C 形垫片。

（4）检查三柱绝缘子是否在同一直线上，若不在同一直线上通过用 C 形垫片在底座支撑法兰和绝缘子下部进行调整。

（5）紧固隔离开关机构箱垂直连杆下端抱箍。

（6）如隔离开关合闸不到位而分闸过位，或隔离开关分闸不到位而合闸过位，则应调节机构抱夹与垂直连杆紧固位置，使开关与机构分合闸同步。

（7）如隔离开关分、合闸均不到位或均过位，则应调节机构箱内行程开关，调整电动机构输出角度。

（8）三相联动型隔离开关，用水平连杆将三相开关连接成一个整体进行调试，通过调节拐臂板的长短、水平连杆的长短来调节三相合闸同期性，同期误差满足设备技术要求。

6.3.7　接地引线制作安装

（1）隔离开关底座应满足双接地要求。

（2）接地线与主接地网连接采用焊接、与隔离开关连接采用螺栓，接地线规格及焊接符合 GB 50169《电气装置安装工程　接地装置施工及验收规范》的要求。

（3）接地线切割端面应打磨并作防腐处理，清除接地线焊接面焊渣，进行防腐处理后刷黄绿标识漆。

6.3.8　一次引线制作安装

根据设计要求和导线施工工艺要求，制作软母线或管母线，安装时应符合以下规定：

（1）线夹接触面及设备接线板用铜刷打磨氧化层，用 800 号砂纸及无水酒精清洁。

（2）清理完毕立即均匀涂抹导电脂，要求可见金属色。注意严格控制涂抹剂量，用不锈钢尺刮平，再用百洁布擦拭干净，使接线板表面形成一薄层导电脂，对多余挤出的导电脂应清除干净。

（3）对角均匀紧固连接螺栓，紧固力矩及螺栓数量、规格应符合 GB 50149《电气装置安装工程　母线装置施工及验收规范》的要求。

6.3.9　外观维护

（1）检查绝缘子外观完好，并进行清扫。

（2）按运行要求标识相色，接地线防腐并涂刷黄绿标识漆。

（3）检查金属件镀锌层及油漆完好，对破损面进行修复处理。

（4）检查机构箱密封良好，二次电缆槽盒、孔洞封堵检查。

6.3.10　竣工验收

（1）设备验收。

1）固定牢靠，外观完好，表面清洁，油漆完整，相色标识正确，接地应良好，标识清楚，二次电缆牌标识清晰。

2）电气连接可靠，导电接触良好，螺栓紧固力矩应达到产品技术文件的要求。

3）隔离开关传动部位、螺杆丝扣应涂抹二硫化钼锂基脂。

（2）操作验收。

1）隔离开关手动操作、电动操作正常、无卡涩。

2）隔离开关分、合闸到位，合闸小拐臂应过死点。

3）隔离开关三相同期满足产品技术要求。

4）隔离开关机械闭锁、电气闭锁完备、可靠。

5）隔离开关回路电阻不应大于出厂值的 1.2 倍。

（3）资料验收。

1）竣工图，设计变更的证明文件。

2）制造厂提供的产品说明书、装箱单、试验记录、合格证明文件及安装图纸等技术文件。

3）过程检验及质量验收资料。

4）交接试验报告。

6.4　隔离开关示例图

GW7 型隔离开关示意图如图 1-6-2 所示。

图 1-6-2　GW7 型隔离开关示意图

10kV 开关柜安装

7.1 适用范围

本典型作业法适用于 10kV 开关柜安装施工，主要包括以下内容：施工准备、基础复核、开关柜拼装、主母线及附件安装、设备接地、二次接线、开关柜调试、断路器调试、断路器试验、传动操作、外观维护、竣工验收等工艺流程及主要质量控制要点。

7.2 施工流程

开关柜安装施工流程如图 1-7-1 所示。

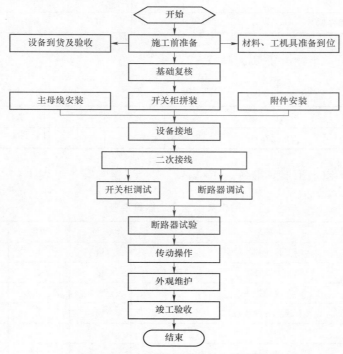

图 1-7-1 开关柜安装施工流程图

53

7.3 工艺流程说明及质量关键点控制

7.3.1 施工准备

（1）技术准备。

1）认真查阅设备安装使用说明书、设备基础制作报告图纸和设计院设计图纸，为现场具体安装方案的制定打好基础。

2）负责人组织进行现场查勘，掌握现场设备及基础的实际情况，查勘施工环境，策划安全措施布置，拟订安装方案并编制作业指导书、工期进度。

（2）材料准备。材料准备见表1-7-1。

表1-7-1 材 料 准 备

序号	名称	型号	单位	数量	备注
1	油漆	黄、绿、红、黑、铝粉	桶	各1	5kg装
2	防锈底漆	铁红	桶	1	5kg装
3	毛刷	3.5寸、5寸	把	各5	
4	纳米导电精		支	1	
5	电力复合脂	高滴点	g	200	
6	真空硅脂	50g装	瓶	1	
7	铜排	根据设计	m	若干	
8	热镀锌扁钢	根据设计	m	若干	

（3）车辆准备。车辆准备见表1-7-2。

表1-7-2 车 辆 准 备

序号	名称	型号	单位	数量	备注
1	液压叉车	2t	台	2	

（4）工机具、安全工器具准备。工机具、安全工器具准备见表1-7-3。

表1-7-3 工机具、安全工器具准备

序号	名称型号	单位	数量	备注
1	常用工具（各种规格）	箱	1	
2	力矩扳手	套	1	20~100N
3	电动扳手	套	1	
4	套筒（各种规格）	套	1	
5	撬棍			
6	电焊机			

续表

序号	名称型号	单位	数量	备注
7	打孔机	套	1	
8	台钻（带各种规格钻花）	套	1	
9	切割机（带切割片）	套	1	
10	角磨机（带砂轮片）	套	1	
11	电源盘	个	1	

（5）仪器仪表准备。仪器仪表准备见表1-7-4。

表1-7-4　　　　　　　　　仪 器 仪 表 准 备

序号	名称型号	单位	数量	备注
1	数字式万用表	个	1	
2	绝缘电阻表	个	1	电动
3	回路电阻测试仪	套	1	
4	特性测试仪	套	1	

（6）开箱检查及试验。应在厂家技术人员、施工方、业主或监理在场的情况下，进行开箱验货，产品到达目的地后，应将其放在干燥通风场所，尽快进行验收并开展以下检查及试验：

1）资料检查：检查厂家提供的安装使用说明书、合格证、出厂试验报告、安装图纸等文件资料是否齐全。

2）设备检查：开箱前检查包装无变破损、变形；开箱后重点检查主、附件是否完好。核对产品铭牌、产品合格证中技术参数是否与订货协议相符，装箱单内容是否与实物相符，是否有重要部件遗漏。检查零部件、附件及备件应齐全、完好。

3）重要项目检查：金属监督项目检测合格；测量柜中带电部件之间、带电部件与地之间的电气间隙和爬电距离的值应符合规定；查所有绝缘支持件是否有损伤；检查防爆通道情况；实测柜体的几何尺寸，主要是柜体的对角线和垂直度及柜顶的水平度，其误差不应大于1.5%。

填写开箱检查记录和设备验收清单，开箱检查及试验发现问题，应立即拍照记录，并及时通知厂家处理。

7.3.2　基础复核

安装前应对开关柜基础进行检查，土建施工应按设计要求埋设基础型钢，基础型钢应有明显的可靠接地。一般在两端引出与主接地网相连，以保证设备可靠接地，并预留临时接地线接地点或在高压室靠墙壁另外布置环形接地线。

现场核实相关安装尺寸，应符合产品技术文件要求，并应符合以下规定：

（1）有出线桥架的开关柜（如主变压器或母联柜）与已有设备或进出线套管基础尺寸

满足安装要求,与设计相符。

(2)开关柜槽钢基础尺寸水平误差小于 1mm/m,全长水平偏差小于 2mm;不直度误差小于 1mm,全长不直度误差小于 5mm;槽钢不平行度误差全长小于 5mm。

(3)基础预埋件上端宜高出混凝土表面 10mm。

(4)预埋螺栓中心线或预留安装孔的偏差不应大于 2mm。

7.3.3 开关柜拼装

安装时应根据工程需要与图纸说明,将开关柜按顺序运至安装位置。如果多面开关设备同时安装,首先安装定位的柜体,应是连接出线桥架的主变压器进线柜或母联柜;若无,则从中间部位开始向两端延伸。一般情况下,柜体拼接安装应与主母线的安装交替进行,避免柜体安装好后主母线装配困难。

(1)拆除开关柜母线室后封板、卸下母线隔室顶盖板(泄压盖板)、电缆出线室底板,所有拆卸下的零部件及螺栓要保存完好。

(2)首先安装定位柜,确保定位柜的母排与原有设备母排或进线套管对正对齐,或满足后续安装连接要求;首先安装的定位柜体要在预留底座安装孔上固定或焊接固定。

(3)将柜体抬至(叉至)基础槽钢上,找平找正应使用水平尺、吊线坠和钢板尺,并准备 0.1~1mm 厚的凹形垫片。测量柜体正背面、侧面的垂直度,误差不大于 2mm。

(4)依次拼接开关柜,逐台安装逐台矫正,顶部误差小于 5mm;并调整柜间间隙为 1mm 左右,连接柜与柜间连接螺栓,并复测。

(5)当开关设备已完全拼接好时,开关柜应柜面一致,排列整齐。其水平误差不应大于 1/1000,垂直误差不应大于其高度的 1.5/1000。最后可用 M12 的地脚螺栓将其与基础槽钢相连或用电焊与基础槽钢焊牢。

7.3.4 主母线及附件安装

(1)检查铜排是否完好,包括接触面镀层、绝缘护套等,用洁净干燥的软布擦拭母线,在连接部位涂上导电精。

(2)母线应柔顺地插入套管中绝缘隔板并定位,固定好。按照 A、B、C 三相主母线上的编号依次拼装相邻柜主母线,将主母线和对应的分支母线搭接处用螺栓穿入,上螺母扣牢但不紧固。

(3)按规定力矩紧固主母线及分支母线的连接螺栓,螺栓应使用内六角螺栓,螺栓长度宜露出螺母 2~3 个丝牙。

(4)扣好母线搭接处的绝缘盒套。

(5)安装完毕后核实带电部分与柜体的安全距离,带电部分(含热缩及绝缘盒套)与柜体安全距离不小于 125mm,与柜门距离不小于 155mm。

(6)清理柜体内部,确保清洁无遗留物。

(7)恢复开关柜母线室后封板、母线隔室顶盖板(泄压盖板),泄压盖板紧固螺栓时,注意防爆尼龙螺栓的安装位置。

（8）在连接电缆时，若电缆截面太大，可先拆开电缆盖板，将电缆穿过电缆密封圈后与对应的一次出线排连接，随后将此盖板合并后用螺栓紧固。电缆孔处密封圈开口大小应在安装现场视电缆截面而进行裁定。当电缆头与出线连接好后，需用专配电缆夹将电缆夹紧，以防电缆坠落。对设计为空心电流互感器的开关柜，电缆应穿入电流互感器。

7.3.5　设备接地

（1）接地线安装的质量标准。外壳及其他不属于主回路或辅助回路的所有金属部件都必须接地：三芯电力电缆终端处的金属护层、控制电缆的金属护层必须接地，塑料电缆每相铜屏蔽和钢铠应锡焊接地线接地。二次回路接地应设专用螺栓，成套柜应装有供检修用的接地装置。

（2）接地体（线）的连接应采用焊接，焊接牢固。接至电气设备的接地线，应用镀锌螺栓连接；有色金属接地线不能采用焊接时，可用螺栓连接，接地线规格及焊接符合 GB 50169《电气装置安装工程　接地装置施工及验收规范》的要求。

（3）接地体引出线的垂直部分和接地装置焊接部位应作防腐处理。

（4）柜的接地应牢固良好。装有电器可开启的门，应以软铜软线与接地的金属构架可靠地连接。

（5）接地线切割端面应打磨并作防腐处理，清除接地线焊接面焊渣，进行防腐处理后刷黄绿标识漆。

7.3.6　二次接线

（1）开关柜就位后，根据设计图纸将二次电缆从开关柜侧面二次电缆通道中穿入。

（2）按照产品电气控制回路图检查厂方二次接线的正确性和可靠性，完成现场二次回路接线。

（3）按照设计图纸进行电缆接线并核对回路设计与使用产品的符合性，验证回路接线的可靠性。

（4）机构箱、汇控柜二次接线工艺应符合 GB 50171《电气装置安装工程　盘、柜及二次回路接线施工及验收规范》的要求。

（5）二次接线完毕，应对电缆槽盒和孔洞封堵密实。

7.3.7　开关柜调试

（1）调整手车导轨，且应水平、平行，轨距应与轮距相配合，手车推拉应轻便灵活，无阻卡及碰撞现象。

（2）调整隔离静触头的安装位置应正确，安装中心线应与触头中心线一致，且与动触头（推进柜内时）的中心线一致：手车推入工作位置后，动触头与静触头接触紧密，动触头顶部与静触头底部的间隙应符合产品要求，接触行程及超行程应符合产品规定。

（3）调整手车与柜体间的接地触头是否接触紧密，当手车推入柜内时，其触头应比主触头先接触，拉出时应比主触头后断开。

（4）结合操动机构的试验，检查手车在工作和试验位置的定位是否准确可靠。在工作位置隔离动触头与静触头应可靠接触，且能合闸分闸操作；在试验位置动、静触头分离，且能进行分合闸空操作。

（5）二次回路辅助开关的切换触点应动作准确，接触可靠，柜内控制电缆或导线束的位置不妨碍手车的进出，并应固定牢固。

（6）电气联锁装置、机械联锁装置及其之间的联锁功能的动作准确可靠，符合产品说明书上的各项要求。

（7）配合断路器小车进行开关柜"五防"功能验证。

注："五防"为防止误分、合断路器；防止带负荷分、合隔离开关；防止带电挂（合）接地线（接地开关）；防止带接地线（接地开关）合断路器；防止误入带电间隔。

7.3.8 断路器调试

断路器在投入运行前，应做以下检查和调整，并应满足产品技术规定。

（1）按照产品安装使用说明书要求，在断路器机构储能全部释放的情况下，检查机构与本体的连接可靠、正确。对弹簧机构，应检查机构分闸弹簧和合闸弹簧能量均已释放。

（2）检查机构零部件齐全完好，各转动部分应涂以低温润滑脂（或符合当地气候条件的润滑脂），电动机固定应牢固，转向应正确。各种接触器、继电器、微动开关、压力开关、压力表、加热装置等二次元器件的动作应准确、可靠，接点应接触良好、无烧损或锈蚀。分、合闸线圈的铁芯应动作灵活、无卡阻。操动机构的缓冲器应经过调整；采用油缓冲器时，油位应正常，所采用的液压油应适合当地气候条件。加热、驱潮装置及控制元件的绝缘应良好，加热器与各元件、电缆及电线的距离应大于 50mm。

（3）辅助开关应满足以下要求：辅助开关应安装牢固，应能防止因多次操作松动变位；辅助开关触点应转换灵活、切换可靠、性能稳定；辅助开关与机构间的连接应松紧适当、转换灵活，并应能满足通电时间的要求；连接锁紧螺帽应拧紧，并应采取防松措施。

（4）检查主要机械尺寸：用断路器慢分、慢合的方法测量断路器的机械尺寸，测量行程、超行程，应符合产品技术规定。测量超行程时，一般应从分闸位置开始，通过慢合测量，而不应从合闸位置开始，通过慢分测量。

（5）弹簧机构的安装及调整工艺要求：不得将机构"空合闸"；合闸弹簧储能时，牵引杆的位置应符合产品技术文件；合闸弹簧储能完毕后，限位行程开关应能立即将电动机电源切除；合闸完毕，行程开关应将电动机电源接通；合闸弹簧储能后，牵引杆的下端或凸轮应与合闸锁扣可靠地联锁；分、合闸闭锁装置动作应灵活，复位应准确而迅速，并应开合可靠；弹簧储能正常，指示清晰；缓冲装置可靠，其行程应符合产品技术规定。

7.3.9 断路器试验

在断路器储能正常的前提下，弹簧机构合闸弹簧储能到位，进行以下试验：

（1）低电压动作试验。分闸电磁铁额定电压 30%不动作，65%～110%可靠动作（连续 3 次）；合闸电磁铁额定电压 30%不动作，85%～110%可靠动作（连续 3 次）。

（2）机械特性试验。测量分闸、合闸时间，合－分时间，分闸、合闸同期性，分闸、合闸速度，合闸弹跳，应符合产品技术规定。

（3）主导电回路接触电阻测量。灭弧室处于合闸位置，通以 100A 以上直流电流，在其进出线接线板两端（不包括接线板的接触电阻）测量断路器的主回路电阻，应符合产品技术规定，且不得大于出厂值的 1.2 倍。

（4）控制回路工频耐压。断路器的电气控制回路中，导电部分与底座之间、不同导电回路之间、同一导电回路的各分断触头之间工频耐压 2kV/1min，不应发生闪络或击穿，其中电动机绕组、继电器线圈应能承受工频 1kV/1min 耐压。

注：可用控制回路绝缘电阻测量代替工频耐压试验。

7.3.10　传动操作

（1）对断路器电气控制回路进行检查，操作闭锁，储能超时，分、合闸位置指示，控制回路继电器检验和整定。

（2）操作试验应可靠，指示正确；操作循环和性能满足电网要求。

7.3.11　外观维护

（1）按运行要求标识相色，接地线防腐并涂刷黄绿标识漆。

（2）检查金属件镀锌层及油漆完好，对破损面进行修复处理。

（3）检查柜体、柜门密封良好，二次电缆槽盒、孔洞封堵检查。

7.3.12　竣工验收

（1）外观验收（静态验收）。

1）固定牢靠，外观完好，表面清洁，二次电缆牌标识清晰，固定牢靠。

2）电气连接可靠，导电接触良好，螺栓紧固力矩应达到产品技术文件的要求。

3）加热驱潮装置投切正常。

（2）操作验收（动态验收）。

1）操作验收前，所有的交接试验项目应合格。

2）操动机构储能正常，电动机声音正常，储能时间符合产品技术规定。

3）断路器及其操动机构的联动应正常，无卡阻现象；分、合闸指示应正确；辅助开关动作应正确可靠。

4）现场与保护、运行人员进行传动操作试验（此步骤可结合 7.3.10 进行）。

（3）资料验收。

1）竣工图，设计变更的证明文件。

2）制造厂提供的产品说明书、装箱单、试验记录、合格证明文件及安装图纸等技术文件。

3）过程检验及质量验收资料。

4）交接试验报告。

（4）备件及工具验收。按合同供货清单向运维单位移交备品备件、专用工具及测试仪器。

7.4 开关柜示例图

开关柜示意图如图1-7-2所示。

图1-7-2 开关柜示意图

8

SF$_6$电流互感器安装

8.1　适用范围

　　本典型作业法适用于 35～550kV 分相支柱式 SF$_6$ 电流互感器安装施工，主要包括以下内容：施工准备、设备支架、设备安装、SF$_6$ 充气、电气试验、二次接线、外观维护及竣工验收等工艺流程及主要质量控制要点。

8.2　施工流程

　　SF$_6$ 电流互感器安装施工流程如图 1−8−1 所示。

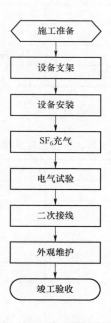

施工准备

设备支架

设备安装

SF$_6$充气

电气试验

二次接线

外观维护

竣工验收

图 1−8−1　SF$_6$ 电流互感器安装施工流程

8.3 工艺流程说明及质量关键点控制

8.3.1 施工准备

（1）技术准备。包括施工图纸、产品说明书、出厂试验报告及合格证、施工方案及作业指导书、施工安全技术交底。

（2）材料准备。材料准备见表1-8-1。

表1-8-1 材料准备

序号	名称	型号	单位	数量	备注
1	SF_6气体	50kg装	瓶	1	厂家提供
2	油漆	黄、绿、红、黑	桶	各1	5kg装
3	防锈底漆	铁红银灰	桶	1	5kg装
4	毛刷	3.5寸、5寸	把	各5	
5	低温润滑脂		支	1	
6	热镀锌扁钢	根据设计	m	若干	
7	槽钢	根据设计	m	若干	

（3）车辆准备。车辆准备见表1-8-1。

表1-8-2 车辆准备

序号	名称	型号	单位	数量	备注
1	汽车吊	16t	台	1	
2	高处作业车	16~20m	台	1	
3	货车	5t	台	1	

（4）工机具、安全工器具准备。工机具、安全工器具准备见表1-8-3。

表1-8-3 工机具、安全工器具准备

序号	名称型号	单位	数量	备注
1	2t吊带	根	2	
2	揽风绳	根	2	
3	5t卸扣	套	4	
4	SF_6充气专用工具	套	1	厂家提供
5	安全带	副	3	
6	梯子/人字梯	张	各1	
7	电焊机（焊条若干）	套	1	
8	打孔机	套	1	

续表

序号	名称型号	单位	数量	备注
9	台钻（带各种规格钻花）	套	1	
10	切割机（带切割片）	套	1	
11	角磨机（带砂轮片）	套	1	
12	电源盘	个	1	
13	常用工具（各种规格）	箱	1	
14	力矩扳手	套	1	20～100N
15	电动扳手	套	1	
16	套筒（各种规格）	套	1	

（5）仪器仪表准备。仪器仪表准备见表 1-8-4。

表 1-8-4　　　　　　　　　　　仪 器 仪 表 准 备

序号	名称型号	单位	数量	备注
1	数字式万用表	个	1	
2	SF_6 检漏仪	个	1	TIF 型
3	绝缘电阻表	个	1	电动
4	回路电阻测试仪	套	1	
5	微水测试仪	套	1	
6	高压试验设备	套	1	

（6）开箱检查及试验。应在厂家技术人员、施工方、业主或监理在场的情况下，进行开箱验货，并开展以下检查及试验：

1）设备到货时检查冲撞记录器（如有安装）。外观检查：开箱前检查包装无变破损、变形；开箱后重点检查瓷件与绝缘件外观应完好；瓷外套的瓷套与金属法兰胶装部位应牢固密实，并涂有性能良好的防水胶；硅橡胶外套外观不得有裂纹、损伤或变形。

2）部件检查：部件齐全、完好，规格型号符合技术协议要求；重点检查二次绕组主要技术参数是否满足要求，金属部件油漆、镀层完好，无锈蚀、变形或损伤；检查备件及专用工具数量、尺寸、规格符合订货合同约定。

3）安装前试验：检查本体无泄漏，检查其压力值应符合产品技术文件要求；测量预充注 SF_6 气体和 SF_6 钢瓶内气体微水合格；测量断口回路电阻符合产品技术规定。开箱检查及试验发现问题，应立即拍照记录，并及时通知厂家处理。

8.3.2　设备支架

设备支架安装后的质量要求：标高偏差不大于 5mm，垂直度不大于 5mm，相间轴线偏差不大于 10mm，顶面水平度不大于 2mm/m。

8.3.3　设备安装

（1）吊装应选择满足相应设备的钢丝绳或吊带以及卸扣，吊装电流互感器时吊绳应固定在吊环上，在电流互感器上部用绳索包围锁定四根吊绳防止倾覆。不得利用瓷裙起吊。吊装过程中用缆绳牵引，防止碰撞。

（2）电流互感器底座与支架的固定应符合产品技术文件要求且牢固可靠。底座与基础的垫片不宜超过 3 片，其总厚度不应大于 10mm，各垫片尺寸应与基座相符且连接牢固。

（3）电流互感器安装应垂直，并列安装的应排列整齐，电流互感器的极性方向应符合设计图纸要求。

（4）检查串并联部件是否合格，核对一次变比接线是否符合设计。

8.3.4　SF_6 充气

（1）安装就位后检查 SF_6 气体压力是否满足要求，小于额定压力需及时进行补气。补充气过程检查密度继电器各触点动作值符合产品技术要求，SF_6 气体额定压力符合产品技术要求并指示清晰。

（2）充入 SF_6 气体 48h 后，按现场水分测量规程对互感器内 SF_6 气体含水量进行测量，气体中水分含量不应大于 150μL/L。

（3）按规定充入 SF_6 气体 24h 后，按现场检漏规程检漏，各点漏气率应符合产品技术规定，互感器年漏气率应小于 0.5%。推荐采用薄膜包扎法对各密封面进行包扎检漏，对发现的疑似漏气点可使用肥皂水精确定位具体泄漏位置。

8.3.5　电气试验

电气试验按照 GB 50150《电气装置安装工程 电气设备交接试验标准》进行，试验结果必须与产品试验报告进行比对。

8.3.6　二次接线

（1）根据设计完成电缆槽盒安装及二次电缆敷设和回路接线。

（2）本体外壳与接地网可靠接地；备用线圈短接可靠并接地，二次备用线圈一端应可靠接地。施工完毕应对电缆槽盒和孔洞封堵严密。

8.3.7　外观维护

（1）检查绝缘子外观完好，并进行清扫。

（2）按运行要求标识相色，接地线防腐并涂刷黄绿标识漆。

（3）检查金属件镀锌层及油漆完好，对破损面进行修复处理。

（4）检查机构箱密封良好，二次电缆槽盒、孔洞封堵检查。

8.3.8　竣工验收

（1）外观验收。

1）固定牢靠，外观完好，表面清洁，油漆完整，相色标识正确，接地应良好，标识清楚，二次电缆牌标识清晰。

2）电气连接可靠，导电接触良好，螺栓紧固力矩应达到产品技术文件的要求。

3）密度继电器，无渗油、校验标签合格。

（2）资料验收。

1）开箱检查记录，安装检验、评定记录，电气试验报告。

2）制造厂提供的产品说明书、试验记录、合格证件及安装图纸等技术文件。

3）施工图及变更设计的说明文件。

4）备品、备件、专用工具及测试仪器清单。

8.4　电流互感器示例图

500kV SF$_6$电流互感器示例如图 1-8-2 所示。

图 1-8-2　500kV SF$_6$ 电流互感器示例图

9

油浸式互感器安装

9.1 适用范围

　　本典型作业法适用于 35～220kV 油浸式互感器安装施工，主要包括以下内容：施工准备、设备支架、设备安装、电气试验、二次接线、外观维护及竣工验收等工艺流程及主要质量控制要点。

9.2 施工流程

　　油浸式互感器安装施工流程如图 1-9-1 所示。

图 1-9-1　油浸式互感器安装施工流程图

9.3 工艺流程说明及质量关键点控制

9.3.1 施工准备

（1）技术准备。包括施工图纸、产品说明书、出厂试验报告及合格证、施工方案及作业指导书、施工安全技术交底。

（2）材料准备。材料准备见表1－9－1。

表1－9－1 材　料　准　备

序号	名称	型号	单位	数量	备注
1	油漆	黄、绿、红、黑	桶	各1	5kg装
2	防锈底漆	铁红、银灰	桶	1	5kg装
3	毛刷	3.5寸、5寸	把	各5	
4	热镀锌扁钢	根据设计	m	若干	
5	槽钢	根据设计	m	若干	

（3）车辆准备。车辆准备见表1－9－2。

表1－9－2 车　辆　准　备

序号	名称	型号	单位	数量	备注
1	汽车吊	16t	台	1	
2	高处作业车	16～20m	台	1	
3	货车	5t	台	1	

（4）工机具、安全工器具准备。工机具、安全工器具准备见表1－9－3。

表1－9－3 工机具、安全工器具准备

序号	名称型号	单位	数量	备注
1	2t吊带	根	2	
2	揽风绳	根	2	
3	5t卸扣	套	4	
4	安全带	副	3	
5	梯子/人字梯	张	各1	
6	电焊机（焊条若干）	套	1	
7	打孔机	套	1	
8	台钻（带各种规格钻花）	套	1	
9	切割机（带切割片）	套	1	

序号	名称型号	单位	数量	备注
10	角磨机（带砂轮片）	套	1	
11	电源盘	个	1	
12	常用工具（各种规格）	箱	1	
13	力矩扳手	套	1	20～100N
14	电动扳手	套	1	
15	套筒（各种规格）	套	1	

（5）仪器仪表准备。仪器仪表准备见表1-9-4。

表 1-9-4　　　　　　　　仪 器 仪 表 准 备

序号	名称型号	单位	数量	备注
1	数字式万用表	个	1	
2	绝缘电阻表	个	1	电动
3	回路电阻测试仪	套	1	
4	高压试验设备	套	1	

（6）开箱检查及试验。应在厂家技术人员、施工方、业主或监理在场的情况下，进行开箱验货，并开展以下检查及试验：

1）设备到货时检查冲撞记录器（如有安装）。外观检查：开箱前检查包装无变破损、变形；开箱后重点检查瓷件与绝缘件外观应完好；瓷外套的瓷套与金属法兰胶装部位应牢固密实，并涂有性能良好的防水胶；硅橡胶外套外观不得有裂纹、损伤或变形。

2）部件检查：部件齐全、完好，规格型号符合技术协议要求；重点检查二次绕组主要技术参数是否满足要求，金属部件油漆、镀层完好，无锈蚀、变形或损伤；检查备件及专用工具数量、尺寸、规格符合订货合同约定。

开箱检查及试验发现问题，应立即拍照记录，并及时通知厂家处理。

9.3.2　设备支架

互感器支架安装后的质量要求：标高偏差不大于 5mm，垂直度不大于 5mm，相间轴线偏差不大于 10mm，顶面水平度不大于 2mm/m。

9.3.3　设备安装

（1）吊装应选择满足相应设备的钢丝绳或吊带以及卸扣，吊装电流互感器时吊绳应固定在吊环上，在电流互感器上部用绳索包围锁定四根吊绳防止倾覆。不得利用瓷裙起吊。吊装过程中用缆绳牵引，防止碰撞。

（2）电流互感器底座与支架的固定应符合产品技术文件要求且牢固可靠。底座与基础的垫片不宜超过 3 片，其总厚度不应大于 10mm，各垫片尺寸应与基座相符且连接牢固。

（3）电流互感器安装应垂直，并列安装的应排列整齐，电流互感器的极性方向应符合与设计图纸要求。

（4）根据设计完成电缆槽盒安装及二次电缆敷设和回路接线。

（5）本体外壳与接地网可靠接地；备用线圈短接可靠并接地，二次备用线圈一端应可靠接地。施工完毕应对电缆槽盒和孔洞封堵严密。

（6）均压环应安装牢固、平整，检查均压环无划痕、无碰撞产生毛刺，寒冷地区均压环应有滴水孔。

（7）检查金属膨胀器，拆除固定装置；运输中附加的防爆膜临时保护措施予以拆除。

9.3.4　电气试验

电气试验按照 GB 50150《电气装置安装工程　电气设备交接试验标准》进行，试验结果必须与产品试验报告进行比对。

9.3.5　二次接线

（1）根据设计完成电缆槽盒安装及二次电缆敷设和回路接线。

（2）本体外壳与接地网可靠接地；备用线圈短接可靠并接地。

（3）二次电缆吊牌和号码筒应清楚、正确。

（4）接地应采用不小于 6mm^2 的铜导体进行接地。

（5）施工完毕应对电缆槽盒和孔洞封堵严密。

9.3.6　外观维护

（1）检查绝缘子外观完好，并进行清扫。

（2）按运行要求标识相色，接地线防腐并涂刷黄绿标识漆。

（3）检查金属件镀锌层及油漆完好，对破损面进行修复处理。

（4）检查机构箱密封良好，二次电缆槽盒、孔洞封堵检查。

9.3.7　竣工验收

（1）外观验收。

1）固定牢靠，外观完好，表面清洁，油漆完整，相色标识正确，接地应良好，标识清楚，二次电缆牌标识清晰。

2）电气连接可靠，导电接触良好，螺栓紧固力矩应达到产品技术文件的要求。

3）互感器无渗油，油位符合产品技术文件要求。

（2）资料验收。

1）开箱检查记录，安装检验、评定记录，电气试验报告。

2）制造厂提供的产品说明书、试验记录、合格证件及安装图纸等技术文件。

3）施工图及变更设计的说明文件。

4）备品、备件、专用工具及测试仪器清单。

9.4 油浸式互感器示例图

220kV 油浸式互感器示例如图 1－9－2 所示。

图 1－9－2　220kV 油浸式互感器示例图

电压互感器安装

10.1 适用范围

本典型作业法适用于 110kV 及以上电压等级电压互感器（电容式、电磁式）安装施工，主要包括以下内容：施工准备、基础复核、本体安装、接地制作安装、二次接线检查、交接试验、一次引线制作安装、外观维护及竣工验收等工艺流程及主要质量控制要点。

10.2 施工流程

电压互感器安装施工流程如图 1-10-1 所示。

图 1-10-1 电压互感器安装施工流程图

10.3 工艺流程说明及质量关键点控制

10.3.1 施工准备

（1）技术准备。包括施工图纸、产品说明书、出厂试验报告及合格证、施工方案及作业指导书、现场勘察记录、施工安全技术交底。

（2）材料准备。电压互感器安装所需材料见表 1－10－1。

表 1－10－1　　　　　　　　　　　　电压互感器安装所需材料

序号	名称	型号	单位	数量	备注
1	油漆	黄、绿、红、黑、银灰	桶	各1	5kg 装
2	防锈底漆	铁红	桶	1	5kg 装
3	毛刷	3.5寸、5寸	把	各5	
4	导电脂	—	g	200	
5	导线	根据负荷选择	m	若干	钢芯铝绞线
6	设备线夹	根据设计	套	若干	
7	电力复合脂	—	g	200	
8	铜排	根据设计	m	若干	
9	槽钢	根据设计	m	若干	
10	热镀锌扁钢	根据设计	m	若干	
11	扎带	—	捆	若干	
12	铜缆	$16mm^2$	m	2	

（3）车辆准备。电压互感器安装所需特种车见表 1－10－2。

表 1－10－2　　　　　　　　　　电压互感器安装所需特种车

序号	名称	型号	单位	数量	备注
1	吊车	12t	台	1	
2	高处作业车	20m	台	1	
3	货车	5t	台	1	
4	叉车	2t	台	2	

（4）工机具、安全工器具准备。电压互感器安装所需工机具、安全工器具见表 1－10－3。

表 1－10－3　　　　　　　　电压互感器安装所需工机具、安全工器具

序号	名称型号	单位	数量	备注
1	2t 吊带	根	2	
2	揽风绳	根	2	

序号	名称型号	单位	数量	备注
3	5t 卸扣	套	4	
4	导线压接机（带模具）	套	1	
5	电焊机（焊条若干）	套	1	
6	打孔机	套	1	
7	台钻（带各种规格钻花）	套	1	
8	弯排机	套	1	
9	切割机（带切割片）	套	1	
10	角磨机（带砂轮片）	套	1	
11	电源盘	个	1	
12	工具箱	箱	1	
13	力矩扳手	套	1	20～100N
14	电动扳手	套	1	
15	套筒（各种规格）	套	1	
16	手电钻（各种钻花）	套	1	
17	专用吊具	套	1	厂家提供

（5）仪器仪表准备。电压互感器安装所需仪器仪表见表 1-10-4。

表 1-10-4　　　　　　　　　　电压互感器安装所需仪器仪表

序号	名称型号	单位	数量	备注
1	数字式万用表	个	1	
2	绝缘电阻表	个	1	电动
3	回路电阻测试仪	套	1	便携式
4	高压西林电桥测试仪	套	1	电气试验人员准备
5	局部放电仪	套	1	电气试验人员准备
6	试验变压器	套	1	电气试验人员准备
7（非必须）	绕组组别和极性、误差及变比、励磁特性等相关试验设备（仅用于电磁式电压互感器）	套	各 1	电气试验人员准备

（6）开箱检查及试验。应在厂家技术人员、施工方、业主或监理在场的情况下，进行开箱验货，并开展以下检查及试验：

1）清单检查：检查发运清单，核对物品与清单一致；根据制造厂提供相关资料，查勘设备到货状态与出厂状态一致。

2）运输检查：电压互感器运输倾斜度应小于 15°，运输方式（110kV 及以下直立运输，220kV 及以上卧倒运输）应符合要求，冲击记录［110（66）kV 设备每批次运输少于 10台，加装 10g 冲击加速度振子 1 个，超过 10 台，加装 10g 冲击加速度振子 2 个；220kV 设备每台设备加装 10g 冲击加速度振子 1 个；330kV 及以上设备每台安装带时标的三维冲击记录仪］检查显示无异常。

3）外观检查：开箱前检查包装无变破损、变形；开箱后重点检查设备数量、尺寸、规格符合订货合同约定；瓷件与绝缘件外观应完好；瓷外套的瓷套与金属法兰胶装部位应牢固密实，并涂有性能良好的防水胶。瓷套表面清洁、无裂痕、无破损、无闪络放电痕迹，法兰无锈蚀，单个破损面积不允许超过 40mm²；瓷外套与法兰处黏合应牢固、无破损，黏合处露砂高度不小于 10mm，并均匀涂覆防水密封胶。复合外套表面不应出现严重变形、开裂、变色，表面凸起高度不超过 0.8mm，黏接合缝处凸起高度不超过 1.2mm。

4）部件检查：部件齐全、完好，规格型号符合技术协议要求；金属部件油漆、镀层完好，无锈蚀、变形或损伤。

5）安装前检查、试验：使用合金分析仪检测一次导体、外壳材质，法兰及底座镀锌层合格；外绝缘参数测量，爬距、干弧距离、伞间距测量合格。

开箱检查及试验发现问题，应立即拍照记录，并及时通知厂家处理。

10.3.2　基础复核

安装前应基础进行检查，现场核实相关安装尺寸，应符合产品技术文件要求，基础支柱高度、水平度应符合设计要求，如高度不符合设计要求，应加装槽钢。设备支架质量要求：标高偏差不大于 5mm，垂直度不大于 5mm，相间轴向偏差不大于 10mm，顶面水平度不大于 2mm/m。

10.3.3　本体安装

（1）检查所有部件完好，安装位置正确，并按产品技术规定保持在其应有垂直位置。

（2）互感器本体起吊：应按产品技术文件要求选用吊装器具、吊点及吊装程序。采用专业吊点进行吊装，严禁将吊点设置在瓷套上，起吊前检查悬吊和绑扎情况。整个起吊过程，吊钩应顺着起立方向缓慢走动，端部系好揽风绳保险，侧向做好保护措施。

（3）互感器安装：本体起吊到基础支柱顶部以后，缓慢下落。电压互感器本体落位后应进行垂直度校核、三相纵横度水平校核（如需安装三相），校核无误后，采用对角紧固的方式将电压互感器底座与基础固定。多节安装时，应注意上下节安装方向一致。

（4）安装注意事项：安装前检查金属膨胀器是否有固定装置，如有应拆除该装置；220kV 及以上电容式电压互感器应按出厂编号及上下顺序进行安装，严禁互换；各组件安装前清除氧化层后应涂电力复合脂，注意严格控制涂抹剂量，要求可见金属色；基础固定螺栓应采用热镀锌螺栓，螺栓尺寸应根据设备底座预留孔选择，采用槽钢固定底座的应有斜口垫固定，所有安装螺栓必须用力矩扳手紧固，力矩值应符合产品技术文件要求；电压互感器均压环（如有）应加钻排φ6～φ8 水孔；应按产品技术文件要求涂抹防水胶。注：电磁式电压互感器如需安装三相，安装时其极性方向也应一致。

10.3.4　接地制作安装

（1）本体采用硬质双接地，截面积应满足热稳定校核要求。

（2）接地线切割端面应打磨并作防腐处理，清除接地线焊接面焊渣，无毛刺、平整光滑，表面凸起应小于 1mm，进行防腐处理后刷黄绿标识漆。

（3）接地应牢固可靠，接地连接应采用焊接或有防松动措施的螺栓连接。

（4）末屏接地应采用不小于 6mm² 的铜导体进行接地。

（5）本体及末屏接地应有防松动和转动措施。

（6）接地安装结束后，应使用万用表确认本体及末屏接地良好。

10.3.5　二次接线检查

（1）与二次专业确认已按设计图纸接取二次线。

（2）二次接线应有可靠的防转动措施。

（3）二次电缆金属护管应在底部与主地网连接，在顶部与电压互感器底座连接。

（4）二次电缆吊牌和号码筒应清楚，正确。

（5）确认二次接线盒、电缆护管孔洞封堵严实。

（6）电磁式电压互感器二次侧不允许短路。

10.3.6　交接试验

由高压试验专业人员进行以下试验：

（1）一次回路绝缘电阻测试。

（2）绝缘介质电容量和介质损耗测量。

（3）设备静置后［110（66）kV 不少于 24h，220～330kV 不少于 48h，500kV 不少于 72h］进行耐压试验和局部放电试验，耐压和局部放电试验前后进行油色谱检查。

（4）电容量测试（电容式电压互感器）。

电磁式电压互感器还应进行以下试验：

（1）一、二次绕组的直流电阻。

（2）绕组组别和极性。

（3）误差及变比。

（4）励磁特性。

10.3.7　一次引线制作安装

根据设计要求和导线施工工艺要求，制作连接引线，安装时应符合以下规定：

（1）软导线弧垂满足要求，软导线不得有断股和散股现象。

（2）线夹接触面及设备接线板用铜刷打磨氧化层，用 800 号砂纸及无水酒精清洁。

（3）清理完毕立即均匀涂抹导电脂，要求可见金属色。注意严格控制涂抹剂量，用不锈钢尺刮平，再用百洁布擦拭干净，使接线板表面形成一薄层导电脂，对多余挤出的导电脂应清除干净。

（4）对角均匀紧固连接螺栓，紧固力矩及螺栓数量、规格应符合 GB 50149《电气装置安装工程　母线装置施工及验收规范》的要求。

（5）确认一次引线安装后引线对地或构架等的安全距离是否符合规定，相间（如需安装三相）运行距离是否符合规定。

（6）线夹接触面回路电阻测试，单个接触面回路电阻值应小于 30μΩ。

10.3.8　外观维护

（1）检查瓷套外观完好，并进行清扫。

（2）油位指示应正常。油位偏高或偏低时应及时进行放油或补油处理。

（3）按运行要求标识相色，接地线防腐并涂刷黄绿标识漆。

（4）检查金属件镀锌层及油漆完好，对破损面进行修复处理。

（5）检查二次电缆槽盒、孔洞封堵情况。

10.3.9　竣工验收

（1）外观验收。

1）固定牢靠，外观完好，表面清洁，油漆完整，相色标识正确，接地应良好，标识清楚，二次电缆牌标识清晰，固定牢靠。

2）电气连接可靠，导电接触良好，螺栓紧固力矩应达到产品技术文件的要求。

（2）资料验收。

1）竣工图，设计变更的证明文件。

2）制造厂提供的产品说明书、装箱单、试验记录、合格证明文件及安装图纸等技术文件。

3）过程检验及质量验收资料。

4）交接试验报告。

（3）备件及工具验收。按合同供货清单向运维单位移交备品备件、专用工具及测试仪器。

（4）资产交接。与运维单位办理资产及资料移交手续。

10.4　电压互感器示例图

电压互感器示例如图 1-10-2 所示。

（a）　　　　　　　　　　　　　　　　　（b）

图 1-10-2　电压互感器示例

（a）220kV 电压互感器；（b）500kV 电压互感器

金属氧化物避雷器安装

11.1　适用范围

本典型作业法适用于金属氧化物避雷器安装施工，主要包括以下内容：施工准备、基础复核、避雷器安装、接地制作安装、放电计数器安装、交接试验、一次引线制作安装、外观维护及竣工验收等工艺流程及主要质量控制要点。

11.2　施工流程

金属氧化物避雷器安装施工流程如图1－11－1所示。

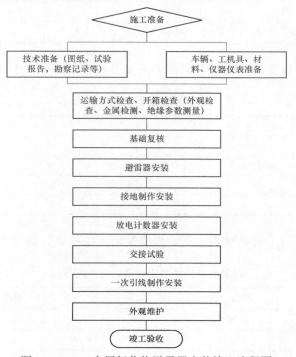

图1－11－1　金属氧化物避雷器安装施工流程图

77

11.3　工艺流程说明及质量关键点控制

11.3.1　施工准备

（1）技术准备。包括施工图纸、产品说明书、出厂试验报告及合格证、施工方案及作业指导书、现场勘察记录、施工安全技术交底。

（2）材料准备。避雷器安装所需材料见表1－11－1。

表1－11－1　　　　　　　　　　　避雷器安装所需材料

序号	名称	型号	单位	数量	备注
1	油漆	黄、绿、红、黑、银灰	桶	各1	5kg装
2	防锈底漆	铁红	桶	1	5kg装
3	毛刷	3.5寸、5寸	把	各5	
4	导电脂	—	g	200	
5	导线	根据负荷选择	m	若干	钢芯铝绞线
6	设备线夹	根据设计	套	若干	
7	电力复合脂	—	g	200	
8	铜排	根据设计	m	若干	
9	槽钢	根据设计	m	若干	
10	热镀锌扁钢	根据设计	m	若干	
11	铜缆	16mm^2	m	2	

（3）车辆准备。避雷器安装所需特种车见表1－11－2。

表1－11－2　　　　　　　　　　　避雷器安装所需特种车

序号	名称	型号	单位	数量	备注
1	吊车	12t	台	1	
2	高处作业车	20m	台	1	
3	货车	5t	台	1	
4	叉车	2t	台	2	

（4）工机具、安全工器具准备。避雷器安装所需工机具、安全工器具见表1－11－3。

表1－11－3　　　　　　　　　避雷器安装所需工机具、安全工器具

序号	名称型号	单位	数量	备注
1	2t吊带	根	2	
2	揽风绳	根	2	
3	5t卸扣	套	4	

序号	名称型号	单位	数量	备注
4	导线压接机（带模具）	套	1	
5	电焊机（焊条若干）	套	1	
6	打孔机	套	1	
7	台钻（带各种规格钻花）	套	1	
8	弯排机	套	1	
9	切割机（带切割片）	套	1	
10	角磨机（带砂轮片）	套	1	
11	电源盘	个	1	
12	工具箱	箱	1	
13	力矩扳手	套	1	20～100N
14	电动扳手	套	1	
15	套筒（各种规格）	套	1	
16	手电钻（各种钻花）	套	1	
17	专用吊具	套	1	厂家提供

（5）仪器仪表准备。避雷器安装所需仪器仪表见表1-11-4。

表1-11-4　　　　　　　避雷器安装所需仪器仪表

序号	名称型号	单位	数量	备注
1	数字式万用表	个	1	
2	回路电阻测试仪	套	1	便携式
3	绝缘电阻表	个	1	电气试验人员准备
4	直流发生器	套	1	电气试验人员准备
5	试验变压器	套	1	电气试验人员准备

（6）开箱检查及试验。应在厂家技术人员、施工方、业主或监理在场的情况下，进行开箱验货，并开展以下检查及试验：

1）清单检查：检查发运清单，核对物品与清单一致；根据制造厂提供相关资料，查勘设备到货状态与出厂状态一致。

2）运输检查：避雷器运输过程中应采用直立运输方式，严禁卧倒运输。

3）外观检查：开箱前检查包装无变破损、变形；开箱后重点检查设备数量、尺寸、规格符合订货合同约定；瓷件与绝缘件外观应完好，瓷套表面清洁、无裂痕、无破损、无闪络放电痕迹，法兰无锈蚀，单个破损面积不允许超过40mm²；瓷外套与法兰处黏合应牢固、无破损，黏合处露砂高度不小于10mm，并均匀涂覆防水密封胶。复合外套表面不应出现严重变形、开裂、变色，表面凸起高度不超过0.8mm，黏接合缝处凸起高度不超过1.2mm。

4）部件检查：部件齐全、完好，规格型号符合技术协议要求；金属部件油漆、镀层完好，无锈蚀、变形或损伤。

5）安装前检查、试验：使用合金分析仪检测外壳材质，法兰及底座镀锌层合格；外绝缘参数测量，爬距、干弧距离、伞间距测量合格。

开箱检查及试验发现问题，应立即拍照记录，并及时通知厂家处理。

11.3.2　基础复核

安装前应进行基础检查，现场核实相关安装尺寸，应符合产品技术文件要求，基础支柱高度、水平度应符合设计要求，如高度不符合设计要求，应加装槽钢。设备支架质量要求：标高偏差不大于 5mm，垂直度不大于 5mm，相间轴向偏差不大于 10mm，顶面水平度不大于 2mm/m。

11.3.3　避雷器安装

（1）检查所有部件完好，安装位置正确，并按产品技术规定保持在其应有垂直位置。

（2）避雷器底座安装：检查检查基础水平，复核安装尺寸满足要求，底座安装方向符合设计图纸要求。

（3）避雷器本体起吊：应按产品技术文件要求选用吊装器具、吊点及吊装程序。采用专业吊点进行吊装，严禁将吊点设置在瓷套上，起吊前检查悬吊和绑扎情况。整个起吊过程，吊钩应顺着起立方向缓慢走动，端部系好揽风绳保险，侧向做好保护措施。

（4）避雷器安装：本体起吊到基础支柱顶部以后，缓慢下落。避雷器本体落位后应进行垂直度校核、三相纵横度水平校核，校核无误后，采用对角紧固的方式将电压互感器底座与基础固定。多节安装时，应注意上下节安装方向一致，防爆通道不能朝向设备区域。

（5）安装注意事项：安装前检查防爆膜是否安装防护罩，如有，应取下防护罩；避雷器如有多节，应按出厂编号及上下顺序进行安装，严禁互换；各组件安装前清除氧化层后应涂电力复合脂，注意严格控制涂抹剂量，要求可见金属色；基础固定螺栓应采用热镀锌螺栓，螺栓尺寸应根据设备底座预留孔选择，采用槽钢固定底座的应有斜口垫固定，所有安装螺栓必须用力矩扳手紧固，力矩值应符合产品技术文件要求；均压环下部及下法兰应加钻排 $\phi6 \sim \phi8$ 水孔；应按产品技术文件要求涂抹防水胶。

11.3.4　接地制作安装

（1）本体采用硬质双接地。接地应牢固可靠，接地连接应采用焊接或有防松动措施的螺栓连接。接地线规格及焊接符合 GB 50169《电气装置安装工程　接地装置施工及验收规范》的要求。

（2）接地线切割端面应打磨并作防腐处理，清除接地线焊接面焊渣，无毛刺、平整光滑，表面凸起应小于 1mm。

（3）避雷器接地引下排长度超过 1m 应加装支撑绝缘子。

11.3.5　放电计数器安装

（1）110kV 及以上电压等级避雷器应安装放电计数器。

（2）放电计数器参数应与设备电压等级一致。

（3）放电计数器密封良好、观察窗内无凝露、进水现象，指示清晰正确。

（4）放电计数器小瓷套清洁，螺栓紧固、无锈蚀。

（5）放电计数器安装高度符合规定，与地面垂直距离不小于 1.8m。避雷器与放电计数器之间的接地引下线连接良好，不能阻挡防爆通道。

（6）放电计数器与接地引下排之间应采用软铜线连接，导体截面积应符合国家电网有限公司标准。

11.3.6　交接试验

由高压试验专业人员进行以下试验：

（1）金属氧化物避雷器及基座绝缘电阻测试测试。

（2）金属氧化物避雷器的工频参考电压和持续电流测试。

（3）金属氧化物避雷器直流参考电压和 0.75 倍直流参考电压下的泄漏电流测试。

（4）检查放电计数器动作情况及监视电流表指示。

（5）工频放电电压试验。

11.3.7　一次引线制作安装

根据设计要求和导线施工工艺要求，制作连接引线，安装时应符合以下规定：

（1）软导线弧垂满足要求，软导线不得有断股和散股现象。

（2）线夹接触面及设备接线板用铜刷打磨氧化层，用 800 号砂纸及无水酒精清洁。

（3）清理完毕立即均匀涂抹导电脂，要求可见金属色。注意严格控制涂抹剂量，用不锈钢尺刮平，再用百洁布擦拭干净，使接线板表面形成一薄层导电脂，对多余挤出的导电脂应清除干净。

（4）对角均匀紧固连接螺栓，紧固力矩及螺栓数量、规格应符合 GB 50149《电气装置安装工程　母线装置施工及验收规范》的要求。

（5）确认一次引线安装后引线对地或构架等的安全距离是否符合规定，相间（如需安装三相）运行距离是否符合规定。

（6）线夹接触面回路电阻测试，单个接触面回路电阻值应小于 $30\mu\Omega$。

11.3.8　外观维护

（1）检查瓷套外观完好，并进行清扫。

（2）按运行要求标识相色，接地线防腐并涂刷黄绿标识漆。

（3）检查金属件镀锌层及油漆完好，对破损面进行修复处理。

11.3.9　竣工验收

（1）外观验收（静态验收）。

1）固定牢靠，外观完好，表面清洁，油漆完整，相色标识正确，接地应良好，标识清楚。

2）电气连接可靠，导电接触良好，螺栓紧固力矩应达到产品技术文件的要求。

（2）资料验收。

1）竣工图，设计变更的证明文件。

2）制造厂提供的产品说明书、装箱单、试验记录、合格证明文件及安装图纸等技术文件。

3）过程检验及质量验收资料。

4）交接试验报告。

（3）备件及工具验收。按合同供货清单向运维单位移交备品备件、专用工具及测试仪器。

（4）资产交接。与运维单位办理资产及资料移交手续。

11.4　金属氧化物避雷器示例图

金属氧化物避雷器示例如图 1－11－2 和图 1－11－3 所示。

图 1－11－2　220kV 金属氧化物避雷器　　　　图 1－11－3　500kV 金属氧化物避雷器

10～35kV 冷缩电缆终端制作

12.1 适用范围

本作业法适用于 10～35kV 冷缩电缆终端制作安装。主要包括以下内容：工程准备，剥外护套、钢铠和内衬层，固定钢铠地线，缠绕填充胶，固定铜屏蔽地线，缠自黏带，固定冷缩指套，固定冷缩管，剥铜屏蔽、外半导层，绕半导电带，密封冷缩终端，接线端子压接及端口密封，电缆终端安装固定，验收、清理场地等工艺流程及主要质量控制要点。

12.2 施工流程

高压电缆头冷缩制作流程如图 1 – 12 – 1 所示。

图 1 – 12 – 1　高压电缆头冷缩制作流程图

83

12.3 工艺流程说明及主要质量控制要点

下面以 10kV 冷缩电缆终端制作为例，20、35kV 等电压等级的冷缩电缆终端可参照执行。10kV 三芯冷缩终端结构如图 1-12-2 所示。

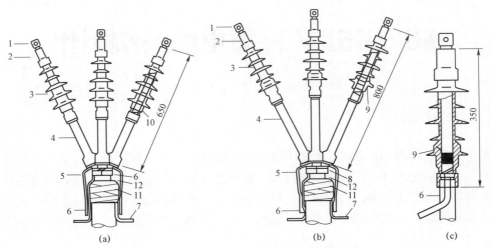

图 1-12-2 10kV 三芯冷缩终端结构

（a）10kV 三芯冷缩应力管型终端结构图；（b）10kV 三芯冷缩应力锥形终端结构图；（c）10kV 单芯冷缩终端结构图
1—端子；2—密封管；3—终端管；4—绝缘管；5—支管；6—屏蔽地线；7—钢铠地线；
8—恒力弹簧；9—应力锥；10—应力管；11—PVC 胶带；12—填充胶

12.3.1 施工准备

（1）技术准备。根据现场情况，做好安全防护措施及施工方案。

（2）材料准备。材料准备见表 1-12-1。

表 1-12-1   材 料 准 备

序号	名称	型号	单位	数量	备注
1	冷缩电缆终端		套	1	
2	铜鼻子		套	1	
3	钢铠接地线		m	10	
4	填充胶		支	10	
5	冷缩指套		套	1	
6	固定胶带		卷	若干	
7	电缆清洁纸		张	若干	

（3）工机具、安全工器具准备。工机具、安全工器具准备见表1-12-2。

表1-12-2　　　　　　　　　　工机具、安全工器具准备

序号	名称	型号	单位	数量	备注
1	压接钳		把	1	
2	个人工器具		套	1	
3	美工刀		把	3	
4	卷尺		把	1	
5	电缆剪刀		把	1	

12.3.2　具体施工步骤及其质量控制

下面以某220kV变电站10kV开关柜出线（户内型）电缆冷缩电缆终端制作为例做说明。

（1）工程准备。根据设计图纸、规程规范等选择合适规格、数量的材料，布置好安全措施，将场地清理干净。检查电缆终端绝缘电阻应符合要求（绝缘电阻应不小于10MΩ），无受潮、进水等异常情况。

根据表1-12-3选择合适的电力电缆终端型号。

表1-12-3　　　　　　　　　　10kV系列冷缩电力电缆终端型号

名称	型号	适用电缆截面（mm²）
10kV三芯冷缩户内终端	NSL-10/3.1	25～50
	NSL-10/3.2	70～120
	NSL-10/3.3	150～240
	NSL-10/3.4	300～400
10kV三芯冷缩户外终端	WSL-10/3.1	25～50
	WSL-10/3.2	70～120
	WSL-10/3.3	150～240
	WSL-10/3.4	300～400

（2）剥外护套、钢铠和内衬层。根据现场实际情况，将电缆从开关柜下方穿入后下柜，并在开关柜下方电缆层内将电缆利用扎带进行固定，穿电缆时应防止电缆护套被刮破。将下柜内电缆校直、擦净，利用美工刀剥去从安装位置到接线端子的外护套（可将恒力弹簧暂时绕在外护套切断处，以方便剥去外护套）。暂用恒力弹簧顺钢铠将钢铠扎住，然后顺钢铠包紧方向锯一环形深痕（不要锯断第二层钢铠，防止伤到电缆），用一字螺丝刀撬起（钢铠边断开），再用钳子拉下并转松钢铠，脱出钢铠带，处理好锯断处的毛刺。整个过程都要顺钢铠包紧方向，不能让电缆上的钢铠松脱。留钢铠30mm、内护套10mm，并用扎丝或PVC带缠绕钢铠以防松散。铜屏蔽端头用PVC带缠紧，以防松散和划伤冷缩管。拔除电缆护套、钢铠和内衬层如图1-12-3所示。

（3）固定钢铠地线。将三角垫锥塞入电缆分岔处，打光钢铠上的油漆、铁锈，用大恒力弹簧将钢铠地线固定在钢铠上。为了牢固，地线要留 10～20mm 的头，恒力弹簧将其绕一圈后，把露的头反折，再用恒力弹簧缠绕。固定钢铠地线如图 1-12-4 所示。

图 1-12-3　拔除电缆护套、钢铠和内衬层

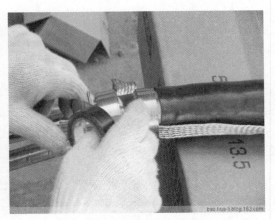

图 1-12-4　固定钢铠地线

（4）缠绕填充胶。自断口以下 50mm 至整个恒力弹簧、钢铠及内护层，用填充胶缠绕两层，三岔口处多缠一层，这样做出的冷缩指套饱满充实。填充材料示意图如图 1-12-5 所示，缠绕填充胶如图 1-12-6 所示。

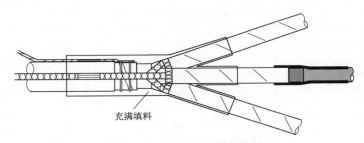

充满填料

图 1-12-5　填充材料示意图

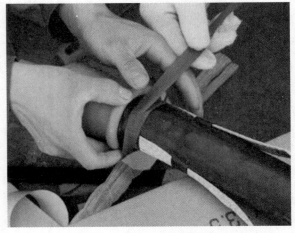

图 1-12-6　缠绕填充胶

（5）固定铜屏蔽地线。将一端分成三股的地线分别用三个小恒力弹簧固定在三相铜屏蔽上，缠好后尽量把弹簧往里推。将钢铠地线与铜屏蔽地线分开，不要短接。电缆层接地线及铜屏蔽线示意图如图 1-12-7 所示，固定铜屏蔽地线如图 1-12-8 所示。

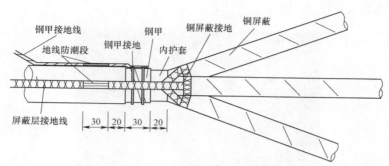

图 1-12-7　电缆层接地线及铜屏蔽线示意图

图 1-12-8　固定铜屏蔽地线

（6）缠自黏带。在填充胶及小恒力弹簧外缠一层自黏带。缠自黏带如图 1-12-9 所示。

图 1-12-9　缠自黏带

（7）固定冷缩指套。先将指端的三个小支撑管略微拽出一点（从里看和指根对齐），再将指套套入尽量下压，逆时针先将大口端塑料条抽出，再抽指端塑料条。套冷缩套前可在电缆表面涂抹润滑脂，一方面便于套入和调整冷缩套，另一方面可减少冷缩套内的空气间隙。固定冷缩指套如图 1–12–10 所示。

图 1–12–10　固定冷缩指套

（8）固定冷缩管。在指套指头往上 100mm 之内缠绕 PVC 带，将冷缩管套至指套根部，逆时针抽出塑料条（如图 1–12–11 所示），抽时用手扶着冷缩管末端，定位后松开，不要一直攥着未收缩的冷缩管，根据冷缩管端头到接线端子的距离切除或加长冷缩管或切除多余的线芯。冷宿管固定后，用相序带做好相序标识（如图 1–12–12 所示）。

图 1–12–11　将塑料条抽出固定冷缩指管

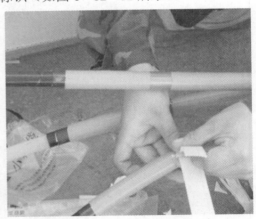

图 1–12–12　做好相序标识

（9）剥铜屏蔽、外半导层。在电缆芯线分叉处做好色相标记，按电缆附件说明书，正确测量好铜屏蔽层切断处位置，应力锥以下的半导体屏蔽和电缆铜屏蔽层必须同步延长，严禁剥离。使用 PVC 带包一下，防止铜屏蔽层松开，或在切断处内侧用铜丝扎紧，顺铜带扎紧方向沿铜丝用刀划一浅痕（注意不能划破半导体层），慢慢将铜屏蔽带撕下，最后顺铜带扎紧方向解掉铜丝。随后，在离铜带断口 10～20mm 处（以说明书规定尺寸为准）为外半导电层断口，断口内侧包一圈胶带做标记。注意，半导电切口倒 30° 斜坡，打磨要光滑、平整，避免产生台阶、间隙毛刺和尖端，也不能在绝缘层上形成刀伤，否则会引起局部电场畸变，从而引发电树枝，留下事故隐患。

　　由于现场施工需要，电缆终端需进行延长，有以下两种延长方法，如图 1 - 12 - 13 和图 1 - 12 - 14 所示。

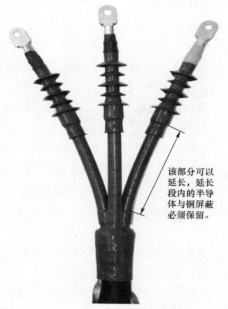

该部分可以延长，延长段内的半导体与铜屏蔽必须保留。

图 1 - 12 - 13　延长终端伞靠三指套部分

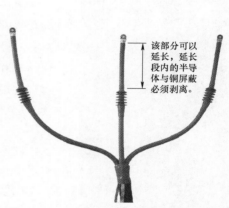

该部分可以延长，延长段内的半导体与铜屏蔽必须剥离。

图 1 - 12 - 14　延长终端伞靠铜鼻子部分

　　1）可剥离型外半导电层处理方法。在预定的半导电层剥切处（胶带外侧），用刀划一环痕，从环痕向末端划两条竖痕，间距约 10mm。然后将条形半导电层从末端向环形痕方向撕下（注意，不能拉起环痕内侧的半导电层），用刀划痕时不应损伤绝缘层，半导电层断口应整齐。检查主绝缘层表面有无刀痕和残留的半导电材料，如有应清理干净。铜屏蔽、外半导层剥除完毕的电缆如图 1 - 12 - 15 所示。

图 1 - 12 - 15　铜屏蔽、外半导层剥除完毕的电缆

2）不可剥离型外半导电层处理方法。从芯线末端开始用玻璃刮掉半导电层（也可用专用刀具），在断口处刮一斜坡，断口要整齐，主绝缘层表面不应留半导电材料，且表面应采用砂带打磨光滑（35kV 电缆的外屏蔽多为不可剥离型）。

（10）绕半导电带。在铜屏蔽上绕半导电带（和冷缩管缠平），用砂纸打磨绝缘层表面，并用清洁纸清洁。清洁时，从线芯端头起，撸到外半导层，切不可来回擦，并将硅脂涂在线芯表面（多涂）。此外，电缆主绝缘层要进行细致的打磨，打磨方向必须垂直主绝缘，然后做圆周运动，严禁平行主绝缘方向打磨，那样不但会损伤主绝缘层，还会留下大量的进潮通道，缩短附件使用寿命。

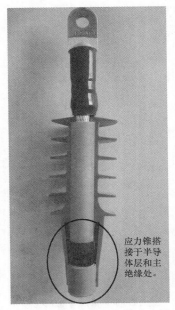

图 1-12-16 预制冷缩应力锥位置控制实物图

（11）密封冷缩终端。慢慢拉动终端内的支撑条，直到和终端端口对齐。将终端穿进电缆线心并和安装限位线对齐，轻轻拉动支撑条，使冷缩管收缩（如开始收缩时发现终端和限位线错位，可用手把它纠正过来）。将指套大口端连地线一起翻卷过来，用密封胶将地线连同电缆外护套一起缠绕，然后将指套翻卷回来，用扎线将指套外的地线绑牢。

注意预制冷缩应力锥位置应符合要求：应力锥搭接于半导体层和主绝缘处，如图 1-12-16 所示。

（12）接线端子压接及端口密封。测量好电缆固定位置和各相引线所需长度，锯掉多余的引线。测量接线端子压接芯线的长度，按尺寸剥去主绝缘层（稍有锥度），芯线上涂点导电膏或硅脂，压接线端子（需注意鼻子朝向与母排位置一致）。处理掉压接处的毛刺并清除干净，接线端子与主绝缘层之间用填料包平。根据铜鼻子长度对电缆终端进行押接、封端如图 1-12-17 所示。

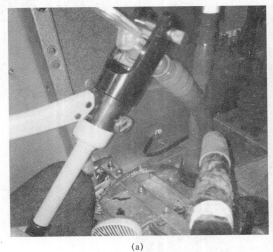 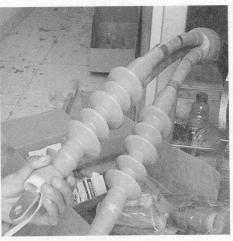

(a)　　　　　　　　　　　　　　(b)

图 1-12-17　根据铜鼻子长度对电缆终端进行押接、封端

(a) 押接；(b) 封端

　　用专用清洁剂擦净主绝缘表面的污物，清洁时注意应从绝缘端擦向外半导层端，一般不要反向擦，以免将半导电物质带到主绝缘层表面。清理完毕后，用填充胶将端子压接部位的间隙和压痕缠平。将冷缩管终端套入电缆线芯并和限位线对齐，轻轻拉动支撑条，使冷缩管收缩。随后，分别在收缩后各相冷缩管和冷缩指套的端口处包绕半导体自黏带。这样，既能使冷缩管外半导体层与电缆外半导体屏蔽层良好接触，又能起到轴向防水防潮的作用。

　　（13）电缆终端安装固定。利用不锈钢螺栓将电缆铜鼻子固定至母排上（铜鼻子与母排搭接位置应镀锡），螺栓固定紧固、力矩符合要求，电缆与开关柜柜体及其他部位距离应满足工程施工及验收规范的要求。

　　最后，做好开关柜电缆进线处堵漏、防潮和密封措施；在三指套处贴好电缆标签。

12.4　注意事项与质量要求

　　（1）电缆头制作前绝缘检查应良好，符合设计要求。

　　（2）电缆敷设弯曲半径应大于 12 倍的电缆直径；与热力设备、管道之间净距离平行大于 1m；交叉大于 0.5m；与保温层之间净距离平行敷设大于 0.5m、交叉敷设大于 0.2m。

　　（3）电缆排列整齐、弯度一致，少交叉。

　　（4）电缆标识应用专用的标识牌，电缆编号正确清晰。

　　（5）接地线焊接应牢固。

　　（6）压模规格与导线规格相符。

　　（7）压入深度按规程规定要求。

　　（8）电缆线相色应正确。

　　（9）线鼻子与电气装置连接应符合规定。

12.5　安装示例图

　　安装示例如图 1–12–18 所示。

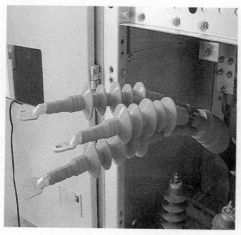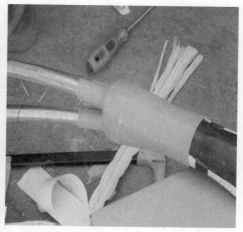

图 1–12–18　安装制作完毕的电缆终端（一）

图 1-12-18　安装制作完毕的电缆终端（二）

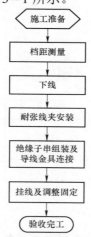

跨线制作安装

13.1 适用范围

本作业方法适用于变电站各类跨线（配用耐张线夹）制作及多跨越（跳线、母线等设备）安装。主要包括以下内容：档距测量、下线、耐张线夹安装、绝缘子串组装及导线金具连接、挂线及调整固定等工艺流程及主要质量控制要点。

13.2 施工流程

跨线制作安装施工流程如图 1 – 13 – 1 所示。

施工准备

档距测量

下线

耐张线夹安装

绝缘子串组装及
导线金具连接

挂线及调整固定

验收完工

图 1 – 13 – 1 跨线制作安装施工流程图

13.3 工艺流程说明及主要质量控制要点

13.3.1 施工准备

（1）技术准备。熟悉一次施工图纸，根据导线的型号、长度，设备线夹的型号，现场接线空间等因素进行跨线制作的策划。

（2）材料准备。材料准备见表1-13-1。

表1-13-1 材 料 准 备

序号	名称	型号	单位	数量	备注
1	钢芯铝绞线		m	若干	
2	耐张线夹		个	若干	
3	导电脂		瓶	1	
4	汽油		升	若干	
5	钢丝刷		把	1	
6	铜丝刷		把	1	
7	尼龙扎带		包	1	
8	钢丝绳		m	若干	
9	吊绳		根	5	
10	揽风绳		根	2	
11	彩条布		卷	2	

（3）工机具、安全工器具准备。工机具、安全工器具准备见表1-13-2。

表1-13-2 工机具、安全工器具准备

序号	名称	型号	单位	数量	备注
1	液压机		台	1	
2	液压剪刀		把	1	
3	电源盘	AC 220V	个	2	
4	个人工具		套	1	标配
5	游标卡尺		把	1	
6	锉刀	细齿	把	1	
7	锉刀	粗齿	把	1	
8	卸扣	5T	个	2	

（4）车辆准备。车辆准备见表1-13-3。

表1-13-3 车 辆 准 备

序号	名称型号	型号	单位	数量	备注
1	吊车	30t	台	1	
2	高处作业车	26m	台	1	

13.3.2 具体施工步骤及其质量控制

（1）档距测量。使用高处作业车，人员从构架顶部吊点挂环内侧放下重锤线。为了减少风吹引起的误差，重锤置于地面装满水的水桶内，以保证铅直。在分别放置于两个构架下的两张 3m 高的平台地面上，分别站一人，将 100m 长皮卷尺抬至胸部位置，展开皮卷尺，当皮卷尺最大弧垂保持 3.5m 左右时，该读数即为档距。测量误差应控制在规定范围内。

（2）下线。导线长度初值为测量值减去两侧绝缘子及金具长度，并考虑压接产生的导线延长进行估值。将两侧带绝缘子串的导线挂好后，对导线长度初值做进一步调整后得到导线长度值。下线前将线盘通过托架支起，利用线盘的旋转将导线从线盘上退出。下线时导线应从铝合金直滑车上经过，以避免导线与地面的摩擦。导线切割头部需绑扎牢固，防止散股。临时存放及导线制作安装过程中，应在地面铺垫彩条布对导线进行防护。

（3）耐张线夹安装。

1）金具准备：检查金具规格型号符合设计要求，金具表面应光滑，无裂纹、伤痕、砂眼等缺陷，检测耐张线夹铝管外径尺寸符合要求。使用汽油（或丙酮）清除耐张线夹铝管内部氧化膜（如图 1-13-2 所示），清洁污秽残留，清洗后的线夹铝管内壁如图 1-13-3 所示。在接续管内壁均匀涂抹一层导电脂，导电脂厚度不宜过厚（如图 1-13-4 所示）。

图 1-13-2　清洗线夹铝管内壁

图 1-13-3　清洗后的线夹铝管内壁

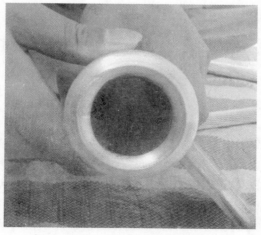

图 1-13-4　线夹铝管内壁涂导电脂

2）模具选择。模具明细表见表 1－13－4。

表 1－13－4   模 具 明 细 表

序号	耐张线夹型号	适用导线型号	铝管压接模具	钢锚压接模具
1	NY（G）－240/30A（B）	LGJ－240/30	L36	G16
2	NY（G）－300/25A（B）	LGJ－300/25	L40	G14
3	NY（G）－400/35A（B）	LGJ－400/35	L45	G16
4	NY－500/35A（B）	LGJ－500/35	L52	G16
5	NY－630/45A（B）	LGJ－630/45	L60	G18
6	NY－1400/	LGJ－1400	L76	G30
7	NY－1440	LGJ－1440	L80	G34

图 1－13－5 耐张线夹铝管穿管实物图

3）将耐张线夹铝管穿到导线上。耐张线夹铝管穿管如图 1－13－5 所示。

4）剥线：用钢尺测量耐张线夹钢锚的压接部位长度 L_5，耐张线夹铝管长度 L_6；用钢尺自导线端头 O 向线内量 $L_5+\Delta L_5+L_6+60\text{mm}$ 处以绑线扎牢并标记为 P；将耐张线夹铝管套入，将铝管顺铝线绞制方向，向内旋转推入直至露出铝线端头；自导线端头 O 向线内量 $L_5+\Delta L_5+25\text{mm}$ 处标记为 N；在 N 处向线内量 20mm 标记为 P1，在 P1 处用绑线扎牢；在标记 N 处切断铝线，注意不要伤及钢芯。耐张线夹穿铝管前剥铝线示意图和耐张线夹穿铝管前剥铝线实物图如图 1－13－6 和图 1－13－7 所示。

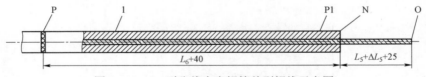

图 1－13－6 耐张线夹穿铝管前剥铝线示意图
1—导线；P、P1—绑线

5）钢锚穿管：将钢芯向耐张线夹钢锚管口穿入，穿入时应顺绞线绞制方向旋转推入，直至钢芯穿至管底。若剥露的钢芯已不呈原绞制状态，应先恢复其至原绞制状态。其中，钢锚完全穿入后端点位置标识为 A，铝管所能穿到钢锚极限位置处画一定位印记 B，耐张线夹钢锚压接末端处标记 C。耐张线夹钢锚穿管示意图如图 1－13－8 所示。

6）钢锚压制：用液压机压接钢锚，应选择与钢锚外径相同尺寸的压模，从孔底开始向孔的端口方向进行，施压顺序如图 1－13－9 所示。

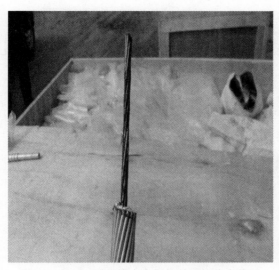

图1-13-7　耐张线夹穿铝管前剥铝线实物图

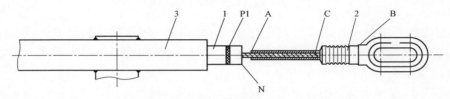

图1-13-8　耐张线夹钢锚穿管示意图

1—导线；2—耐张线夹钢锚；3—耐张线夹铝管；P1—绑线

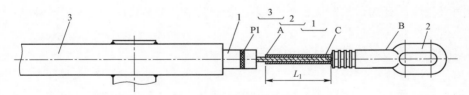

图1-13-9　钢锚施压顺序图

1—导线；2—耐张线夹钢锚；3—耐张铝管；（ ）—施压序号

7）耐张线夹压接位置确定：当钢锚压好后，在铝管所能穿到钢锚极限位置处画一定位印记B；在耐张线夹钢锚压接末端处标记C，测量BC长度为L_7，测量B到铝线端头的距离 BN 长度为L_8，耐张铝管长度为L_6，如图1-13-10（a）所示；画压接印记，在耐张铝管上从钢锚侧管口向内量L_7并标记为C，从钢锚侧管口向内量L_8并标记为E，如图1-13-10（b）所示；将铝管顺铝绞线绞制方向，向耐张线夹钢锚端旋转推入至绑线，松开绑线P，继续推入直至耐张线夹铝管耐张侧管口与B重合为止，在导线侧管口处导线上作标记D，如图1-13-10（b）所示；从D点向导线量L_9标记为D1，将铝管管口从D点调整对齐到D1，在耐张钢锚侧耐张铝管管口处导线上作标记B1，如图1-13-10（b）所示（注：此步骤的目的是为倒压耐张线夹预留伸长余量）。穿管后旋转铝管使铝股复位、紧密。耐张线夹铝管压接位置示意图如图 1 – 13 – 10 所示。

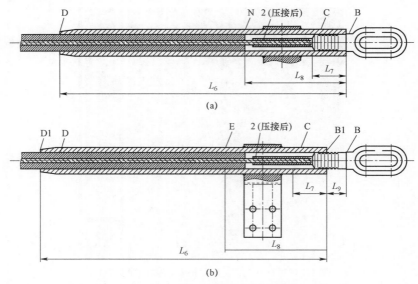

图 1 – 13 – 10　耐张线夹铝管压接位置示意图

8）耐张线夹钢锚环与铝管引流板的相对方位确定：液压操作人员根据该工程的施工手册，确定耐张线夹钢锚挂环与铝管引流板的方向，在耐张线夹钢锚与铝管穿位完成后，分别转动耐张线夹钢锚和铝管至规定的方向。

耐张线夹钢锚环定位：用标记笔自耐张铝管至钢锚画一直线，压接时保持耐张铝管与钢锚的标记线在一条直线上。

9）耐张线夹压接：钢芯铝绞线切口应整齐，并对切口处进行形状修正、边沿去毛刺、清除表面氧化膜的处理，清除表面氧化膜的长度不少于压接长度的 1.5 倍（注意：导线应用铁丝扎紧，防止压接过程中散股）。

再对钢芯铝绞线接触面涂抹导电脂。

最后，使用液压机进行导线压接，压接时确保导线与线夹在同一水平面上。设备线夹压接后接续管表面光滑、无裂纹，并对接续管棱边进行去毛刺处理，复核尺寸，压接对角距与接续管外径相等，对边距为 $0.866D + 0.2\text{mm}$（D 为接续管外径），接续管弯曲度不大于接续管全长的 2%。压接后实物图和线夹飞边打磨如图 1 – 13 – 11 和图 1 – 13 – 12 所示。

（4）绝缘子串组装及导线金具连接。

1）绝缘子串组装前应开展绝缘子探伤及清洁。

2）精确测量绝缘子串、金具串的实际长度。测量方法是绝缘子、金具组装好并垂直挂好，测量从 U 形环内侧到耐张线夹钢锚内孔处（即导线钢芯所能达到的位置）之间的距离。根据测量结果实行绝缘子串长度配对，确保三相长度一致。

3）绝缘子串采用"W"形弹簧销，其碗口朝上；弹簧销张开、金具螺栓穿向朝下，带开口销的螺栓其螺帽上紧、开口销张开，其他螺栓外露丝扣 2～3 扣。

4）金具安装前应将表面处理光滑、无毛刺和凹凸不平，以降低尖端放电效应，减少运行噪声。

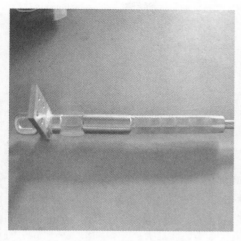

图1-13-11　压接后实物图

图1-13-12　线夹飞边打磨

5）导线和绝缘子用金具连接好后，采用双分裂导线的架空线，在地面上拉直，固定间隔棒，并检查绝缘子碗口方向、螺栓穿向一致，弹簧销齐全并打开。

6）考虑到施工方便，间隔棒在跨线安装后再采用高处作业车于高处安装，间隔6m放置一根。

7）全部组装完成后吊装前，须仔细检查各金具、绝缘子间相互连接的完好情况。

（5）挂线及调整固定。

1）架空线起吊前应考虑起重的安全系数，校核起重工机具的承受能力，检查施工机械的运行状况。

2）车辆的位置摆放。以500kV某某变电站500kV某某线间隔扩建为例，该扩建工程需要释放一档跨越500kV Ⅱ母母线及主变压器跳线的跨线。为了顺利完成本次工作，采用两台高处作业车和吊车进行"接力"完成。根据现场需要跨越的母线和跳线确定吊车及高处作业车摆放位置，每一台特种作业车设置一名专人指挥。吊车及高处作业车摆放位置如图1-13-13所示。

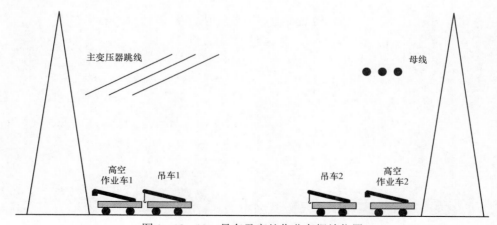

图1-13-13　吊车及高处作业车摆放位置

3）对绝缘子串进行吊绳吊点选取及吊绳安装。选取绝缘子串第 5 片（从 U 形环数起）绝缘子作为吊点，如图 1－13－14 所示方式安装短吊绳及卸扣。

4）利用吊车 1 将绝缘子串起吊，跨过主变压器跳线。利用吊车跨越主变压器跳线如图 1－13－15 所示。

图 1－13－14　绝缘子串吊绳安装　　　　　图 1－13－15　利用吊车跨越主变压器跳线

5）进行接力，由 2 号吊车将跨线尾端吊起，两台吊车同步将跨线向龙门架安装点移动，如图 1－13－16 所示。

6）将跨线安装。利用上述方法，当跨线吊至龙门架安装位置时，作业人员随高处作业车 2 到安装位置下方，将跨线端进行固定；随后，利用高处作业车 1 和吊车 1 完成跨线另一端安装。至此跨线安装完毕，如图 1－13－17 所示。

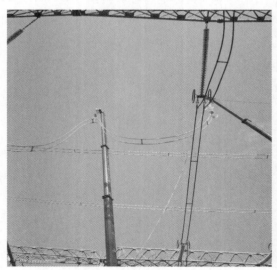

图 1－13－16　两台吊车同步移动，完成　　　　图 1－13－17　跨线安装完成
主变压器跳线跨越及母线跨越

13.4 竣工验收

（1）设备线夹压接后接续管表面光滑、无裂纹。

（2）复核尺寸，压接对角距与接续管外径相等，对边距为 $0.866D + 0.2$ mm（D 为接续管外径）。

（3）接续管弯曲度不大于接续管全长的 2%。

（4）导线压接应选用与导线截面相配套的钢模或铝模。压接时，相邻二模应重叠 5mm 以上。

（5）检查跨线外观完好，无散股、断股。

（6）核实设备线夹与设备接线桩头的接触面是否正确。

（7）核实线夹方向与导线自然弧度保持一致。

（8）抽检试验（如图 1-13-18 所示）：握力试验、强度。

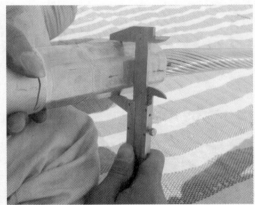

图 1-13-18 抽检试验

（9）跨线安装后三相弧垂一致、美观，对地、设备等安全距离应满足要求。

13.5 安装示例图

安装示例如图 1-13-19 所示。

图 1-13-19 安装完成后的跨线示例

14

油色谱在线监测装置安装

14.1 适用范围

本典型作业法适用于主变压器（高压电抗器、换流变压器）油色谱在线监测装置安装工作。主要包括以下内容：施工准备、土建施工、阀门改造及油管路敷设、电缆及光缆敷设、装置箱和后台屏柜就位及管线接入、系统上电调试、竣工验收等工艺流程及主要质量控制要点。

14.2 油色谱在线监测系统结构及工作原理

（1）检测单元：实现被监测参数的采集、信号调理、模数转换和数据的预处理功能，由检测单元实现。

（2）数据传输单元：实现监测数据的传输，由通信和控制单元实现。

（3）主站单元：实现数据的处理、分析和设备状态预警单元实现监测数据的处理、计算、分析、存储、打印、显示及预警。

（4）主站计算机通用功能包括人工召唤数据、定时自动轮询数据、对监测装置进行对时、更新数据浏览、历史数据浏览、特征参数趋势图显示、特征参数越限告警、重要状态变位告警、运行报表浏览及打印输出等。

油色谱在线监测系统一般由色谱数据采集装置、数据通信设备及后台 CAC 组成，如图 1-14-1 所示。其中色谱数据采集装置由油样采集单元、油气分离单元、气体监测单元、数据采集单元、现场控制与处理单元、辅助单元等组成，如图 1-14-2 所示。

油色谱在线监测系统的工作主要分摊在三个部分进行：油回路、气回路和油气分离装置。在油回路上，油样采集单元推动油路循环，处理连接管道的死油，然后进行油样定量取样；油气分离单元快速分离油中溶解气体输送到六通阀的定量管内并自动进样；在气回路上，样气在载气推动下，经过色谱柱分离，顺序进入气体检测器；数据采集单元完成 AD 数据的转换和采集，在线监测 IED 对采集到的数据进行存储、计算和分析，并通过光纤接口将数据上传至 CAC。油色谱在线监测系统原理示意图如图 1-14-3 所示。

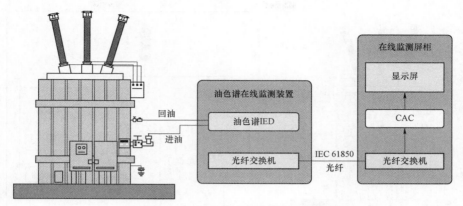

图 1－14－1　油色谱在线监测系统组成图

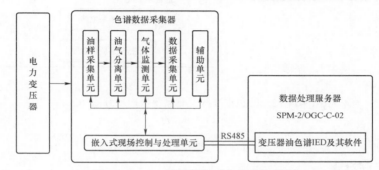

图 1－14－2　色谱数据采集装置组成图

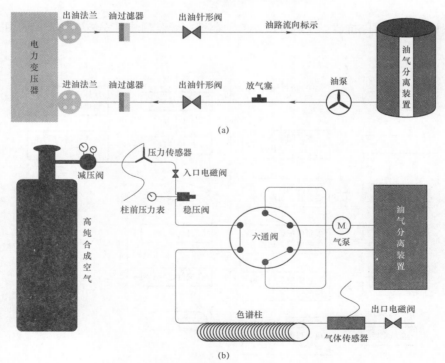

(a)

(b)

图 1－14－3　油色谱在线监测系统原理示意图（一）
（a）油回路；（b）气回路

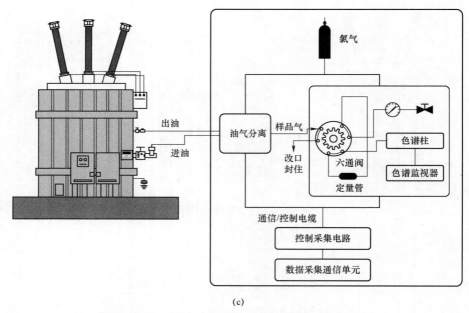

(c)

图 1－14－3   油色谱在线监测系统原理示意图（二）

（c）整体结构

14.3   施工流程

主变压器（高压电抗器、换流变压器）油色谱在线监测装置安装施工流程如图 1－14－4 所示。

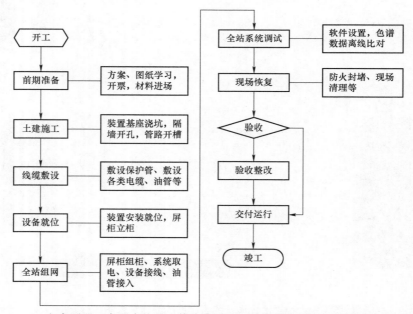

图 1－14－4   主变压器（高压电抗器、换流变压器）油色谱在线监测装置安装施工流程图

14.4　工艺流程说明及质量关键点控制

14.4.1　施工准备

（1）技术准备。包括施工图纸、产品说明书、出厂试验报告及合格证、施工方案及作业指导书、施工安全技术交底。

（2）材料准备。材料准备见表1－14－1。

表1－14－1

材 料 准 备

序号	名称	型号	单位	数量	备注
1	防火涂料	10kg装	桶	1	
2	油漆	黄、绿	桶	各1	1kg装
3	防锈底漆	铁红	桶	1	1kg装
4	毛刷	3.5寸	把	3	
5	防火封堵泥		包	若干	
6	绝缘胶带		卷	2	
7	相序色带	黄、绿、红	卷	各1	
8	扎带		根	若干	不锈钢材质
9	砂子		包	若干	
10	水泥		包	若干	
11	铜排	根据设计	m	若干	
12	热镀锌管	根据设计	m	若干	
13	膨胀螺丝	根据设计	个	若干	
14	螺栓	根据设计	个	若干	
15	垫片	根据设计	个	若干	
16	手套		副	若干	
17	钉子		个	若干	
18	彩条布		卷	若干	
19	热缩套	根据设计	个	若干	
20	线鼻子	根据设计	个	若干	
21	通信光缆	根据设计	m	若干	厂家提供
22	电源电缆	根据设计	m	若干	厂家提供
23	屏蔽网线	根据设计	m	若干	厂家提供
24	记号笔		支	若干	

（3）工机具、安全工器具准备。工机具、安全工器具准备见表1-14-2。

表 1-14-2　　　　　　　　工机具、安全工器具准备

序号	名称型号	单位	数量	备注
1	液压钳	套	1	
2	弯管机	套	1	
3	弯排机	套	1	
4	电焊机（焊条若干）	套	1	
5	打孔机	套	1	
6	切割机（带切割片）	套	1	
7	角磨机（带砂轮片）	套	1	
8	电源盘	个	1	
9	电缆剪	把	1	
10	铁锹	把	3	
11	铁镐	把	3	
12	锄头	把	3	
13	斗车	台	1	
14	电镐	套	1	
15	水平尺	把	1	
16	木方模具	套	1	
17	灰桶	个	若干	
18	抹灰刀	把	2	
19	砖刀	把	2	
20	手提式水泥面切割机	套	1	
21	标牌打印机	台	1	
22	号码筒打印机机	台	1	
23	剥线钳	把	1	
24	放线滑轮	套	1	
25	撬棍	把	3	
26	电缆剪	把	1	
27	头盔灯	个	若干	
28	皮尺	卷	1	
29	钢卷尺	卷	2	
30	常用工具（螺丝刀、平口钳、锤子、扳手）	套	1	
31	平板推车	台	1	

（4）仪器仪表准备。仪器仪表准备见表 1 – 14 – 3。

表 1 – 14 – 3　　　　　　　　　　　　仪 器 仪 表 准 备

序号	名称型号	单位	数量	备注
1	数字式万用表	个	1	

（5）开箱检查。应在厂家技术人员、施工方、业主或监理在场的情况下，进行开箱验货，并开展以下检查：

1）外观检查：开箱前检查包装完好、无破损、无受潮；开箱后重点检查装置型号、附件、备品备件的型号和数量符合订货合同的要求。

2）部件检查：装置箱门锁开启正常。各开启门及柜体升高座与柜体之间应至少有 4mm² 铜线直接连接；柜门应卷出排水槽，顶上采用屋檐式结构，以防止雨水存积；箱体正门应具有限位功能；设备出厂铭牌齐全、清晰可识别；箱内元器件标签齐全、命名正确；接线规范、美观，二次线必须穿有清晰的标号牌；柜门内侧应提供各 IED 的网络拓扑图、相关的电气接线图。

3）技术文件检查：产品说明书、合格证、装箱单、试验记录（报告）等应齐全。

开箱检查发现问题，应立即拍照记录，并及时通知厂家处理。

14.4.2　土建施工

土建施工主要涉及以下几个方面：

（1）油色谱在线监测就地装置箱混凝土基座建设。

（2）基座与事故油池之间沟道开挖。

（3）各管线与电缆沟之间沟道开挖及电缆沟壁打孔。

土建施工时应注意以下几点：

（1）水泥基座应采用混凝土一次性整体浇筑成型。施工完，应根据天气情况，在 3～7 天内进行浇水保养，防止产生表面裂纹和收缩不均，保证结构强度。

（2）沟道开挖过程中不得破坏地下管线、接地排等设施。

14.4.3　阀门改造及油管路敷设

油色谱在线监测装置从进油阀（一般位于主变压器箱体下部）抽取油样进行分析，从返油阀（一般位于主变压器箱体中上部）将分析完的油样泵回主变压器。为了与在线监测装置进行匹配，需对这两个阀门进行改造，以方便与油管连接。改造后的阀门应保证良好的密封性，并用主变压器绝缘油进行反复冲洗，防止阀门内的杂质、气泡进入主变压器。取油口及回油口位置选取如图 1 – 14 – 5 所示。

油管材质应采用紫铜或不含催化元素的不锈钢，埋设于事故油池鹅卵石下方，应外穿镀锌管保护。阀门侧，油管超出镀锌管的部分应穿以金属波纹管保护。油管在接入设备前，应用胶帽或者胶布封堵两端，防止水分、杂质进入油管。镀锌管安装完毕，应用混凝土或者焊接的方式加以固定。油管应带有油流方向指示，便于读取与检查。

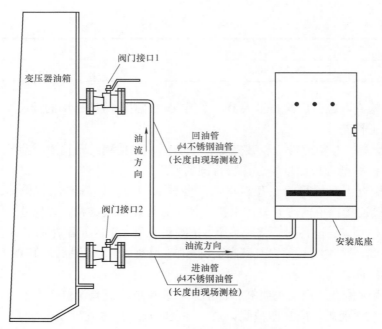

图 1-14-5　取油口及回油口位置选取

取油、回油阀门位置应根据设计要求选取，不宜在冷却管道的阀门上取油，避免装在死油区。取油、回油阀门与设备本体间连接管道应装设取样阀门（通过三通阀过渡），以方便离线取样分析。采用循环油工作方式时，进油口与回油口应各自安装独立的阀门；采用非循环油工作方式时，分析完的油样不允许回注主油箱，应单独收集处理。

14.4.4　电缆、光缆敷设

（1）电缆、光缆应从电缆沟沿最短路径敷设。

（2）电缆、光缆均应带有铠装和阻燃外护层。附近无电缆沟的，必须埋设镀锌钢管通到电缆沟，以保护线缆，并做好防潮。

（3）放线敷设前，应预先掀开敷设路径上各个防火隔墙两侧沟盖板，一则通风，一则方便电缆穿越防火隔墙。

（4）一般应 3～4 人同时配合放线。放线路径较长时，可从中间往两端放。遇有转角，应将剩余电缆全部拉出，把转角处作为新的放线点，或者采用可转角直跑的放线滑轮。放线过程中应注意防止电缆外护层被尖锐物割伤损坏，光缆严禁过度弯折，严禁踩踏电缆沟内其他运行管线。电缆头难以从屏柜底部穿出时，可用细铁丝从上面插下去作为引导线，再将电缆头用胶带绑在细铁丝上拉出。电缆转角处应用扎带绑扎固定。线缆两端均应预留足够的长度以备接线。

（5）防火墙两侧各一米范围内的电缆以及电缆竖井内的电缆应涂刷防火涂料。通往电缆夹层、隧道、穿越楼板、墙壁、柜、盘等处的所有电缆孔洞和盘面之间的缝隙应采用合格的不燃或阻燃材料进行封堵。

14.4.5 装置箱和后台屏柜就位及管线接入

电缆、光缆和油管敷设完毕后，可开始装置箱体就位安装及管线接入工作。

（1）油色谱装置箱体应用铜排与地网焊接，接地铜排的接地铜缆线截面积不小于 100mm², 应采用搭接焊，牢固无虚焊，搭接长度符合规定。接地引下线与电气设备的连接可用螺栓或者焊接，用螺栓连接时应设防松螺帽或防松垫片。箱体应双接地。

（2）接地引下线连接处应有 15～100mm 宽度相等的黄绿相间色漆或色带，刷漆前应先镀铬等防腐处理。不得采用铝导体作为接地体或接地引下线。

（3）油管连接好以后，应利用主变压器本体油对阀门和管道内部进行反复充分的冲洗，直到排出的油里面完全无气泡后方可停止冲洗，目的是防止阀门和管道内残余气体和杂质进入主变压器本体，危害主变压器安全运行。油管接入色谱采集装置时，应保证管内油压为正，目的同上。

（4）油管安装完毕，应通过变压器本体油压做压力试验，在接下来的几天内多次观察管道各个接口处是否有渗漏油现象。

（5）光缆熔纤后需要进行通断测试。

（6）装置电源应从低配室配电柜接取，不得从检修电源箱、端子箱等处接取。

14.4.6 系统上电调试

在被监测设备运行状态下，进行 72h 连续通电试验，要求 72h 期间监测装置工作正常。上电前，应检查确保各处油阀门、载气瓶阀门均在打开位置。

上电调试的目的：① 使各个就地装置箱与后台屏柜和远方服务器之间建立通信连接；② 对在线监测数据进行校验，以保证有效性和可靠性。

14.4.6.1 通信测试

（1）各就地装置箱 IED 能正常向主 IED 报送数据。

（2）主 IED 在远方可召唤并展示各就地装置箱 IED 中的历史监测数据和结果信息。

（3）主 IED 状态监测信息应能上送远方主站。在此之前，应在远方主站上建立油色谱装置台账，并给主 IED 分配 IP 地址。

14.4.6.2 监测数据检验

主要包括：

（1）离线数据比对。进行离线数据比对时，应按以下公式计算各组分测量误差：

$$测量误差 = \frac{在线监测装置测量数据 - 实验室气相色谱仪测量数据}{实验室气相色谱仪测量数据} \times 100\%$$

测量误差不应大于 ±30%。

（2）测量重复性检验：连续进行 5 次在线监测装置油中气体成分分析，比较 5 次测量结果。最大与最小测量结果之差不超过 5 次平均值的 10%。

油中溶解气体监测 IED 最小监测周期不应大 4h，监测周期可根据需要进行调整。

14.4.7　竣工验收

（1）箱门和箱体结合面压力应均匀，密封良好，应能防风沙、防腐、防潮，开启和关闭箱门后，箱门应保持平整不变。通风口无异物，通风完好。

（2）混凝土基础符合设计要求，外形美观，尺寸统一，表面无裂纹、无积水。

（3）监测装置安装位置合适，不得影响被监测设备正常运行。

（4）外观整洁无破损，监测装置的电路、油路、气路布线规范、美观，铭牌、标识规范清晰。

（5）监测装置电气回路接线应排列整齐、标识清晰、绝缘良好，连接导线截面符合设计标准。

（6）监测装置电气连接绝缘良好、符合动热稳定要求，油路、气路的连接无渗漏、锈蚀、满足密封要求。

（7）电缆（光缆）连接正常，接地引线、屏蔽接地牢固，无松动、虚接现象。电缆（光缆）引线应排列整齐，屏蔽和接地良好，电缆（光缆）孔应封堵完好。

（8）监测装置接地可靠，密封良好，驱潮装置工作正常。

（9）监测装置应运行正常，无渗漏油、欠压、漏气等现象，数据上传正确。

在线监测系统移交使用后，厂家和施工方应向使用方提供以下资料，所提供的资料应完整，符合验规范、技术协议等要求。

（1）工程概况说明。

（2）工程竣工图。

（3）产品说明书。

（4）维护手册。

（5）系统技术方案。

（6）系统技术方案变更文件。

（7）出厂试验报告。

（8）出厂合格证。

（9）入网检验报告。

（10）安装调试报告。

（11）交接试验报告。

（12）连续通电试验报告。

（13）备品备件移交清单。

（14）专用工器具移交清单。

（15）安装软件备份。

（16）试运行报告。

14.5　油色谱在线监测装置示例图

油色谱在线监测装置示例如图 1－14－6 所示。

图 1-14-6　油色谱在线监测装置

14.6　主要引用标准

（1）Q/GDW 10536《变压器油中溶解气体在线监测装置技术规范》
（2）Q/GDW 539《变电设备在线监测系统安装验收规范》
（3）《国家电网公司变电验收通用管理规定　第 26 分册　辅助设施验收细则》
（4）《国家电网公司变电验收通用管理规定　第 27 分册　土建设施验收细则》

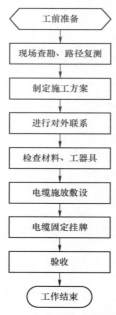

15 110kV 电力电缆隧道内敷设

15.1 适用范围

本方法适用于 110kV 电力电缆隧道内敷设，电缆隧道的防火要求还应符合 DL/T 5218—2012《220kV～700kV 变电站设计技术规程》的有关规定，其他敷设环境可参考本方法进行。主要包括以下内容：工前准备，现场查勘、路径复测，制定施工方案，进行对外联系，检查材料、工器具，电缆施放敷设，电缆固定挂牌，验收等工艺流程及主要质量控制要点。

15.2 施工流程

110kV 电力电缆隧道内敷设施工流程如图 1－15－1 所示。

图 1－15－1　110kV 电力电缆隧道内敷设施工流程图

15.3　工艺流程说明及工艺控制点

15.3.1　工前准备

工器具、材料准备：电缆盘放线支架和电缆盘轴、千斤顶、电动卷扬机（牵引机）、滑轮组（井口滑车、转弯滑车、直线滑车）、电缆牵引头和电缆钢丝牵引网套、电缆盘制动装置、输送机控制系统、安全防护遮栏及警示标识、通信工具及个人工具等。

15.3.2　现场查勘、路径复测

根据现场查勘情况确定电缆敷设的方式方法及路径，同时核对图纸清册，并与相关专业进行图纸会审。选择线路路径，要综合考虑沿线地形地质、施工环境、城市规划、路径长短以及施工、运行、交通等因素，进行方案的综合比较，择优筛选，做到安全可靠、经济合理。路径长度要短，起止点间线路实际路径长度与起止点间的航空直线距离相比，曲折系数越小越好，尽量趋向于1。

15.3.3　制定施工方案

根据工程规划及现场实际情况，制定施工计划，编制施工方案，方案的内容需包含电缆敷设工程概况、施工组织措施（包括施工资源）、施工进度策划、施工工艺要求、施工技术措施、施工安全措施、施工应急预案、工程质量检验及环保措施等方面，重点需明确电缆敷设牵引力计算校核（敷设牵引力计算按表 1–15–1 进行）、电缆输送机布置、电缆接头位置、敷设电缆的次序、跨越或穿越道路障碍的措施等。

表 1–15–1　　　　　　　　　　电缆线路牵引力计算公式

牵引部分		示意图	计算公式
水平直线部分			$T = \mu W L$
视斜直线部分			$T_1 = WL\,(\mu\cos\theta_1 + \sin\theta_1)$ $T_2 = WL\,(\mu\cos\theta_1 - \sin\theta_1)$
水平弯曲部分			布勒算式　$T_2 = WR\sin h(\mu\theta + \sin h^{-1})\dfrac{T_1}{WR}$ 李芬堡算式　$T_1 = T_1\cos h(\mu\theta) + \sqrt{T_1^2 + (WR)^2}\,\sin h(\mu\theta)$ 简易算式　$T^2 = T_1\varepsilon^{\mu\theta}$
垂直弯曲部分	凸曲面		$T_2 = \dfrac{WR}{1+\mu^2}[(1-\mu^2)\sin\theta + 2\mu(\varepsilon^{\mu\theta} - \cos\theta)] + T_1\varepsilon^{\mu\theta}$ 当 $\theta = \dfrac{\pi}{2}$ 时　$T_2 = \dfrac{WR}{1+\mu^2}[(1-\mu^2) + 2\mu\varepsilon^{\frac{\mu\pi}{2}}] + T_1\varepsilon^{\frac{\mu\pi}{2}}$
			$T_2 = \dfrac{WR}{1+\mu^2}[2\mu\sin\theta - (1-\mu^2)(\varepsilon^{\mu\theta} - \cos\theta)] + T_1\varepsilon^{\mu\theta}$ 当 $\theta = \dfrac{\pi}{2}$ 时　$T_2 = \dfrac{WR}{1+\mu^2}[2\mu - (1-\mu^2)\varepsilon^{\frac{\mu\pi}{2}}] + T_1\varepsilon^{\frac{\mu\pi}{2}}$

续表

牵引部分		示意图	计算公式
垂直弯曲部分	凹曲面		$T_2 = T_1 \varepsilon^{\mu\theta} - \dfrac{WR}{1+\mu^2}[(1-\mu^2)\sin\theta + 2\mu(\varepsilon^{\mu\theta} - \cos\theta)]$ 当 $\theta = \dfrac{\pi}{2}$ 时　$T_2 = T_1 \varepsilon^{\frac{\mu\pi}{2}} - \dfrac{WR}{1+\mu^2}[(1-\mu^2) + 2\mu\varepsilon^{\frac{\mu\pi}{2}}]$
			$T_2 = T_1 \varepsilon^{\mu\theta} - \dfrac{WR}{1+\mu^2}[2\mu\sin\theta - (1-\mu^2)(\varepsilon^{\mu\theta} - \cos\theta)]$ 当 $\theta = \dfrac{\pi}{2}$ 时　$T_2 = T_1 \varepsilon^{\frac{\mu\pi}{2}} - \dfrac{WR}{1-\mu^2}[2\mu - (1-\mu^2)\varepsilon^{\frac{\mu\pi}{2}}]$

15.3.4　进行对外联系

根据路径情况和已确定施工方案，对各种公用设施产生影响的需取得有关部门的协助，以及有关部门和单位的协议、批准和许可。

15.3.5　检查材料、工器具

15.3.5.1　待敷设的电缆

敷设前电缆及电缆盘不应受到损伤，核对电缆的型号、规格、数量与设计相符后运至干燥、地基坚实平整便于敷设的地点存放，外护套有导电层的电缆应进行外护套绝缘试验并合格后方可敷设。根据设计和实际路径计算每根电缆的长度，合理安排每盘电缆。

15.3.5.2　电缆盘放线支架和电缆盘轴

电缆放线支架的高低和电缆盘轴长短视其电缆重量而定，除了满足现场使用轻巧的要求，应保证电缆转动时足够的稳定性，不致倾倒。

15.3.5.3　千斤顶

敷设时用于顶起电缆盘，千斤顶按工作原理可分为螺旋式和液压式两种，液压式千斤顶起重量大，工作平稳，操作省力，承载力大，一般较为通用。使用前应检查其压力足，工作性能良好。

15.3.5.4　电动卷扬机（牵引机）

敷设电缆时用以牵引电缆端头。同时配置控制系统，保证电缆输送速度应与电缆盘线速度同步，出现异常能及时停止输送电缆。

15.3.5.5　滑轮组

敷设电缆时将电缆放于滑轮上，以避免电缆在地上擦伤并可减轻牵引力。滑轮有井口滑轮车、转弯滑轮车、直线滑轮车等，用在不同地段位置牵引段。滑轮组的数量，按电缆线路长短配备，滑轮组之间的间距一般为 1.5～2m。

15.3.5.6　电缆牵引头和电缆钢丝牵引网套

敷设电缆时用以拖拽电缆。专用的电缆牵引头不但是电缆端部的一个密封套头，而且是在牵引电缆时将牵引力过渡到电缆导体的连接件，适用于较长线路的敷设。电缆钢丝牵引网套，适用于电缆线路不长的电缆敷设。因为用钢丝牵引网套套在电缆端头，它只是将牵引力过渡到电缆护层上,而护套的允许牵引力较小,因此它不能替代电缆牵引头。

15.3.5.7　电缆盘制动装置

用于电缆敷设过程中及时制动。在使用机械牵引电缆过程中,经常需要暂停牵引,而正在转动的电缆盘,惯性较大,如不及时制动,容易变形扭伤电缆。此外,当电缆盘转速大于牵引速度时,盘上的电缆容易下垂与地面摩擦,损伤绝缘层,因此电缆盘上需装设有效的制动装置。

15.3.5.8　安全防护遮栏及警示标识

施工现场的周围应设置安全防护遮栏及警示标识用以警示。

15.3.5.9　通信工具

用于电缆敷设过程中各作业点负责人之间的及时联系沟通。当线路较长且环境复杂的情况下,电缆牵引头处需经常停下调整位置,机械操作人员要及时停止机器运转,尤其是多台机械同时作业时,更需动作的一致。

15.3.6　电缆施放敷设

根据敷设路径及敷设电缆参数等情况,计算关键位置的电缆牵引力及侧压力,确定电缆接头设置位置和电缆输送机布置位置。在隧道内转弯、上下坡、垂直竖井等地方增加输送机,并加设转弯滑车,如图1-15-2所示。

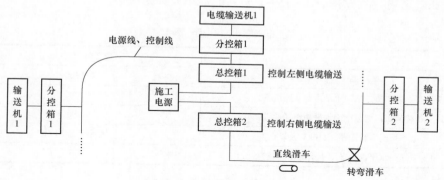

图1-15-2　机具布置示意图

全部机具布置完毕后,应逐一调试设备,确保运转正常,且运行性能良好。

如图1-15-3和图1-15-4所示,电缆敷设时,应从电缆盘的上方引出,牵引头安装钢丝网牵引套仅只做辅助牵引用,不能代替牵引电缆牵引头,并在电缆牵引头和牵引绳之间安装防捻器,消除钢丝绳或电缆扭转力,避免损坏电缆机构以及对施工人员造成伤害。

使用电缆盘制动装置控制电缆盘停止和转动速度,电缆盘线速度应与电缆输送速度同步,电缆敷设的速度不宜超过15m/min,在复杂路径上敷设时,其速度应适当放慢。敷设过程中,如果电缆出现余度立即停机、刹紧电缆盘制动装置,将余度拉直后方可继续敷设,防止电缆弯曲半径过小或撞坏电缆。

当电缆脱离滑车时,操作电缆输送机人员在出线方向扶正电缆;发生异常情况马上按动跳闸按钮,及时向主控台负责人报告情况,主控台负责人允许后方可排除故障。

图 1-15-3　电缆在工井敷设示意图

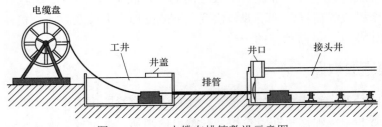

图 1-15-4　电缆在排管敷设示意图

电缆在隧道内，宜保持表 1-15-2 所列的最小允许距离。

表 1-15-2　　　　　　　　　　　电　缆　最　小　距　离

名称	电缆隧道（mm）
高度	1900
两边有电缆架时，架间水平净距（通道宽）	1000
一边有电缆架时，架与壁间水平净距（通道宽）	900
电缆架各层间垂直净距（110kV 及以上）	不小于 $2D+50$
电力电缆间水平净距（不小于电缆外径）	35

注　D 为电缆外径。

电缆敷设时，电缆允许敷设最低温度，在敷设前 24h 内的平均温度以及敷设现场的温度不应低于表 1-15-3 的规定；当温度低于表 1-15-3 的规定值时，应采取预热等有效措施（若厂家有要求，按厂家要求执行）。

表 1-15-3　　　　　　　　　　　电缆允许敷设最低温度

电缆类型	电缆结构	允许敷设最低温度（℃）
油浸纸绝缘电力电缆	充油电缆	-10
	其他油纸电缆	0
橡皮绝缘电力电缆	橡皮或聚氯乙烯护套	-15
	铅护套钢带铠装	-7
塑料绝缘电力电缆	—	0

电缆在改变线路方向的转弯处，要留有余度。为防止电缆扭伤和过度弯曲，要保证最小允许弯曲半径与电缆外径的比值，一般为 $10D\sim20D$。转弯处的侧压力应符合制造厂的规定，无规定时不应大于 3kN/m。

电缆线路高差有三层意思：① 电缆线路起止两终端点的水平位置高差；② 电缆线路沿线地形变化的相对高差；③ 电缆线路上最高与最低点的位置高差。有坡度的地段，考虑坡度不得超过 30°。

同回三相电缆，应布置在同侧支架上，尽可能将同一方向的电缆一次敷设完毕，对不能一次敷设的电缆，给其留出适当的位置，以利于后面的敷设工作开展。

敷设过程中应特别注意转弯部分，特别是十字交叉处，力求把分向一边的电缆一次进行敷设，另一边再做一次敷设，使交叉处只成两层交叉，在转角处每根电缆要一致的相互平行的转弯，沿竖井敷设时使电缆交叉尽量集中在底部。

当盘上电缆剩约 2 圈时，应立即停机、刹紧电缆盘制动装置，在电缆尾端捆好绳，将电缆用人力缓慢放入井下，防止电缆坠落。

电缆终端头预留安装余度 1~1.5m。中间接头处同相两条电缆一般重叠 3m 以上，作为接头安装余度。不同相电缆中间接头之间距离符合设计要求。临时切除电缆余度后，应立即对电缆头部进行密封处理，电缆切断口套上配套的聚乙烯热缩管及热缩帽，采用热缩喷枪（汽油喷灯）对其进行加热、密封。必要时进行金属护套搪铅封金属帽。

敷设时应有专人检验，随时检查电缆外观及敷设线路，一经发现电缆存在压扁、折曲、伤痕等，应处理完毕后方可继续敷设，并做好记录。

多根电缆同时敷设时，电缆接头应前后错开，接头处应有标识，电缆中间接头应有记录。同时在敷设时应做到横看成线、纵看成片，引出方向一致，弯曲一致，余度一致，相互距离一致，挂牌位置一致，尽量避免交叉压叠，达到整齐、美观。

15.3.7 电缆固定挂牌

15.3.7.1 电缆固定的要求

（1）裸金属护套电缆的固定处应加软衬垫保护。

（2）使用于交流的单芯电缆或分相金属护套电缆在分相后的固定，其夹具不应有铁件构成的磁闭合通路；按正三角形排列的单芯电缆，每隔 1m 左右应使用绑带扎牢。

（3）利用夹具直接将裸金属护套或裸铠装电缆固定在墙壁上时，其金属护套与墙壁之间应有不小于 10mm 的距离，以防墙壁上的化学物质对金属护层的腐蚀。

（4）所有夹具的铁制零部件，除预埋螺栓外，均应采用镀锌制品。

15.3.7.2 电缆固定的方式

（1）挠性固定。挠性固定允许电缆在受热膨胀时产生一定的位移，但要加以妥善的控制使这种位移对电缆的金属护套不致产生过分的应变而缩短寿命。挠性固定是沿平面或垂直部位的电缆线路成蛇形波（一般为正弦波形）敷设的形式，如图 1-15-5 所示。通过蛇形波幅的变化来吸收由于温度变化而引起电缆的伸缩。

（2）刚性固定。刚性固定确保两个相邻夹具间的电缆在受到由于自重或热胀冷缩所产生的轴向推力后而不能发生任何弯曲变形，如图 1-15-6 所示。与电缆在直埋时一样，导体的膨胀力全部被阻止而转变成内部压缩应力，以防止在金属护套上产生严重的局部应力。

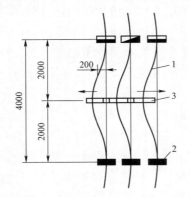

图1-15-5　电缆的挠性固定（mm）
1—电缆；2—夹具；3—夹板

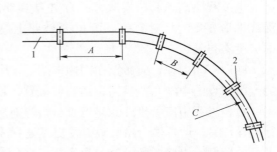

图1-15-6　电缆的刚性固定
A—直线段夹具间距；B—弯曲段夹具间距；
C—弯曲半径；1—电缆；2—夹具

15.3.7.3　电缆固定的部位

（1）垂直敷设或超过30°倾斜敷设的电缆，在每一个支架上都要加以固定。

（2）在距地面一定高度而水平沿墙敷设的电缆，应按要求间距装夹具固定。

（3）水平敷设在支架上的电缆，在转弯处和易滑落的地方，按要求间距用绑线绑扎固定（除有特殊要求必须用夹具固定外）。

（4）位于电缆两终端处，或电缆中间接头的两端处都要装夹具固定，以免由于电缆的位移或振动致使电缆绝缘损伤。

15.3.7.4　固定夹具的安装

电缆的固定一般从一端开始向另一端进行，切不可从两端同时进行，以免电缆线路的中部出现电缆长度不足或过长的现象，导致中部的夹具无法安装。在电缆两端裕度较大时允许固定操作从中间向两端进行。安装时最好使用力矩扳手，对夹具两边的螺栓交替进行紧固，使所有夹具松紧程度一致，电缆受力均匀。

15.3.7.5　电缆挂牌标示

（1）在电缆终端头、电缆接头、拐弯处、夹层内、隧道及竖井的两端、人井内等地方需挂标示牌。

（2）标示牌应注明线路编号，应写明电缆型号、规格及起始点。

（3）标示牌规格统一，整理牢固，并能防腐。

15.4　验收

15.4.1　隧道电缆

（1）电缆规格应符合标准。

（2）电缆排列应整齐，无机械损伤，电缆的最小允许弯曲半径应符合表1-15-4标准或厂家规定。

（3）隧道内的电缆应安装在固定支架上，电缆或接头的金属部分不应与金属支架直接接触，应垫有绝缘垫层，金属支架的接地应符合规程要求。

（4）穿越楼板及墙壁的孔洞应用防火材料封堵。

（5）电缆线路铭牌应装设齐全、正确、清晰。

表 1－15－4　　　　　　　　　　电缆最小允许弯曲半径与其外径的倍数

电缆类别	护层结构		多芯	单芯
油纸绝缘电缆	铅包	有铠装	15D	20D
		无铠装	20D	
	铝包		30D	
交联聚乙烯绝缘电缆			15D	20D
聚氯乙烯绝缘电缆			10D	10D

注　D 为电缆外径。

15.4.2　电缆终端

（1）施工应符合工艺要求。

（2）终端装置与邻近设备的间距应符合要求并固定良好。

（3）终端位置的电缆弯曲半径应满足规定要求。

（4）终端及接地装置应安装牢固，接地应良好。

（5）终端表面不应有渗漏现象，相色正确、鲜明。

（6）充油电缆终端供油管路对地绝缘应良好，无渗漏油迹象，油压保持在规定的整定值范以内。

15.4.3　电缆接头

（1）接头安装应符合工艺施工要求，安放平直并固定良好。

（2）绝缘接头处的换位同轴电缆与金属护套应接触良好，相色应正确、清晰。

（3）同轴电缆换位箱或接地箱安装应符合要求，接地可靠。

（4）电缆敷设施工过程的各项记录应及时填写，各关键环节质量控制点把控记录在案，工程完成后，应出具完善的敷设记录和相关资料并整理归档。

15.5　引用标准

（1）GB/T 2900.10《电工术语　电缆》

（2）GB/T 11017《额定电压 110kV（U_m＝126kV）交联聚乙烯绝缘电力电缆及其附件》

（3）GB 50168《电气装置安装工程　电缆线路施工及验收标准》

（4）GB 50217《电力工程电缆设计标准》

第2篇　例行检修维护

弹簧机构断路器停电例行检修

1.1　适用范围

　　本典型作业法适用于变电站 35kV 及以上弹簧机构断路器停电例行检修工作，主要内容包括：工前查勘、检修准备、检修项目实施、断路器试验、竣工验收等工艺流程及主要质量控制要点，检修项目主要包含断路器本体、机构检查，二次回路检查，低电压试验等。

1.2　施工流程

　　弹簧机构断路器停电例行检修流程如图 2-1-1 所示。

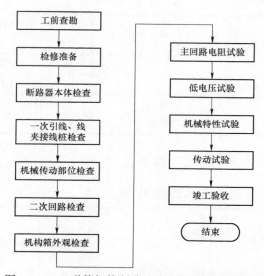

图 2-1-1　弹簧机构断路器停电例行检修流程图

1.3 工艺流程说明及质量关键点控制

1.3.1 工前查勘

在工前由工作负责人组织对检修现场进行查勘，主要为设备状况、停电范围、特种车辆摆放等。

1.3.2 检修准备

（1）技术准备。

1）技术资料收集：断路器基础资料核实、查阅，如断路器使用说明书、控制回路二次图等；检修资料核实、查阅，如检修试验记录、状态评价报告；异常工况信息核实、查阅，如断路器短路开断、误动、拒动等异常运行记录。

2）PMS台账问题收集：待现场核实确定的参数列表，如外绝缘参数、PMS扩展参数。

3）设备缺陷收集：红外发热缺陷，SF_6漏气缺陷：补气频率×次/年，其他缺陷（机构进水、受潮等）。

4）反措及隐患收集：断路器二次回路不应采用RC加速设计；断路器分合闸线圈不应公用衔铁，线圈不能叠装布置；SF_6密度继电器与开关设备本体之间的连接方式是否满足不拆卸校验密度继电器的要求，是否装设在与本体同一运行环境温度的位置，户外安装是否设置防雨罩。

（2）材料准备。材料明细表见表2-1-1。

表 2-1-1　　　　　　　材 料 明 细 表

序号	名称	型号	单位	数量	备注
1	毛刷	3.5寸、5寸	把	各2	
2	防锈底漆	铁红	桶	根据现场情况	5kg装
3	需更换的二次元器件			根据现场情况	
4	无水酒精	500mL	瓶	2	
5	棉纱头	棉质	kg	1	

（3）工机具准备。工机具明细表见表2-1-2。

表 2-1-2　　　　　　　工 机 具 明 细 表

序号	名称型号	单位	数量	备注
1	常用工具（各种规格）	箱	1	
2	电源盘	个	1	AC 220V
3	力矩扳手	套	1	20~100N
4	电动扳手	套	1	
5	套筒（各种规格）	套	1	

（4）仪器仪表准备。仪器仪表明细表见表 2-1-3。

表 2-1-3　　　　　　　　仪 器 仪 表 明 细 表

序号	名称型号	单位	数量	备注
1	数字式万用表	个	1	
2	SF_6 检漏仪	个	1	TIF 型
3	绝缘电阻表	个	1	电动
4	回路电阻测试仪	套	1	
5	特性测试仪	套	1	
6	低电压动作测试仪	套	1	

1.3.3　检修项目实施

（1）检修前检查。

1）核实断路器位置在分位，远近控开关在"近控"位置。

2）确认已拉开断路器控制电源、操作电源及电动机电源。

3）检查断路器两侧隔离开关在分位，并在来电侧装设有接地线。

4）检查待检修断路器周围围栏、标示牌设置是否完备、正确。

（2）断路器本体检查。

1）瓷套清抹，表面无污垢、无裂纹、无闪络痕迹、缺损面积不大于 $40mm^2$。

2）法兰无裂纹，法兰和瓷套胶合面清洁并补涂防水密封胶，并联电容无渗漏油（如有）。

3）紧固螺栓力矩校核，严重锈蚀螺栓更换。

4）外绝缘参数测量：支撑瓷套干弧距离、总爬电距离、灭弧室干弧距离、总爬电距离。

5）按防污治理工作要求进行防污治理，防污闪涂料应无起皮、龟裂、憎水性丧失，不合格者应补涂或重新喷涂；复合伞裙（辅助伞裙）应无脱胶、脆化、粉化、破裂、漏电起痕、蚀损、电弧灼伤、憎水性丧失，不合格者应处理或更换。

6）对有气体泄漏的本体进行检漏。

（3）一次引线、线夹、接线桩检查。

1）软导线弧垂不满足要求，严重散股、断股等缺陷应予以消除。

2）硬母线的固定型线夹应仅有一处，活动型线夹处应能自由伸缩，管母伸缩线夹、软连接应留有自由伸缩长度（如有）。

3）线夹无裂纹，进行接触电阻测试，单个接触面接触电阻大于 $30\mu\Omega$ 应进行接触面处理，装复前清洁、涂薄层导电脂。

4）$400mm^2$ 及以上的铝设备线夹导线朝上 $30°\sim90°$ 安装时，应设置 $\phi6\sim\phi8$ 的滴水孔（如有）。

5）铜铝对接线夹更换为铝线夹＋铜铝复合片过渡形式、主回路螺栓线夹更换为压接式线夹（如有）。

6）严重锈蚀螺栓更换为不锈钢螺栓（M8 以下）或热镀锌高强度螺栓（M8 及以上），

紧固力矩校核。

（4）断路器机械、传动部位检查。

1）轴、销、锁扣和机械传动部件检查，如有变形或损坏应予更换。

2）瓷绝缘件清洁和裂纹检查。

3）操动机构外观检查，如按力矩要求抽查螺栓、螺母是否有松动，检查是否有渗漏等。

4）检查操动机构内、外积污情况，必要时需进行清洁。

5）检查是否存在锈迹，如有需进行防腐处理。

6）按设备技术文件要求对操动机构机械轴承等活动部件进行润滑。

7）缓冲器检查，无渗漏油、无锈蚀。

8）防跳跃装置检查，按设备技术文件要求进行。

9）联锁和闭锁装置检查，按设备技术文件要求进行。

（5）二次回路检查。

1）二次接线连接紧固，接线端子无严重锈蚀、过热，端子内插入截面不同的线头或三个以上线头应改造，备用芯线套防尘帽。

2）使用 1000V 绝缘电阻表测量控制回路及辅助回路绝缘电阻，不小于 2MΩ。

3）使用 500V 绝缘电阻表测量电机回路绝缘电阻，不小于 1MΩ。

（6）二次元器件检查。

1）电磁铁铁芯动作灵活，无锈蚀、卡涩；分、合闸线圈电阻检测，检测结果应符合设备技术文件要求，没有明确要求时，以圈电阻初值差不超过 ±5% 作为判据。

2）快分开关、接触器、继电器、转换开关、按钮、微动开关、计数器、二次端子排等电气元件固定良好，外观无损伤，清扫浮尘，检查动静触点的完好，按要求更换运行 10 年以上或严重锈蚀的二次元器件。

3）更换存在触点腐蚀、松动变位、触点转换不灵活、切换不可靠现象的辅助开关。

4）检查温湿度控制器、加热板、照明等工作正常，采用灯泡加热方式必须改造。

5）电动机转动应灵活，无异常声响，直流电动机整流子磨损深度不超过规定值；储能电动机工作电流及储能时间检测，检测结果应符合设备技术文件要求。储能电动机应能在 85%～110% 的额定电压下可靠工作。

6）中间继电器、时间继电器、电压继电器动作特性校验。

（7）机构箱外观检查。

1）机构箱内清扫、除尘。

2）机构箱密封检查，恢复脱落密封条，封堵电缆孔洞，处理通风窗、密度表安装过孔、门密封、机构与瓷套法兰、构架结合面渗漏等问题。

3）箱体安装螺栓力矩校核，严重锈蚀螺栓更换。

4）箱门及机构箱外壳接地完好。

1.3.4 断路器试验

（1）主回路电阻测量。在合闸状态下，测量进、出线之间的主回路电阻，测量电流可取 100A，电阻值需符合厂家技术标准。

（2）低电压试验。分闸电磁铁额定电压 30%不动作，65%～110%可靠动作，合闸电磁铁额定电压 30%不动作，85%～110%可靠动作，并同时测量分/合闸线圈电流波形。

（3）机械特性试验。在额定操作电压下测试时间特性，要求：合、分指示正确；辅助开关动作正确；合、分闸时间，合、分闸不同期，合－分时间满足技术文件要求且没有明显变化；必要时，测量行程特性曲线做进一步分析。除有特别要求的之外，相间合闸不同期不大于 5ms，相间分闸不同期不大于 3ms；同相各断口合闸不同期不大于 3ms，同相分闸不同期不大于 2ms。

合－分时间调整：使用专用压簧工具调整弹簧的压缩量可调整断路器分合闸速度、时间。压簧量增加时，断路器分合闸速度变快，时间变短。

（4）传动试验。根据监控后台、光字牌的情况及运行人员的要求进行信号核对，如：电动机启动信号，电动机电源故障信号，电动机打压超时信号，分合闸位置、远近控信号；SF_6 气压低报警信号，SF_6 气压低闭锁（控制回路断线）等。

测试断路器弹簧未储能状态下能可靠闭锁合闸操作。

1.3.5　竣工验收

（1）工作负责人对检修项目关键工序进行复查。
（2）自验收完毕现场应恢复到工作许可时状态。
（3）清理现场后，向运维人员申请验收。

1.4　主要引用标准

（1）国家电网设备〔2018〕979 号《国家电网公司十八项电网重大反事故措施（修订版）》
（2）Q/GDW 1168《输变电设备状态检修试验规程》

2

气动机构断路器停电例行检修

2.1 适用范围

本典型作业法适用于变电站气动机构断路器（压缩空气系统结构图如图2-2-1所示）停电例行检修，主要内容包括：工前查勘、检修准备、检修项目实施、断路器试验、竣工验收等工艺流程及主要质量控制要点，检修项目主要包含气压系统检查、压力值调整、保压试验等。

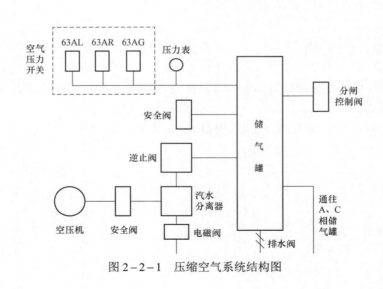

图2-2-1 压缩空气系统结构图

2.2 施工流程

变电站气动机构断路器停电例行检修施工流程如图2-2-2所示。

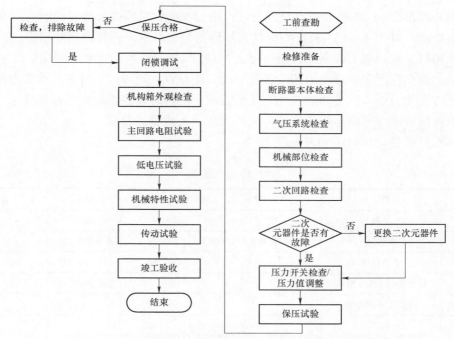

图 2−2−2　变电站气动机构断路器停电例行检修施工流程图

2.3　工艺流程说明及质量关键点控制

2.3.1　工前查勘

在工前由工作负责人组织对检修现场进行查勘，主要为设备状况、停电范围、特种车辆摆放等。

2.3.2　检修准备

（1）技术准备。

1）技术资料收集：投运前资料核实、查阅，如断路器订货合同及技术条件、出厂及交接试验报告、安装检查及安装过程记录等；检修资料核实、查阅，如检修试验记录、状态评价报告；异常工况信息核实、查阅，如断路器短路开断、误动、拒动等异常运行记录。

2）PMS 台账问题收集：待现场核实确定的参数列表，如外绝缘参数、PMS 扩展参数。

3）设备缺陷收集：红外发热缺陷，SF_6 漏气缺陷：补气频率×次/年，其他缺陷（打压频繁、内部渗漏、外部渗漏、机构进水等）。

4）反措及隐患收集：西安西电高压开关有限责任公司 2002 年 10 月以前生产的 LW25−126、LW15−252 型瓷柱式断路器，由于部件加工工艺控制不严，拉杆连接轴销与轴孔存在间隙，在运行或热备用工况下易因悬浮电位而产生放电，腐蚀销孔和轴销，长时间放电导致销孔断裂、轴销变形脱落；对 LW25−126、LW15−252 型瓷柱式断路器，通过

采取检测断路器内 SF_6 气体分解产物的方法，进行预防性早期内部故障诊断，以便有针对性地开展检修；对于 LW15-550 型瓷柱式断路器的直动密封杆外露尺寸超出 32~40mm 范围的断路器，应加强灭弧室红外精确测温、SF_6 气体分解产物分析等带电检测，并安排停电检查，重点在于主回路电阻初值差及行程、超行程，发现异常时应立即处理；SF_6 密度继电器与开关设备本体之间的连接方式是否满足不拆卸校验密度继电器的要求，是否装设在与本体同一运行环境温度的位置，户外安装是否设置防雨罩。

（2）材料准备。材料明细表见表 2-2-1。

表 2-2-1　　　　　　　　材 料 明 细 表

序号	名称	型号	单位	数量	备注
1	毛刷	3.5 寸、5 寸	把	各 2	
2	润滑油	需与厂家确认润滑油牌号	升	根据现场情况	
3	防锈底漆	铁红	桶	根据现场情况	5kg 装
4	需更换的二次元器件			根据现场情况	
5	低温 2 号润滑脂		盒	1	
6	无水酒精	500mL	瓶	2	
7	棉纱头	棉质	kg	1	
8	毛刷	2 寸	把	4	
9	密封圈	需与厂家确认	个	根据现场情况	

（3）工机具准备。工机具明细表见表 2-2-2。

表 2-2-2　　　　　　　　工 机 具 明 细 表

序号	名称型号	单位	数量	备注
1	常用工具（各种规格）	箱	1	
2	电源盘	个	1	AC 220V
3	力矩扳手	套	1	20~100N
4	电动扳手	套	1	
5	套筒（各种规格）	套	1	
6	塞尺	把	1	

（4）仪器仪表准备。仪器仪表明细表见表 2-2-3。

表 2-2-3　　　　　　　　仪 器 仪 表 明 细 表

序号	名称型号	单位	数量	备注
1	数字式万用表	个	1	
2	SF_6 检漏仪	个	1	TIF 型
3	绝缘电阻表	个	1	电动
4	回路电阻测试仪	套	1	

序号	名称型号	单位	数量	备注
5	微水测试仪	套	1	
6	特性测试仪	套	1	
7	低电压动作测试仪	套	1	

2.4　检修项目实施

2.4.1　检修前检查

（1）核实断路器位置在分位，远近控开关在"近控"位置。

（2）确认已拉开断路器控制电源、信号电源及储能电源。

（3）记录机构气压表压力指示，并检查有无破损。

（4）检查机构内各接头、管道是否存在漏气或查阅记录有无漏气缺陷。

（5）检查 SF_6 气压。

（6）合上电动机电源开关，建压到额定压力。

（7）就地分合闸一次。

（8）记录异常状况。

2.4.2　断路器本体检查

（1）瓷套清抹，表面无污垢、无裂纹、无闪络痕迹、缺损面积不大于 $40mm^2$。

（2）法兰无裂纹，法兰和瓷套胶合面清洁并补涂防水密封胶，并联电容无渗漏油。

（3）紧固螺栓力矩校核，严重锈蚀螺栓更换。

（4）外绝缘参数测量：支撑瓷套干弧距离、总爬电距离、灭弧室干弧距离、总爬电距离。

（5）按防污治理工作要求进行防污治理，防污闪涂料应无起皮、龟裂、憎水性丧失，不合格者应补涂或重新喷涂；复合伞裙（辅助伞裙）应无脱胶、脆化、粉化、破裂、漏电起痕、蚀损、电弧灼伤、憎水性丧失，不合格者应处理或更换。

（6）对有气体泄漏的本体进行检漏。

2.4.3　空压机检查

（1）空压机（如图 2-2-3 所示）解体检修应使用清洁油清洗油缸，确保清洁。

（2）对油质油位进行检查，应满足产品技术规定。

（3）检查并清洗吸气阀；检查阀弹簧无锈蚀，弹性良好。

（4）检查一级和二级缸零部件磨损情况，检查连杆（滚针轴承）与活塞销的配合间隙符合要求。

（5）检查电磁阀和逆止阀动作及泄漏情况。

（6）电动机皮带的松紧度合适，检查压缩机打压情况。

（7）空压机解体检修应更换全套密封件（如图2-2-4所示）。

（8）空压机与储气罐及其压缩空气管道密封面完好。

（9）检查空压机空气滤清器，用压缩空气清理滤芯。

(a)　　　　　　　　　　(b)　　　　　　　　　　(c)

图2-2-3　空压机

（a）国产；（b）德国；（c）日本

图2-2-4　空压机解体

（10）润滑油更换。

1）启动空压机，使其运行5min左右的时间，待油温升至50℃左右、润滑油黏度明显下降时停机。

2）泄压，打开放油螺栓，接上储油罐。

3）当润滑油排放干净后（润滑油成滴状排出时即表示已经初步排干净）关闭放油阀，再拧开空压机的油滤芯，把各管路里的润滑油同时放尽；放油阀一定要慢慢地打开，否则很容易导致润滑油冲出。

4）打开加油口螺栓，注入新油，将底部沉积杂质冲洗干净。

5）关闭放油螺栓，加注润滑油至油标刻度线合格范围内，拧紧加油口螺栓。

6）关闭加油螺栓，开机运行，观察润滑油油位，检查确认无渗漏现象。

2.4.4　储气罐及管道检查

（1）检查、清洗储气罐的罐体，内外均不得有裂纹等缺陷；密封面应清洁，无划痕，所有密封件应更换。

（2）处理储气罐内部，使其干燥、无油污、无锈蚀。

（3）储气罐安全装置、阀门等应清洁、完好、灵敏。

（4）储气罐紧固件齐全、完整、紧固。

2.4.5　控制阀检修

（1）管道及其相关部件的连接处标记清晰，准确记录。

（2）经检修后的阀体（如图 2-2-5 所示）完好、调试合格、密封面应清洁、无划痕。

（3）新更换零部件的高、低压进气阀和排气阀为合格的新品。

（4）阀体动作灵活，装复位置严格按规定进行，各运动行程符合产品技术规定。

（5）分闸控制阀的活塞、阀杆、阀体无变形、无锈蚀，密封面应清洁、无划痕。

（6）装复后动作灵活，装配紧固。

（7）检查控制阀装配中的零件如掣子、圆柱销、阀杆、凸轮、导板完好。

（8）密封垫、O 形圈等密封件（如图 2-2-6 所示）应全部更换。

（9）检查阀腔内清洁无异物，保证气路畅通，如图 2-2-7 所示。检修装复后的分闸控制阀如图 2-2-8 所示。

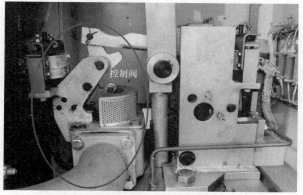

图 2-2-5　控制阀

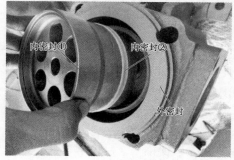

图 2-2-6　分闸控制阀阀体

图 2-2-7　分闸控制阀阀腔

图 2-2-8　分闸控制阀

2.4.6　压力开关检修

（1）压力开关（如图 2-2-9 所示）应完整无损，紧固件无松动。

（2）压力开关及管道无泄漏。

（3）按规定进行各项压力值试验，并满足相关要求。

图 2-2-9　压力开关

2.4.7　气缸检修

（1）检查工作缸缸体内表面、活塞及活塞杆外表面，活塞杆弯曲度符合要求。

（2）组装气缸，活塞杆运动应灵活，更换全部密封垫。

（3）处理气缸各密封处泄漏点。

（4）处理气缸内表面，应光滑、无划伤痕迹、无锈蚀。

（5）气缸工作行程符合产品技术规定。

2.4.8　分合闸电磁铁检修

2.4.8.1　线圈及可调电阻

分合闸线圈及可调电阻的阻值影响断路器分合闸线圈电流的大小，从而影响断路器的最低动作电压值和分合闸时间。

断路器的标准电阻为：分闸线圈 19Ω（$1\pm5\%$），合闸线圈 33Ω（$1\pm5\%$）。串联电阻分压减小线圈上电压或者加大线圈阻值可使线圈电流减小，从而铁芯所受电磁力减小，铁芯速度变慢，分合闸时间变大；同时，由于铁芯所受电磁力减小，铁芯撞击脱扣器的力量也会减小，最低动作电压值上升，反之亦然。

2.4.8.2　铁芯间隙

（1）分合闸配合间隙调整对低电压特性影响较大，同时对分合闸时间有轻微影响。

（2）检测并记录分、合闸线圈电阻，检测结果应符合设备技术文件要求，无明确要求时，以线圈电阻初值差不超过 5% 作为判据，绝缘值符合相关技术标准要求。

（3）解体检修电磁铁装配，无锈蚀、无变形，并使用低温润滑脂擦拭。

（4）衔铁、扣板、掣子无变形，动作灵活，电磁铁动铁芯运动行程（即空行程）符合产品技术规定。

（5）分合闸电磁铁装配安装牢靠，动作灵活。

（6）对于双分闸线圈并列安装的分闸电磁铁，应注意线圈的极性。

（7）并联合闸脱扣器在合闸装置额定电源电压的 85%～110% 范围内，应可靠动作；并联分闸脱扣器在分闸装置额定电源电压的 65%～110%（直流）或 85%～110%（交流）范围内，应可靠动作；当电源电压低于额定电压的 30% 时，脱扣器不应脱扣，并做记录。

2.4.9　油缓冲器检修

（1）检查缸体内表面、活塞外表面；缓冲弹簧应无锈蚀，装配后，连接无松动。

（2）处理油缓冲器渗漏点，更换全部密封件。

（3）油缓冲器动作灵活可靠。

（4）缓冲器压缩量应符合产品技术规定。

（5）油位及行程调整符合产品技术规定。

2.4.10　传动及限位部件检修

（1）处理传动及限位部件锈蚀、变形等。

（2）卡、销、螺栓等附件齐全无松动、无变形、无锈蚀，转动灵活连接牢固可靠。

（3）转动部分涂抹适合当地气候条件的润滑脂。

（4）检查传动部分的检修，检查传动连杆与转动轴无松动，润滑良好。

（5）检查拐臂和相邻的轴销的连接情况检查。

2.4.11　安全阀检修

（1）安全阀（如图 2-2-10 所示）解体检修应更换全套密封件。

（2）解体检查安全阀弹簧等部件无锈蚀、无变形。

（3）安全阀动作调整：强行按下电动机控制回路中的接触器，强制打压直至安全阀动作泄压，记录安全阀动作压力和复位压力。

（4）安全阀调整后，应将安全阀活塞上的连接锁紧螺帽锁紧。

2.4.12 气水分离器检修

（1）按厂家规定检查气水分离器，清理内部杂质，必要时更换滤芯。

（2）解体检修需更换全部密封件。

（3）检查空气管道连接处密封良好。

（4）检查电磁阀动作可靠，复位密封良好。

（5）检查手动阀门操作灵活。

（6）检查电源线接线正确，排列美观。

图 2-2-10 安全阀

2.4.13 二次回路检查

（1）二次接线连接紧固，接线端子无严重锈蚀、过热，端子内插入截面不同的线头或三个以上线头应改造，备用芯线套防尘帽。

（2）使用 1000V 绝缘电阻表测量控制回路及辅助回路绝缘电阻，不小于 2MΩ。

（3）使用 500V 绝缘电阻表测量电机回路绝缘电阻，不小于 1MΩ。

2.4.14 二次元器件检查

（1）电磁铁铁芯动作灵活，无锈蚀、无卡涩；分、合闸线圈电阻检测，检测结果应符合设备技术文件要求，没有明确要求时，以圈电阻初值差不超过±5%作为判据。

（2）快分开关、接触器、继电器、转换开关、按钮、微动开关、计数器、二次端子排等电气元件固定良好，外观无损伤，清扫浮尘，检查动静触点的完好，按要求更换运行 10 年以上或严重锈蚀的二次元器件。

（3）更换存在触点腐蚀、松动变位、触点转换不灵活、切换不可靠现象的辅助开关。

（4）检查温湿度控制器、加热板、照明等工作正常，采用灯泡加热方式必须改造。

（5）中间继电器、时间继电器、电压继电器动作特性校验。

2.4.15 机构箱外观检查

（1）机构箱内清扫、除尘。

（2）机构箱密封检查，恢复脱落密封条，封堵电缆孔洞，处理通风窗、密度表安装过孔、门密封、机构与瓷套法兰、构架结合面渗漏等问题。

（3）箱体安装螺栓力矩校核，严重锈蚀螺栓更换。

（4）箱门及机构箱外壳接地完好。

2.5　气压系统压力值调试

将断路器分别置于分、合位，空压机建压至停泵值，拉开电动机电源快分开关，测量合闸位置历时 12h 压降不应大于规定值。

2.5.1　空压机的启动压力值复核

当气压低于启动规定值时空压机应立即启动；当气压超过停机的上限值时，压力开关动作断开空压机电动机的工作电源，使储气罐中压力不继续上升。

（1）对空压机人为进行启动打压，使储气罐中气压接近或超过其额定操作气压值时断开电源停止运转。

（2）将操动机构储气罐中气压人为降低，致使其低于允许操作的气压值。

（3）检查压缩空气回路中的压力开关（即带电触点的气压表）中的整定值，如与启动空压机压力值相吻合后，将控制回路接通电源，观察已停止运转的空压机是否会自动启动。

（4）如压力开关动作，空压机启动运转正常，使储气罐中的压缩空气达工作压力值后，还继续打压，使其达到并超过上限值时，检查空压机运转情况。

2.5.2　重合闸闭锁及解除闭锁气体压力值复核

当气压达到重合闸闭锁气压值时，压力开关及其重合闸闭锁回路立即启动，重合闸不能动作。

（1）将压力开关控制回路电源断开，检查所整定的使用重合闸闭锁的压力值是否相吻合后，接通控制电源。

（2）如此时储气罐中的气体压力为额定操作压力，人为将气压下降至低于重合闸动作压力时，检查压力开关及其闭锁重合闸动作情况。

（3）启动空气压缩机运转，使储气罐压力上升至接近或高于解除重合闭锁压力值时，检查压力开关及其重合闸闭锁情况。

2.5.3　分闸闭锁及解除闭锁气体压力值复核

压力开关的分闸闭锁触点应接通，断路器不能分闸。

（1）将压力开关控制回路电源断开，检查所整定的分闸闭锁压力值是否相吻合后，接通控制电源。

（2）如此时储气罐中的气体压力值高于分闸闭锁值，人为将气压下降至低于的分闸闭锁压力值，检查压力开关分闸闭锁触点的接通情况及使断路器能否进行分闸的操作。

（3）启动空气压缩机运转，使储气罐中的气压压力上升至接近或高于分闸解除闭锁压力，检查压力开关分闸闭锁接点是否断开、断路器能否进行分闸。

2.5.4 压缩空气回路高气压报警及解除警报值复核

（1）当储气罐中的气压在合理范围内，断开压力开关控制电源，检查其高气压报警的整定值是否相吻合后，接通控制电源。

（2）接通空压机启动电源，强行打压，使储气罐中的气压超过相关上限数值，检查压力开关高气压报警触点的通、断情况。

（3）人为将储气罐气体压力降至解除高气压报警的相关数值，检查压力开关高气压报警触点通、断情况。

2.5.5 压力开关动作值的调整

（1）在进行以上各项试验时，做好记录，应使压力开关的整定值符合规定的动作范围。

（2）在试验中，如发现某一整定值不符合要求，可以调整压力开关的调节螺钉来达到。

2.5.6 安全阀的检验

装于空压机出口和储气罐上的安全阀，在分解检修时虽已进行过检（校）验，但经检修后的操动机构全部组装后，仍需进行以下复核：

（1）将操动机构的压缩空气回路的压力人为增高，使其值略高于规定的范围，检查安全阀的工作情况。

（2）将操动机构压缩空气回路的压力人为降低，使其等于或略低于相关产品安全阀复归值时，检查安全阀的工作情况。

（3）如安全阀的动作压力不合格，可以调节组合弹簧上部的垫片，若动作压力值低，则应增加垫片，提高其动作压力；如动作值较高，调节则相反。

（4）若压缩空气回路的压力值下降，已达到安全阀自动关闭、而未关闭时，则应调节该部件下部套内的垫位。

2.5.7 密封试验

在静置 12h 中其气体压力的降低不超过 0.1MPa。

（1）在开始进行密封试验前，将操动机构压缩空气回路的气体通至断路器的截止阀及储气罐，但将该截止阀及储气罐的排污排水阀关闭。

（2）检查空压机及其相关部位均正常后，启动空压机，使压缩空气管道及其储气罐等压缩空气系统从零表压开始充入压缩空气，使气体压力值达到相关规定数值的上限后，断开操动机构的临时控制电源和空压机启动电源，并记录断开电源的时间。

（3）对操动机构内及其储气罐压缩空气系统的所有接头处涂以肥皂水，同时仔细观察其有无漏气现象，如某处有漏气，将该处做好标记、并做好记录。

（4）对操动机构相关的全部压缩空气系统在额定气压下静置 12h，检验其压力的保持情况。

（5）在密封试验过程中，发现压缩空气管道回路中有泄漏的接头，均应进行处理后，仍重新进行检验。

2.6　断路器试验

2.6.1　主回路电阻测量

在合闸状态下，测量进、出线之间的主回路电阻，测量电流可取 100A 到额定电流之间的任一值。

2.6.2　低电压试验及调整

低电压试验：分闸电磁铁额定电压 30% 不动作，65%～110% 可靠动作，合闸电磁铁额定电压 30% 不动作，85%～110% 可靠动作，并同时测量分/合闸线圈电流波形。分合闸铁芯间隙示意图如图 2-2-11 所示，分合闸配合间隙见表 2-2-4。

表 2-2-4　　　　　　　　　　　　分 合 闸 配 合 间 隙

部件	项目	代号	测量设备
分闸电磁铁	铁芯运动行程	ST	塞尺、塞规
	铁芯撞头与脱扣器间隙	GT	
	配合间隙差值	ST－GT	
合闸电磁铁	铁芯运动行程	SC	塞尺、塞规
	触发器与脱扣器间隙	GC1	
	触发器与防跳杆间隙	GC2	

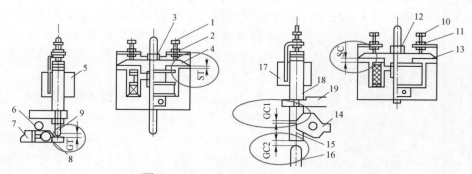

图 2-2-11　分合闸铁芯间隙示意图

1、10—调节螺杆；2—定位螺母 A；3—定位螺母 B；4—分合闸线圈铁芯；5—分闸线圈；6—分闸防动销；7—掣子；
8、14—脱扣器；9—铁芯撞头；11—定位螺母 C；12—定位螺母 D；13—合闸线圈铁芯；15—触发器；
16—防跳销；17—合闸线圈；18—铁芯 A；19—机架

调整方法如下：

ST：松开定位螺母 A，对称拧动调节螺杆，调整限位尺寸。

GT：松开定位螺母 B，拧动铁芯杆，移动铁芯撞头位置。

SC：方法与调整 ST 类似。

GC1、GC2：方法与调整与 GT 类似。

松开定位螺母 A，逆时针调整调节螺杆，ST 与 GT 同时增大，ST－GT 不变，铁芯行程增大，分闸时间增大，同时由于加速时间更长，使得在铁芯碰撞脱扣器时力量更大，所需的动作电压减小，顺时针调整则相反。

松开定位螺母 B，逆时针调整铁芯杆，ST 不变，GT 变大，ST－GT 变小，铁芯行程增大，分闸时间增大，同时由于加速时间更长，使得在铁芯碰撞脱扣器时力量更大，所需的动作电压减小，顺时针调整则相反。

在调整时，需注意 ST、GT、ST－GT 的变化在合格范围内，若 ST 调整过多会产生相反的变化甚至断路器拒分。分合闸配合间隙调整后，需满足装配标准，且调整后对低电压特性影响较大，为避免有误，现场应进行低电压试验的复测以及配合间隙的复查和确认，复查间隙的参数标准。

2.6.3　机械特性试验

在额定操作电压下测试时间特性，要求：合、分指示正确；辅助开关动作正确；合、分闸时间，合、分闸不同期，合－分时间满足技术文件要求且没有明显变化。必要时，测量行程特性曲线做进一步分析。除有特别要求的之外，相间合闸不同期不大于 5ms，相间分闸不同期不大于 3ms。同相各断口合闸不同期不大于 3ms，同相分闸不同期不大于 2ms。

2.6.3.1　分闸速度调整

分闸速度调整可以通过调整断路器空气压力值和合闸弹簧压缩量进行调整。

（1）提高断路器空气压力值可以增加分闸速度，反之亦然。调整空气压力不会对断路器最低动作电压造成影响，会对断路器分合闸时间造成轻微的影响。

（2）增加合闸弹簧的压缩量可以降低分闸速度，但会增加合闸速度，反之亦然。合闸弹簧压缩量不会对断路器最低动作电压造成影响，会对断路器分合闸时间造成轻微的影响。

2.6.3.2　合闸速度调整

合闸速度调整可以通过调整断路器空气压力值和合闸弹簧压缩量进行调整（如图 2－2－12 所示）。

增加合闸弹簧的压缩量可以增加合闸速度，但会降低分闸速度。调整合闸弹簧压缩量不会对断路器最低动作电压造成影响，会对断路器分合闸时间造成轻微的影响。

2.6.3.3　分闸时间调整

分闸时间调整可以通过调整分闸速度和分闸铁芯间隙进行调整。

（1）提高分闸速度可以缩短分闸时间，反之亦然。

（2）在分闸时间略微不合格（约 5ms 以内的超标）情况下，可通过对铁芯间隙进行调整达到要求。

图 2－2－12　合闸弹簧压缩量的调整

调整分闸铁芯间隙会对断路器分闸最低动作电压造成较大影响。

2.6.3.4　合闸时间调整

合闸时间调整可以通过调整合闸速度和合闸铁芯间隙进行调整。

（1）提高合闸速度可以缩短合闸时间，反之亦然。

（2）在合闸时间略微不合格（约 5ms 以内的超标）情况下，可通过对铁芯间隙进行调整达到要求。调整合闸铁芯间隙会对断路器分闸最低动作电压造成较大影响。

2.6.3.5　三相不同期调整

（1）通过调整单相断路器的分合闸时间来调整三相不同期值。

（2）调整触头接触行程会对断路器分合闸时间造成一定的影响，但应满足有关尺寸要求，一般不建议使用。

2.6.4　传动试验

根据监控后台、光字牌的情况及运行人员的要求进行信号核对，如：空压机转动信号、电动机电源故障信号；空压机打压超时信号；分、合闸位置信号；SF_6 气压低报警信号，SF_6 气压低闭锁（控制回路断线）；气压低重合闸闭锁，合闸闭锁，分闸 1、2 闭锁信号等。

2.7　竣工验收

（1）工作负责人对检修项目关键工序进行复查。

（2）自验收完毕现场应恢复到工作许可时状态。

（3）清理现场后，向运维人员申请验收。

2.8　主要引用标准

（1）Q/GDW 1168《输变电设备状态检修试验规程》

（2）国家电网设备〔2018〕979 号《国家电网公司十八项电网重大反事故措施（修订版）》

（3）LW15－252 型高压六氟化硫断路器安装使用说明书

（4）生〔2012〕67 号《关于对西开 LW15、LW25 型断路器开展隐患排查与专项治理的通知》

3

液压（簧）机构断路器停电例行检修

3.1 适用范围

本典型作业法适用于变电站液压（簧）机构断路器停电例行检修，主要内容包括：工前查勘、检修准备、检修项目实施、断路器试验、竣工验收等工艺流程及主要质量控制要点，检修项目主要包含滤油、压力值调整、保压试验等。

3.2 施工流程

变电站液压（簧）机构断路器停电例行检修流程如图 2-3-1 所示。

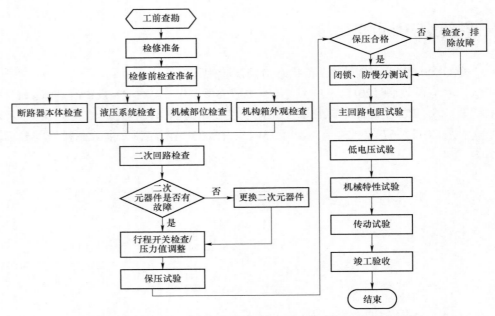

图 2-3-1 变电站液压（簧）机构断路器停电例行检修流程图

3.3 工艺流程说明及质量关键点控制

3.3.1 工前查勘

在工前由工作负责人组织对检修现场进行查勘，主要为设备状况、停电范围、特种车辆摆放等。

3.3.2 检修准备

（1）技术准备。

1）技术资料收集：投运前资料核实、查阅，如断路器订货合同及技术条件、出厂及交接试验报告、安装检查及安装过程记录等；检修资料核实、查阅，如检修试验记录、状态评价报告；异常工况信息核实、查阅，如断路器短路开断、误动、拒动等异常运行记录。

2）PMS 台账问题收集：待现场核实确定的参数列表，如外绝缘参数、PMS 扩展参数。

3）设备缺陷收集：红外发热缺陷，SF_6 漏气缺陷：补气频率×次/年，其他缺陷（打压频繁、内部渗漏、外部渗漏、机构进水等）。

4）反措及隐患收集：对存在打压频繁、严重渗漏的液压机构，进行机构大修；断路器二次回路不应采用 RC 加速设计；平高产 LW6B/10B 型断路器分、合闸控制回路使用的辅助开关触点是否独立（即分闸使用的动合触点配对的动断触点、合闸使用的动断触点配对的动合触点均不能接入其他回路使用）；SF_6 密度继电器与开关设备本体之间的连接方式是否满足不拆卸校验密度继电器的要求，是否装设在与本体同一运行环境温度的位置，户外安装是否设置防雨罩。

（2）材料准备。材料明细表见表 2-3-1。

表 2-3-1 材 料 明 细 表

序号	名称	型号	单位	数量	备注
1	毛刷	3.5寸、5寸	把	各2	
2	航空液压油	需与厂家确认液压油牌号	升	根据现场情况	
3	防锈底漆	铁红	桶	根据现场情况	5kg 装
4	需更换的二次元器件			根据现场情况	
5	油桶	25L	个	1	
6	无水酒精	500mL	瓶	2	
7	棉纱头	棉质	kg	1	
8	漏斗				注油使用

（3）工机具准备。工机具明细表见表 2-3-2。

表 2-3-2　　　　　　　　　　　工 机 具 明 细 表

序号	名称型号	单位	数量	备注
1	常用工具（各种规格）	箱	1	
2	电源盘	个	1	AC 220V
3	力矩扳手	套	1	20～100N
4	电动扳手	套	1	
5	套筒（各种规格）	套	1	
6	滤油机	套	1	
7	真空泵注油机	套	1	碟簧机构使用

（4）仪器仪表准备。仪器仪表明细表见表 2-3-3。

表 2-3-3　　　　　　　　　　　仪 器 仪 表 明 细 表

序号	名称型号	单位	数量	备注
1	数字式万用表	个	1	
2	SF_6 检漏仪	个	1	TIF 型
3	绝缘电阻表	个	1	电动
4	回路电阻测试仪	套	1	
5	微水测试仪	套	1	
6	特性测试仪	套	1	
7	低电压动作测试仪	套	1	

3.3.3　检修项目实施

（1）检修前检查。

1）核实断路器位置在分位，远近控开关在"近控"位置。

2）确认已拉开断路器控制电源、操作电源及电动机电源。

3）记录机构油压表压力指示，并检查有无破损；液压碟簧机构检查碟簧压缩量是否正常。

4）检查机构内各液压部件、接头、管道是否存在渗漏油。

5）检查 SF_6 气压。

6）合上电动机电源开关，建压到额定压力。

7）检查预压力。

8）就地分合闸一次。

9）记录异常状况

10）液压碟簧机构泄压前需将防慢分插销拔下，使机构内机械防慢分装置失效。

（2）断路器本体检查。

1）瓷套清抹，表面无污垢、无裂纹、无闪络痕迹、缺损面积不小于 40mm²。

2）法兰无裂纹，法兰和瓷套胶合面清洁并补涂防水密封胶，并联电容无渗漏油。

3）紧固螺栓力矩校核，严重锈蚀螺栓更换。

4）外绝缘参数测量：支撑瓷套干弧距离、总爬电距离、灭弧室干弧距离、总爬电距离。

5）按防污治理工作要求进行防污治理，防污闪涂料应无起皮、龟裂、憎水性丧失，不合格者应补涂或重新喷涂；复合伞裙（辅助伞裙）应无脱胶、脆化、粉化、破裂、漏电起痕、蚀损、电弧灼伤、憎水性丧失，不合格者应处理或更换。

6）对有气体泄漏的本体进行检漏。

（3）液压系统检查。

1）检查高低压管路、储压器等压力元器件无渗漏油，元件无外观损坏。

2）断开控制电源、电动机电源，将机构压力释放至零。

3）油箱及过滤器清洁，液压油过滤处理，进水或脏污的应更换新油，补充至额定油位。滤油步骤：① 拉开控制电源及电动机电源→② 打开高压放油阀，对液压机构进行泄压，检查油压表是否归零→③ 用滤油机从油器分离器孔抽油，将油箱内液压油通过管道放至临时储油桶；油抽尽后，用棉纱头擦净余油→④ 对于油桶可拆卸断路器如平高 B 系列产品，应将油桶拆下，清洗低压油箱内部，更换滤油器，更换油箱密封垫，用无尘纸擦拭一级阀、二级阀、工作缸及管道表面余油，底部放置油盆防止余油污染→⑤ 装复油桶及液压油，采用液压油清洁滤油装置对液压油进行过滤处理。滤油和清理如图 2-3-2 所示。

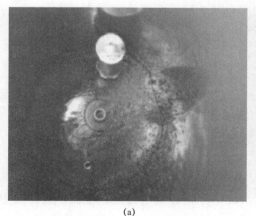

（a）　　　　　　　　　　（b）

图 2-3-2　滤油和清理
（a）滤油；（b）清理

4）检查液压机构储能，进行油泵和液压系统排气。

5）检查压力组件固定良好，防尘罩无松动、掉落。

6）压力表和安全阀固定良好、校验合格，运行 10 年以上应更换。

7）运行 12 年以上或存在渗漏缺陷的机构密封圈应更换。

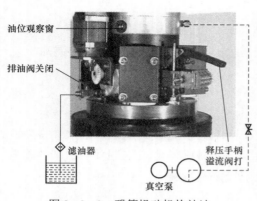

油位观察窗

排油阀关闭

滤油器

释压手柄
溢流阀打

真空泵

图 2-3-3　碟簧操动机构补油

8）液压机构滤油后采用真空泵注油方式，一般应咨询厂家按技术文件步骤进行，滤油进行 2～3 次，滤油后检查滤芯是否存在杂质。

9）检查油位是否在正常范围，偏低时进行补油。注意：碟簧操动机构补油时需用真空泵补油，如图 2-3-3 所示。

（4）断路器机械部位检查。

1）轴、销、锁扣和机械传动部件检查，如有变形或损坏应予更换。

2）瓷绝缘件清洁和裂纹检查。

3）操动机构外观检查，如按力矩要求抽查螺栓、螺母是否有松动，检查是否有渗漏等。

4）检查操动机构内、外积污情况，必要时需进行清洁。

5）检查是否存在锈迹，如有需进行防腐处理。

6）按设备技术文件要求对操动机构机械轴承等活动部件进行润滑。

7）缓冲器检查，按设备技术文件要求进行。

8）防跳跃装置检查，按设备技术文件要求进行。

9）联锁和闭锁装置检查，按设备技术文件要求进行。

（5）二次回路检查。

1）二次接线连接紧固，接线端子无严重锈蚀、过热，端子内插入截面不同的线头或三个以上线头应改造，备用芯线套防尘帽。

2）使用 1000V 绝缘电阻表测量控制回路及辅助回路绝缘电阻，不小于 2MΩ。

3）使用 500V 绝缘电阻表测量电机回路绝缘电阻，不小于 1MΩ。

（6）机构箱外观检查。

1）机构箱内清扫、除尘。

2）机构箱密封检查，恢复脱落密封条，封堵电缆孔洞，处理通风窗、密度表安装过孔、门密封、机构与瓷套法兰、构架结合面渗漏等问题。

3）箱体安装螺栓力矩校核，严重锈蚀螺栓更换。

4）箱门及机构箱外壳接地完好。

（7）二次元器件检查。

1）电磁铁铁芯动作灵活，无锈蚀、无卡涩；分、合闸线圈电阻检测，检测结果应符合设备技术文件要求，没有明确要求时，以圈电阻初值差不超过±5%作为判据。

2）快分开关、接触器、继电器、转换开关、按钮、微动开关、计数器、二次端子排等电气元件固定良好，外观无损伤，清扫浮尘，检查动静触点的完好，按要求更换运行 10 年以上或严重锈蚀的二次元器件。

3）更换存在触点腐蚀、松动变位、触点转换不灵活、切换不可靠现象的辅助开关。

4）检查温湿度控制器、加热板、照明等工作正常，采用灯泡加热方式必须改造。

5）电动机转动应灵活，无异常声响，直流电动机整流子磨损深度不超过规定值；储能电动机工作电流及储能时间检测,检测结果应符合设备技术文件要求。储能电动机应能在 5%~110%的额定电压下可靠工作。

6)中间继电器、时间继电器、电压继电器动作特性校验。

(8)液压弹簧机构行程开关检查。

1)检查启停泵行程、液压低合闸、重合闸、分闸、总闭锁等行程开关触点动作灵活。

2)碟簧行程测量:启动、停止、重合闸、合闸、分闸应符合技术规范。

3)转动部位凸轮、齿轮清洁后均匀涂抹二硫化钼锂基脂。

4)检查断路器单分、单合、重合闸动作下碟簧行程变化量,应符合技术规范。

(9)液压机构压力值整定(如图 2-3-4 所示)。

调节止位螺钉

图 2-3-4 液压机构压力值整定

1)预充氮气压力测量:关闭断路器储能开关,打开高压放油阀使机构泄压至零压,合上储能电源快分开关,油泵打压,油压迅速上升到某一压力,上升速度突然减缓,该压力即为当时温度下的预充氮气压力。预充氮气压力规定值为 $P(15℃)=(15±0.5)MPa$,环境温度为 $t℃$,该温度下预充氮气压力标准值(MPa)按 $15+0.075×[(t-15)±0.5]$ 计算。

2)打开高压放油阀泄压至零后关闭,合上电动机电源快分开关并开始计时。油泵运转,观察油压表,记录零起打压需要的时间,记录油泵停止时的油压值。

3)合上电动机电源快分开关,打开高压放油阀释放油压,观察油压表,记录油泵启动时的油压值。

4)安全阀开启油压规定值、安全阀关闭油压规定值测试。

5)拉开电动机电源快分开关,打开高压放油阀,从额定压力缓慢泄压,使用万用表通断档测量行程开关切换情况,记录行程开关切换时的重合闸闭锁、合闸闭锁、主分闸闭锁油压值。如存在压力实测值不符合规定的情况时,调整相应微动开关的顶杆,使实测值满足要求。

6)关闭高压放油阀,合上断路器储能快分开关,从零压开始打压。使用万用表测量通断档测量行程开关切换情况,记录行程开关切换时的主分闸闭锁解除、合闸闭锁解除、副分闸闭锁解除、重合闸闭锁解除油压值。如存在压力实测值不符合规定的情况时,调整相应微动开关的顶杆,使实测值满足要求,并校核闭锁值也满足要求。

7）关闭电动机电源快分，泄压至合闸闭锁油压规定值，测试单合一次压降规定值，不大于规定值。

8）打开电动机电源快分，打压至油泵启动油压规定值，测试单分一次压降规定值，不大于规定值。

9）打开电动机电源快分，打压至油泵启动油压规定值，测试合分一次压降规定值，不大于规定值。

10）在油泵停止油压规定值油压下，进行一次分合闸操作后，油泵启动至停泵油压值，时间不应大于180s。

（10）保压试验。将断路器分别置于分、合位，油压打压至油泵停止油压规定值，拉开电动机电源快分开关，测量合闸位置历时12h压降不应大于规定值。

（11）闭锁、防失压慢分测试。

1）合位，泄压至零，检查垂直拉杆位置应无变化，启泵打压不慢分。

2）泄压至合闸闭锁压力值时，应闭锁合闸并发闭锁信号，合闸不动作。

3）继续泄至主、副分闸闭锁压力值时，应闭锁主、副分闸并发闭锁信号，分闸不动作。

4）关闭泄压阀，启动油泵，当油压逐步升至分闸、合闸闭锁解除油压值时，闭锁信号应对应解除。

5）油泵运转时，将压力泄放至零压闭锁值，油泵停转，并发出信号；复归后，打开高放阀，启动油泵，断开油泵电动机电源，3min内发"打压超时"信号。

6）合闸后保持合闸命令、分闸后不跳跃。

7）采用机构非全相保护的非全相跳闸功能正常。

3.3.4 断路器试验

3.3.4.1 主回路电阻测量

在合闸状态下，测量进、出线之间的主回路电阻，测量电流可取100A到额定电流之间的任一值。

3.3.4.2 低电压试验

额定液压下低电压试验：分闸电磁铁额定电压30%不动作，65%～110%可靠动作，合闸电磁铁额定电压30%不动作，85%～110%可靠动作，并同时测量分/合闸线圈电流波形。

3.3.4.3 机械特性测试

在额定操作电压下测试时间特性，要求：合、分指示正确；辅助开关动作正确；合、分闸时间，合、分闸不同期，合－分时间满足技术文件要求且没有明显变化；必要时，测量行程特性曲线做进一步分析。除有特别要求的之外，相间合闸不同期不大于5ms，相间分闸不同期不大于3ms；同相各断口合闸不同期不大于3ms，同相分闸不同期不大于2ms；行程、超程与行程曲线测试。CYT机构分、合闸速度调速如图2－3－5所示。

合－分时间调整：调节节流孔，较小时，信号油进出缸体的流量也较小，从而延缓了齿条的动作，重合闸过程中合分时间就变长；反之，当该孔较大时，合分时间就变短。因此，当合分时间大于规定值时，可调节节流螺钉（往外调整），增大节流孔；当合分时间小于规定值时，可调节节流螺钉（往里调整），变小节流孔。CYT 机构合－分时间调整如图 2－3－6 所示。

图 2－3－5　CYT 机构分、合闸速度调速

图 2－3－6　CYT 机构合－分时间调整

3.3.4.4　传动试验

根据监控后台、光字牌的情况及运行人员的要求进行信号核对，如：电动机（油泵）启动信号，电动机电源故障信号，电动机（油泵）打压超时信号，分、合闸位置信号，SF_6 气压低报警信号，SF_6 气压低闭锁（控制回路断线），油压低重合闸闭锁，合闸闭锁，分闸 1、2 闭锁信号等。

3.3.5　竣工验收

（1）工作负责人对检修项目关键工序进行复查。

（2）自验收完毕现场应恢复到工作许可时状态。

（3）对于碟簧机构，验收完后应恢复防慢分插销。

（4）清理现场后，向运维人员申请验收。

3.4　主要引用标准

（1）Q/GDW 1168《输变电设备状态检修试验规程》

（2）国家电网设备〔2018〕979 号《国家电网公司十八项电网重大反事故措施（修订版）》

4

220kV 敞开式隔离开关例行检修

4.1 适用范围

本典型作业法适用于 220kV 三相联动的敞开式隔离开关例行检修施工，主要包括以下内容：隔离开关本体整体维护、修前试验、导线及基础外观检查、隔离开关导电回路检查、底座及传动部件检查、构支架及接地与机构箱外观检查、隔离开关电动操动机构维护、传动部位检查、机构元器件检查、二次回路检查、隔离开关与接地开关手动调试、防误闭锁装置检查、电动操作检查、外观维护及竣工验收等工艺流程及主要质量控制要点。

4.2 检修内容

220kV 敞开式隔离开关检修内容分布如图 2-4-1 所示。

4.3 检修流程说明及质量关键点控制

4.3.1 技术准备

检修查勘记录、检修方案及作业指导书、隔离开关产品说明书、二次回路图、施工安全技术交底。

4.3.2 材料准备

材料明细表见表 2-4-1。

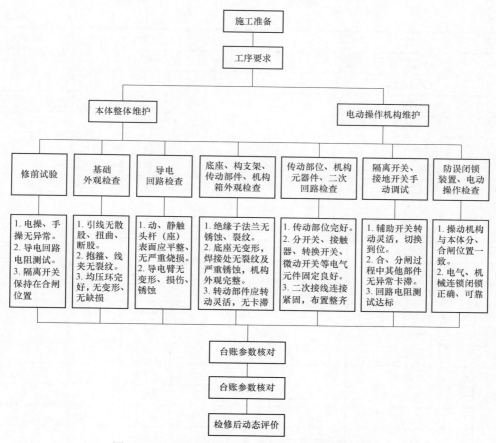

图2-4-1　220kV敞开式隔离开关检修内容分布图

表2-4-1　　　　　　　　　　材 料 明 细 表

序号	名称	规格	单位	数量	责任人
1	工器具				
2	定置垫		块	1	
3	个人工具		套	1	
4	检修推车		辆	1	
5	工具袋		个	1	
6	仪器、仪表				
7	数字万用表	FLUKE-15B	块	1	
8	绝缘电阻表	1000V	块	1	
9	备品备件				
10	交流接触器		个	1	
11	分合闸按钮		个	各1	
12	转换开关		个	1	
13	微动开关		个	1	

序号	名称	规格	单位	数量	责任人
14	热继电器		个	1	
15	消耗性材料				
16	清洁布		块	2	
17	毛刷	1寸	把	2	
18	绝缘胶带	红色	卷	1	
19	纱手套		双	2	
20	记号笔		支	1	
21	砂纸	800号	张	1	
22	尼龙扎带	3×100mm	根	10	
23	二次线	1.5mm²	m	2	
24	图纸、资料				
25	隔离开关说明书		本	1	
26	电动操动机构说明书		本	1	
27	绝缘垫	50cm×50cm	块	1	
28	钢丝刷		个	1	
29	机油枪		个	1	
30	二硫化钼		瓶	1	
31	凡士林		瓶	1	
32	酒精		瓶	1	
33	安全带		副	1	
34	个人保安线		副	1	
35	检修电源盘		个	1	
36	绝缘电阻测试仪		个	1	
37	手套		副	3	

4.3.3 检修重点及主要反措

（1）应保证隔离开关（接地开关）操作平稳、无卡涩、手动操作力矩满足相关技术要求。

（2）电动、手动分合闸到位，触头插入深度/合闸闭锁销止位、小拐臂过死点、三相同期、回路电阻、电气和机械闭锁等应满足技术文件要求。

（3）运动部位、调节丝杆等应涂抹二硫化钼锂基脂润滑。

（4）调整后的所有调节螺母应紧固、并帽锁紧；限位、闭锁应可靠，满足技术文件。

（5）检查瓷件表面裂纹及法兰胶合面防水密封状态，失效后应清除并重涂硅酮防水密封胶。

（6）检查机构箱内的驱潮防潮装置良好。

（7）隔离开关触头镀银层厚度满足规范要求。

4.3.4　风险点控制措施

（1）高压触电。管控措施：工作前严格进行三交（明确工作任务，人员分工，现场安全措施及风险控制措施），明确待工作间隔及设备，防止人员误入带电间隔；不得越过围栏进行工作，与带电部位保持足够安全距离，防止高压触电。

（2）高处作业。管控措施：楼梯上作业时，楼梯有人扶持，有防滑防倒措施。高处作业人员必须系好双保险安全带，穿绝缘鞋，安全带必须系在牢固的构件上或专用挂架，不得系在移动或转动的物件上。高处作业不能上下抛掷，传递物件应使用绳索传递。高处作业人员在工作时要慢中求细，防止工具和物件坠落伤人伤设备，戴棉纱手套。使用高处作业车时，高处作业车应可靠接地，设专人指挥，车上有人时严禁熄火。

（3）低压触电。管控措施：工作电源开关板上应安装漏电保安器。使用完整合格的开关，装合格的熔丝，接拆电源时应在电源开关拉开的情况下进行。并有明显的断口点。所有用电工器具及仪器仪表外壳均需使用符合规定的（≥2.5mm^2）或随机配置的专用接地线可靠接地。做好工作人员间的相互配合，拉、合电源开关发出相适应的口令。

（4）机械伤害。管控措施：隔离开关、接地开关进行操作前，确认构架上无人工作，注意呼唱。

（5）防感应电伤人。管控措施：在设备一次导电部位上工作时，根据现场实际情况增设个人保安线，保安线接地牢固。

4.3.5　隔离开关调试

（1）确认控制电源、电动机电源已断开。

（2）手动操动机构（3次）的分、合闸指示与本体实际分、合闸位置相符。

（3）辅助开关转动灵活，切换到位，未出现卡涩或接触不良情况，辅助开关接线正确，齿轮箱机械限位准确可靠。

（4）机构箱操动机构各转动部件灵活、无卡涩现象。

（5）本体传动部件润滑良好，分合闸到位，无卡涩。

（6）调试、测量隔离开关插入深度、断口距离等技术参数，符合相关技术要求。

（7）对隔离开关进行回路电阻测试，回路电阻值应小于制造厂规定值的1.2倍。

（8）电动合、分闸（3次）过程中其他部件无异常卡滞、异响。

4.3.6　隔离开关机构二次元器件复查

（1）快分开关、接触器、转换开关、按钮、微动开关、二次端子排等电气元件固定良好，外观无损伤，清扫浮尘，检查动静触点完好，更换严重锈蚀、切换不可靠的二次元器件。

（2）检查温湿度控制器、加热板、照明等工作正常。

（3）电动机转动应灵活，无异常声响。

（4）二次接线连接紧固，接线端子无严重锈蚀、过热，端子内插入截面不同的线头或三个以上线头应改造，备用芯线套防尘套。

（5）检查机构箱封堵良好。

（6）使用 1000V 绝缘电阻表测定分合、闸回路绝缘电阻，不小于 2MΩ。

（7）使用 500V 绝缘电阻表测量电动机回路绝缘电阻，不小于 1MΩ。

4.3.7　隔离开关信号核对

核对分合闸等信号正确无误。

4.3.8　外观维护及扫尾工作

（1）底座及传动检查。

（2）构支架及接地检查。

（3）机构箱外观检查。

4.4　检修示例图

检修示例如图 2－4－2 所示。

图 2－4－2　220kV 敞开式隔离开关例行检修

组合电器停电例行检修

5.1 适用范围

本典型作业法适用于变电站组合电器单个间隔及整个电压等级全停电例行检修,主要内容包括:工前查勘、检修准备、组合电器本体检查、SF_6 密度继电器及压力值检查、断路器检查及调试、断路器试验、汇控柜检查与维护、隔离开关检查、电流互感器检查、电压互感器检查、避雷器检查、出线套管检查、电缆终端检查、导线及线夹检查、构支架及接地检查、传动试验及信号核对、竣工验收等工艺流程及主要质量控制要点。

5.2 施工流程

组合电器停电例行检修流程如图 2-5-1 所示。

图 2-5-1 组合电器停电例行检修流程图

5.3 工艺流程说明及质量关键点控制

5.3.1 工前查勘

在工前由工作负责人组织对检修现场进行查勘，主要为设备状况、停电范围（整个电压等级母线全停，一般主变压器进线套管是带电的）、特种车辆摆放等。

5.3.2 检修准备

（1）技术准备。

1）技术资料收集：投运前资料核实、查阅，如组合电器订货合同及技术条件、出厂及交接试验报告、安装检查及安装过程记录等；检修资料核实、查阅，如检修试验记录、状态评价报告；异常工况信息核实、查阅，如组合电器断路器是否短路开断、误动、拒动等异常运行记录。

2）图纸收集：使用 A3 纸打印组合电器二次原理图及设备说明书。

3）设备缺陷收集：红外发热缺陷，SF_6 漏气缺陷：补气频率×次/年，其他缺陷（打压频繁、内部渗漏、外部渗漏、机构进水、储能不到位等）。

4）反措及隐患收集：对存在打压频繁、严重渗漏的液压、气动及液压弹簧机构，进行机构大修；SF_6 密度继电器与开关设备本体之间的连接方式是否满足不拆卸校验密度继电器的要求，是否装设在与本体同一运行环境温度的位置，户外安装是否设置防雨罩；断路器辅助开关是否切换可靠，是否存在家族性缺陷；弹簧机构拐臂是否采用铸造件。

（2）材料准备。材料明细表见表 2-5-1。

表 2-5-1 　　　　　　　　　材 料 明 细 表

序号	名称	型号	单位	数量	备注
1	毛刷		把	5	
2	航空液压油	10 号	桶	根据现场情况	液压机构专用
3	航空液压油	需与厂家确认液压油牌号	L	根据现场情况	液压弹簧机构专用
4	机油		桶	2	气动机构专用
5	防锈底漆	铁红	桶	根据现场情况	5kg 装
6	需更换的二次元器件（包括辅助开关）			根据现场情况	查勘时确定
7	油桶	25L	个	1	
8	二硫化钼润滑脂		瓶	1	
9	无水酒精	500mL	瓶	3	
10	防水密封胶	防水耐候性	支	3	硅酮密封胶
11	棉纱头	棉质	kg	1	
12	密封圈	根据产品	套	若干	厂家提供，断路器机构用

（3）工机具准备。工机具明细表见表 2－5－2。

表 2－5－2　　　　　　　　　工 机 具 明 细 表

序号	名称型号	单位	数量	备注
1	常用工具（各种规格）	箱	1	
2	电源盘	个	1	AC 220V
3	力矩扳手	套	1	20～200N
4	电动扳手	套	1	
5	手电钻	套	1	电动
6	滤油机	套	1	

（4）仪器仪表准备。仪器仪表明细表见表 2－5－3。

表 2－5－3　　　　　　　　　仪 器 仪 表 明 细 表

序号	名称型号	单位	数量	备注
1	数字式万用表	个	1	
2	SF_6检漏仪	个	1	TIF 型
3	绝缘电阻表	个	1	
4	回路电阻测试仪	套	1	
5	微水测试仪	套	1	
6	特性测试仪	套	1	
7	低电压动作测试仪	套	1	

5.3.3　检修项目实施

（1）检修前检查。

1）核实断路器位置在分位，远近控开关在"近控"位置，隔离开关在分闸位置。

2）将断路器机构释能。弹簧机构可采取断掉电动机电源后，就地对断路器进行合－分操作。液压机构、气动机构及液压弹簧机构可直接对机构进行释能。使断路器最终保持在分闸位置。

3）拉开组合电器汇控柜内检修设备（断路器及线路侧隔离开关）所有控制电源、操作电源及电动机电源。

（2）组合电器本体检查。

1）外壳锈蚀，无污垢，油漆无剥落。

2）检查金属外壳之间的连接铜排是否齐全，连接是否可靠，安装是否牢固，跨接铜排是否采用一定裕量膨胀及收缩的设计。采取铜编制带的跨接线有锈蚀断裂情况的予以更换。

3）检查金属外壳清洁、无锈蚀，如为户外设备还应检查各密封连接部位防水胶层有无破损、脱落现象，必要时重新涂抹防水密封胶或者加装防雨罩。

4）检查波纹管安装是否满足自由伸缩补偿要求，是否满足温度补偿型的要求，有伸缩的裕量，波纹管固定螺栓两侧锁紧，内侧与螺栓有一定的间隙，间隙的大小应满足厂家的要求，检查固定螺栓是否顶伤波纹管片。

5）盆式绝缘子外观良好，无裂纹，颜色标示正确，法兰无裂纹。

6）压力释放装置外观无异常，释放出口无异物、积水及结冰等障碍物。

7）对有气体泄漏的本体进行检漏。

（3）SF_6 密度继电器及压力值检查。

1）SF_6 气体密度值正常，无泄漏，检查 SF_6 管路、接头紧固，是否存在粉化锈蚀。

2）对不满足免拆卸校验、与本体运行环境不一致、户外安装未设置防雨罩的 SF_6 密度继电器进行改造，防雨罩应能将 SF_6 密度表及二次插头一起有效覆盖。

3）确认 SF_6 密度继电器校核合格，拆卸后应更换密封垫，SF_6 密度继电器校验应提前联系仪表班。

4）对内部注油的压力表应检查是否存在渗漏油。

5）SF_6 密度继电器开启位置和关闭位置要有标示，应逐个检查 SF_6 密度继电器阀门在开启状态。

6）校验 SF_6 表计截止阀阀门的完好性。关闭 SF_6 表计截止阀，然后用充气管道接入充气阀门，对 SF_6 表计进行放气，若表计压力值降低，则 SF_6 表计截止阀阀门完好。

（4）断路器检查及调试。

1）弹簧机构断路器检查及调试。

a. 机构检查。

a）插上机构分、合闸防动销。

b）检查轴、销、锁扣、挡圈、拐臂、连杆等传动部件无松动、变形、串位、严重磨损。

c）检查分合闸弹簧及缓冲器，无渗漏油、无锈蚀。

d）对电磁铁、扣板、掣子表面污物进行清理，检查磨损情况。

e）操动机构的零部件应齐全，各转动部分应涂以适合当地气候条件的润滑脂；掣子部位禁止使用润滑脂。

f）紧固螺栓力矩校核，严重锈蚀螺栓更换。

b. 二次回路检查。

a）二次接线连接紧固，接线端子无严重锈蚀、过热，端子内插入截面不同的线头或三个以上线头应改造，备用芯线套防尘帽。

b）使用 1000V 绝缘电阻表测量控制回路及辅助回路绝缘电阻，不小于 2MΩ。

c）使用 500V 绝缘电阻表测量电动机回路绝缘电阻，不小于 1MΩ。

c. 二次元器件检查。

a）电磁铁铁芯动作灵活，无锈蚀、卡涩；分、合闸线圈电阻检测，检测结果应符合设备技术文件要求，没有明确要求时，以线圈电阻初值差不超过 ±5% 作为判据。

b）快分开关、接触器、继电器、转换开关、按钮、微动开关、计数器、二次端子排等电气元件固定良好，外观无损伤，清扫浮尘，检查动静触点的完好，按要求更换运行 10

年以上或严重锈蚀的二次元器件。

c）更换存在触点腐蚀、松动变位、触点转换不灵活、切换不可靠现象的辅助开关。

d）检查温湿度控制器、加热板、照明等工作正常，采用灯泡加热方式必须改造，加热、驱潮装置及控制元件的绝缘应良好，加热器与各元件、电缆及电线的距离应大于 50mm。

e）电动机转动应灵活，无异常声响，直流电动机整流子磨损深度不超过规定值；储能电动机工作电流及储能时间检测，检测结果应符合设备技术文件要求。储能电动机应能在 85%～110%的额定电压下可靠工作。

f）中间继电器、时间继电器、电压继电器动作特性校验合格。

g）检查是否存在交直流空气开关混用情况。

d. 机构箱检查。

a）机构箱内清扫、除尘。

b）机构箱密封检查，恢复脱落密封条，封堵电缆孔洞，处理通风窗、密度表安装过孔、门密封、机构与瓷套法兰、构架结合面渗漏等问题。

c）箱门及机构箱外壳接地完好。

d）机构箱锈蚀的部位进行防腐处理。

e）机构箱体分合闸位置观测、压力观测窗口应完好。

e. 储能系统检查。

a）送上断路器储能电源，电动机转动应灵活，无异常声响，电刷无异常电火花，直流电动机整流子磨损深度不超过规定。

b）储能电动机输出轴及齿轮件润滑良好。

c）合闸弹簧储能完毕后，限位行程开关应能立即将电动机电源切除；合闸完毕，行程开关应将电动机电源接通；合闸弹簧储能后，牵引杆的下端或凸轮应与合闸锁扣可靠地联锁；弹簧储能正常，指示清晰。

2）液压机构断路器检查及调试。

a. 机构检查。

a）电磁铁、顶针动作灵活，无锈蚀，固定牢靠。

b）检查高低压管路、储压器等压力元器件无渗漏油，元件无外观损坏。

c）油箱及过滤器清洁，液压油过滤处理，进水或脏污的应更换新油（10 号航空液压油），补充至额定油位。

d）检查压力组件固定良好，防尘罩无松动、掉落。

e）运行 12 年以上或存在渗漏缺陷的机构密封圈应更换。

b. 二次回路检查。

a）二次接线连接紧固，接线端子无严重锈蚀、过热，端子内插入截面不同的线头或三个以上线头应改造，备用芯线套防尘帽。

b）使用 1000V 绝缘电阻表测量控制回路及辅助回路绝缘电阻，不小于 2MΩ。

c）使用 500V 绝缘电阻表测量电动机回路绝缘电阻，不小于 1MΩ。

c. 二次元器件检查。

a）电磁铁铁芯动作灵活，无锈蚀、卡涩；分、合闸线圈电阻检测，检测结果应符合设备技术文件要求，没有明确要求时，以线圈电阻初值差不超过±5%作为判据。

b）快分开关、接触器、继电器、转换开关、按钮、微动开关、计数器、二次端子排等电气元件固定良好，外观无损伤，清扫浮尘，检查动静触点的完好，按要求更换运行 10 年以上或严重锈蚀的二次元器件。

c）更换存在触点腐蚀、松动变位、触点转换不灵活、切换不可靠现象的辅助开关。

d）检查温湿度控制器、加热板、照明等工作正常，采用灯泡加热方式必须改造，加热、驱潮装置及控制元件的绝缘应良好，加热器与各元件、电缆及电线的距离应大于 50mm。

e）电动机转动应灵活，无异常声响，直流电动机整流子磨损深度不超过规定值；储能电动机工作电流及储能时间检测，检测结果应符合设备技术文件要求。储能电动机应能在 85%～110%的额定电压下可靠工作。

f）中间继电器、时间继电器、电压继电器动作特性校验合格。

g）检查是否存在交直流空气开关混用情况。

d. 机构箱检查。

a）机构箱内清扫、除尘。

b）机构箱密封检查，恢复脱落密封条，封堵电缆孔洞，处理通风窗、密度表安装过孔、门密封、机构与瓷套法兰、构架结合面渗漏等问题。

c）箱门及机构箱外壳接地完好。

d）机构箱锈蚀的部位进行防腐处理。

e）机构箱体分合闸位置观测、压力观测窗口应完好。

e. 储能系统检查。

a）送上断路器储能电源，电动机转动应灵活，无异常声响，电刷无异常电火花，直流电动机整流子磨损深度不超过规定。

b）油泵打压正常、无异常响声、转动灵活。

c）储能完毕后，打压微动开关应能可靠将电动机电源切除；压力下降至启泵值时，打压微动开关应将电动机电源可靠接通。

f. 压力表检查。

a）压力表固定良好、校验合格，运行 10 年以上应更换。

b）压力表外壳无裂纹、破损，清晰可辨别，对压力表外壳有裂纹、破损及模糊的进行更换，拆卸后应更换密封垫。

c）检查压力表接头处无渗漏油情况，螺栓紧固，无松动。

d）压力表前如无截止阀，应进行加装。

g. 断路器调试。检查液压机构预充氮气压力符合产品技术规定，检查油压开关各微动接点动作值并进行校核（合闸、分闸、重合闸闭锁及其解除压力，起泵、停泵值等），且油压开关微动接点动作可靠，检查安全阀动作正常，启动与恢复压力应符合产品技术规定。

h. 保压试验。将断路器分别置于分、合位，油压打压至油泵停止油压规定值，拉开电动机电源快分开关，测量分、合闸位置历时 12h 压降不应大于规定值。

i. 防失压慢分调试。合位，泄压至零，检查垂直拉杆位置应无变化，启泵打压不慢分。

3）气动机构断路器检查及调试（集中供气系统，只针对当前电压等级全停检修）。

a. 机构检查。

a）电磁铁、顶针动作灵活，无锈蚀，固定牢靠。

b）对电磁铁、扣板、掣子表面污物进行清理，检查磨损情况。

c）用塞尺检查机构合、分闸电磁铁撞杆与掣子配合间隙及铁芯行程。

d）检查电磁铁线圈螺栓安装牢固，无松动。

b. 压缩空气系统检查。

a）检查空气压缩机，机油无渗漏，机油乳化应更换匹配的合格润滑油，换油时应彻底清洗干净后加油，并清洗或更换进气滤芯。

b）校核压力开关、压力表、安全阀和电磁排污阀，运行 10 年以上需更换。

c）排水阀、逆止阀更换，非日产空压机应在逆止阀后加装截止阀。

d）检查各连接管道及阀门无渗漏，工作正常。

c. 储气罐及管道检查。

a）检查储气罐的罐体，内外均不得有裂纹等缺陷。

b）检查储气罐安全装置、阀门等，应清洁、完好、灵敏。

c）检查储气罐紧固件齐全、完整、紧固、可靠。

d. 二次回路检查。

a）二次接线连接紧固，接线端子无严重锈蚀、过热，端子内插入截面不同的线头或三个以上线头应改造，备用芯线套防尘帽。

b）使用 1000V 绝缘电阻表测量控制回路及辅助回路绝缘电阻，不小于 $2M\Omega$。

c）使用 500V 绝缘电阻表测量电动机回路绝缘电阻，不小于 $1M\Omega$。

e. 二次元器件检查。

a）电磁铁铁芯动作灵活，无锈蚀、卡涩；分、合闸线圈电阻检测，检测结果应符合设备技术文件要求，没有明确要求时，以线圈电阻初值差不超过 ±5% 作为判据。

b）快分开关、接触器、继电器、转换开关、按钮、微动开关、计数器、二次端子排等电气元件固定良好，外观无损伤，清扫浮尘，检查动静触点的完好，按要求更换运行 10 年以上或严重锈蚀的二次元器件。

c）更换存在触点腐蚀、松动变位、触点转换不灵活、切换不可靠现象的辅助开关。

d）检查温湿度控制器、加热板、照明等工作正常，采用灯泡加热方式必须改造，加热、驱潮装置及控制元件的绝缘应良好，加热器与各元件、电缆及电线的距离应大于 50mm。

e）电动机转动应灵活，无异常声响，直流电动机整流子磨损深度不超过规定值；储能电动机工作电流及储能时间检测，检测结果应符合设备技术文件要求。储能电动机应能在 85%～110% 的额定电压下可靠工作。

f）中间继电器、时间继电器、电压继电器动作特性校验合格。

g）检查是否存在交直流空气开关混用情况。

f. 机构箱检查。

a）机构箱内清扫、除尘。

b）机构箱密封检查，恢复脱落密封条，封堵电缆孔洞，处理通风窗、密度表安装过孔、门密封、机构与瓷套法兰、构架结合面渗漏等问题。

c) 箱门及机构箱外壳接地完好。

d) 机构箱锈蚀的部位进行防腐处理。

e) 机构箱体分合闸位置观测、压力观测窗口应完好。

g. 压力开关检查。

a) 压力开关应完整无损，紧固件无松动。

b) 处理压力开关及管道等泄漏点。

c) 压力开关检修后按规定进行各项压力值试验，并满足相关要求。

h. 压力表检查。

a) 压力表固定良好、校验合格，运行 10 年以上应更换。

b) 压力表外壳无裂纹、破损，清晰可辨别，对压力表外壳有裂纹、破损及模糊的进行更换，拆卸后应更换密封垫。

c) 检查压力表接头处无渗漏情况，螺栓紧固，无松动。

d) 压力表前如无截止阀，应进行加装。

i. 断路器调试。

a) 断路器合闸信号保持、分闸后不跳跃。

b) 机构非全相跳闸功能正常。

c) 分闸、合闸闭锁可靠。

d) 确认储压罐阀门已关闭，合上电动机电源，用万用表监视压力接点动作情况，读取相应接点的动作压力，调整压力组件符合要求。

j. 保压试验。将断路器分别置于分、合位，额定空气压力时，拉开电动机电源快分开关，测量分、合闸位置历时 12h 压降不应大于规定值。

4) 断路器试验。

a. 主回路电阻测量。

a) 拆除机构分、合闸防动销，拆除线路侧隔离开关靠开关侧接地开关的接地排。

b) 送上断路器控制电源、储能电源快分开关，远近控转换开关切至就地位置，就地合上断路器，保持断路器在合闸位置。

c) 测断路器的主回路电阻，测量电流可取 100A 到额定电流之间的任一值。

b. 低电压试验。拉开断路器控制电源、储能电源快分开关，远近控转换开关切至远控位置。低电压试验：分闸电磁铁 3 次额定电压 30%不动作，65%~110%可靠动作，合闸电磁铁 3 次额定电压 30%不动作，85%~110%可靠动作，并同时测量分/合闸线圈电流波形。

c. 机械特性试验。

a) 在额定操作电压下测试时间特性，要求：合、分指示正确；辅助开关动作正确；合、分闸时间，合、分闸同期，合－分时间满足技术文件要求且没有明显变化；测量行程特性曲线做进一步分析。除有特别要求的之外，相间合闸不同期不大于 5ms，相间分闸不同期不大于 3ms；同相各断口合闸不同期不大于 3ms，同相分闸不同期不大于 2ms。

b) 按照产品说明书开展行程、超程测试。

c) 若断路器机械特性或者行程、超程不合格，需按照产品说明书对机构进行调整，调整后，需重新按照主回路电阻测量、低电压试验、机械特性试验、行程超程测试的顺序再次进行试验。

d）装复线路侧隔离开关靠断路器侧接地开关的接地排，接触面应进行打磨处理，螺栓紧固力矩应满足要求。

（5）汇控柜检查与维护。

1）驱潮装置是否完好并按要求投入运行，改造采用灯泡加热、驱潮的机构箱、汇控柜。

2）排查有无进水受潮或凝露迹象，驱潮装置的温度设定、湿度设定、传感器安装、加热电阻技术规格是否符合要求。

3）断路器、隔离开关的位置指示灯显示正确。

4）检查二次元器件接点动作正确、可靠，接点接触良好、无烧损或锈蚀，使用年限满足要求。

5）二次回路连接正确，绝缘电阻值符合相关技术标准，并做记录，在投运后，采用1000V 绝缘电阻表且绝缘电阻大于 2MΩ 的指标。

6）箱门有无软铜接地线与箱体连接，电缆孔洞封堵是否完全。

7）同一个接线端子上不得接入 2 根以上导线。

8）箱体内部二次接地排应该与电缆沟二次接地排连接，箱门及机构箱外壳接地完好。

9）检查带电显示器外观及接地良好，指示正确，自检功能正常。

10）端子排上相邻端子之间（交、直流回路，直流回路正负极，交流回路非同相，分、合闸回路）采取防短路措施，应避免交、直流接线出线在同一段或串端子排上。

（6）隔离开关检查。

1）传动部位检查。

a. 检查拐臂、连杆等传动部件无松动、变形、严重磨损。

b. 转动部位等应清洁后涂二硫化钼锂基脂润滑。

c. 机械限位、闭锁应可靠，满足技术文件要求。

2）二次回路及元器件检查。

a. 二次接线连接紧固，接线端子无严重锈蚀、过热，端子内插入截面不同的线头或 3 个以上线头应改造，备用芯线套防尘帽。

b. 使用 1000V 绝缘电阻表测量控制回路及辅助回路绝缘电阻，不小于 2MΩ。使用 500V 绝缘电阻表测量电动机回路绝缘电阻不小于 1MΩ。

c. 快分开关、接触器、转换开关、二次端子排等电气元件固定良好，外观无损伤，清扫浮尘，检查动静触点的完好，按要求更换运行 10 年以上或严重锈蚀的二次元器件。

d. 电动机转动应灵活，无异常声响，直流电动机整流子磨损深度不超过规定值。

3）防误闭锁装置检查。

a. 机械闭锁装置可靠。

b. 电气闭锁正确可靠：隔离开关合上，接地开关不能电动操动。接地开关合上，隔离开关不能电动操动。

4）机构箱检查。

a. 机构箱内清扫、除尘。

b. 机构箱密封检查，恢复脱落密封条，封堵电缆孔洞，通风口未被堵塞，机构箱内无凝露及进水。

c. 机构箱加热驱潮装置投入正常。

d. 箱门及机构箱外壳接地完好。

5）分合闸操作。

a. 隔离开关电动操作分合闸到位（以指示针尖位于指示牌凹槽内为准），动作顺滑无卡阻，启停正常。

b. 三工位隔离开关位置正确，指示牌有无松动、脱落。

6）联锁回路检查（只针对当前电压等级全停检修）。

a. 检查所有检修的隔离开关联锁回路正常，在有其他隔离开关或者接地开关闭锁的情况下，隔离开关应不能电动操作。

b. 检查隔离开关闭锁其他隔离开关的辅助开关触点导通正常。

（7）电流互感器检查。

1）接线端子防护罩无腐蚀、变形，防水、封堵良好。

2）接线端子外观应完好，无划伤。

3）二次接线正确、牢固，采取防松措施。

4）端头之间应留有足够的空气绝缘间隙，不得触碰、短接。

5）二次线圈严禁开路，备用绕组二次线全部引出至汇控柜，短接后一点接地。

6）无异常声响或气味。

7）SF_6 电流互感器绝缘电阻测量，一次绕组：$>3000M\Omega$，或与上次测量值相比无显著变化。

（8）电压互感器检查。

1）GIS 电压互感器。

a. 接线端子防护罩无腐蚀、变形，防水、封堵良好。

b. 接线端子外观应完好，无划伤。

c. 二次接线正确、牢固，采取防松措施。

d. 端头之间应留有足够的空气绝缘间隙，不得触碰、短接。

e. 无异常声响或气味。

f. SF_6 电压互感器绝缘电阻测量：与交接试验值相比下降不超过 50%。

2）外置式电压互感器。

a. 瓷套表面清洁、无裂痕、无破损，无闪络放电痕迹，法兰无锈蚀。法兰无裂纹，无锈蚀，法兰和瓷套胶合面涂防水密封胶。

b. 一次端子引线连接接触良好，导电接触面无烧损、过热、变形等异常现象。

c. 二次接线应完整，引线端子应连接牢固，绝缘良好，标识清晰；检查二次接线盒电缆孔洞封堵。

d. 检查瓷套表面、二次接线盒、油箱表面、阀门、底座是否有渗漏油现象，油位在规定的范围内、绝缘油无变色。

e. 接地端（N）接地良好、可靠，接地线采用截面积不小于 $6mm^2$ 紫铜线材。

f. 电磁式电压互感器一次绕组绝缘电阻：初值差不超过 −50%（注意值）。电容式电压互感器介质损耗电容量测量，对电容单元采用 10kV 正接线测量，电磁分压单元采用 2kV 自激法测量，要求电容量初值差不超过 ±2%（警示值），介质损耗因数 tanδ：油纸绝缘不大于 0.5%；膜纸复合不大于 0.25%（注意值）。电容式电压互感器绝缘电阻测量，采用 2500V 绝缘电阻表测量分压电容器极间绝缘电阻值不小于 5000MΩ（注意值），采用 1000V 绝缘电阻表测量各二次绕组间及其对外壳的绝缘电阻值不小于 10MΩ（注意值）。

（9）避雷器检查。

1）GIS 避雷器。

a. 放电计数器是否全部更换为带泄漏电流指示的计数器，不符合要求的进行更换。

b. 避雷器泄漏电流表上小套管清洁、螺栓紧固，避雷器放电计数器完好，内部不进潮，读数正确。

c. 避雷器与放电计数器之间的连接引线是否连接良好。

d. 无异常声响或气味。

e. 避雷器绝缘电阻测量，一次绕组：>5000MΩ。

2）外置式避雷器。

a. 瓷套表面清洁、无裂痕、无破损，法兰无锈蚀，瓷外套与法兰处黏合应牢固、无破损，并均匀涂覆防水密封胶。

b. 绝缘底座无破损、无锈蚀，表面清洁无积污、无裂痕，接地排连接良好。

c. 绝缘子法兰排水孔通畅、安装位置正确，无堵塞，可排水。

d. 压力释放通道处无异物，防护盖无脱落、翘起，安装位置正确。泄压通道不应朝向巡视通道。

e. 放电计数器无进水、受潮，放电计数器引下线安装牢固，必要时加装支撑绝缘子。

f. 放电计数器检查放电计数器的动作应可靠，校验避雷器监视电流表指示应准确。

g. 均压环应采用一体式结构，不得采用抱箍固定式，均压环应牢固、水平，无倾斜、变形、锈蚀，在全封闭均压环最底部应设置 $\phi 6 \sim \phi 8$ 的滴水孔。

h. 直流 1mA 参考电压 U_{1mA} 测试值，初值差不超过 ±5%，且不低于 GB/T 11032《交流无间隙金属氧化物避雷器》规定值；0.75 倍直流参考电压下的泄漏电流值不应大于 50μA 或初值差不大于 30%，泄漏电流应在高压侧读表，测量线使用屏蔽线；底座绝缘电阻测量，要求测量并记录 1min 的绝缘电阻值大于 100MΩ。

（10）出线套管检查。

1）瓷套清抹，表面无污垢、无裂纹、无闪络痕迹、缺损面积不大于 40mm²。

2）法兰无裂纹，法兰和瓷套胶合面补涂防水密封胶，套管无渗漏油。

3）按防污治理工作要求进行防污治理，防污闪涂料应无起皮、龟裂、憎水性丧失，不合格者应补涂或重新喷涂。

4）外绝缘（硅橡胶）是否良好。如外套径向有穿透性裂纹，外表破损面超过单个伞群 10% 或破损总面积虽不超过单个伞群 10%，但同一方向破损伞裙多于 2 个以上者，应更换。

5）检查硅橡胶外绝缘有无裂纹、缺口，对硅橡胶绝缘子缺口、裂纹部位进行修复，修复完整、完好、牢固，无异常凸起，黏接部分应牢固密实，没有气泡和缝隙，黏接强度应大于硅橡胶材料自身的撕裂强度。

（11）电缆终端检查。

1）电缆终端与组合电器连接牢固，螺栓固定力矩值符合厂家技术要求。

2）电缆相序正确。

3）电缆屏蔽线连接牢固。

（12）导线及线夹检查。

1）软导线弧垂不满足要求、严重散股、断股等应予以消除。

2）引线对地或构架等的安全距离是否符合规定，相间运行距离是否符合规定。

3）400mm² 及以上的铝设备线夹导线朝上 30°～90° 安装时，应设置 $\phi 6\sim\phi 8$ 的滴水孔。

4）严重锈蚀螺栓更换为不锈钢螺栓或热镀锌高强度螺栓，紧固力矩校核。

（13）构支架及接地检查。

1）检查是否满足双接地及动热稳定要求，不合格整改。

2）构支架、接地引下线紧固螺栓力矩校核并采取防松措施。

3）接地扁铁油漆完好。

（14）传动试验及信号核对。

1）传动试验。将断路器远近控开关切换在"远控"位置，由保护专业对断路器进行传动，并对断路器的跳跃、非全相试验进行验证。

2）信号核对。

a. 根据监控后台、光字牌的情况及运行人员的要求进行信号核对，220kV 变电站信号同监控进行核对，500kV 变电站信号同监控后台进行核对。

b. 弹簧机构的组合电器需核对的信号：断路器、隔离开关分合闸位置信号，断路器的远方/就地位置信号，弹簧正储能信号，弹簧未储能信号，控制回路断线信号，电动机电源故障信号，各气室 SF_6 低气压告警信号，断路器气室 SF_6 低气压闭锁信号等。

c. 液压机构、气动机构、液压弹簧机构的组合电器需核对的信号：断路器、隔离开关分合闸位置信号，断路器的远方/就地位置信号，低油（气）压重合闸闭锁，低油（气）压合闸闭锁，低油（气）压分闸闭锁 1，低（气）油压分闸闭锁 2，电动机（油泵）启动信号，电动机（油泵）打压超时信号，控制回路断线信号，电动机电源故障信号，各气室 SF_6 低气压告警信号，断路器气室 SF_6 低气压闭锁信号等。

5.3.4 竣工验收

（1）工作负责人对检修项目关键工序进行复查。

（2）自验收完毕现场应恢复到工作许可时状态。

（3）对于碟簧机构，验收完后应恢复防慢分插销。

（4）清理现场后，向运维人员申请验收。

5.4 主要引用标准

（1）国家电网设备〔2018〕979 号《国家电网公司十八项电网重大反事故措施（修订版）》

（2）Q/GDW 1168《输变电设备状态检修试验规程》

（3）《国家电网公司变电验收管理规定（试行） 第 3 分册 组合电器验收细则》

（4）湘电公司设备〔2019〕19 号《国网湖南省电力有限公司关于印发气体绝缘金属封闭开关设备全过程管理重点措施（试行）的通知》

6

10kV 高压开关柜（单间隔）

6.1 适用范围

本典型作业法适用于变电站 10kV 手车式高压开关柜单间隔停电例行检修，单间隔停电检修是指单个开关柜母线不停电的检修作业，主要内容包括：工前查勘、检修准备、检修项目实施、竣工验收等工艺流程及主要质量控制要点，检修项目主要包含断路器、电流互感器、避雷器检查、试验等。

6.2 施工流程

高压开关柜检修流程如图 2-6-1 所示。

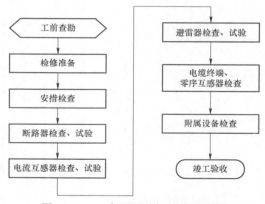

图 2-6-1 高压开关柜检修流程图

6.3 工艺流程说明及质量关键点控制

6.3.1 工前查勘

在工前由工作负责人组织对检修现场进行查勘，主要为设备状况、停电范围、检修措施。

6.3.2　检修准备

（1）技术准备。

1）技术资料收集：投运前资料核实、查阅，如开关柜订货合同及技术条件、出厂及交接试验报告、安装检查及安装过程记录等；检修资料核实、查阅，如检修试验记录、状态评价报告；异常工况信息核实、查阅，如断路器短路开断、误动、拒动等异常运行记录。

2）PMS 台账问题收集：待现场核实确定的参数列表，如电流互感器参数、PMS 扩展参数。

3）设备缺陷收集：带电检测异常、带电显示装置故障等。

4）反措及隐患收集："五防"功能完善；高压开关柜内不得装用四柱星形接线型式过电压保护器，应选用复合绝缘的无间隙氧化锌避雷器；观察窗使用机械强度与外壳相当的内有接地屏蔽网的双层钢化玻璃遮板；额定电流 2500A 及以上高压开关柜应装设带防护罩、风道布局合理的强排通风装置；触指弹簧为非导磁不锈钢环状，并进行防变色处理；柜内不宜采用不饱和聚酯玻璃纤维（SMC）绝缘隔板；断路器触臂不得采用热缩套管或硫化工艺作为复合绝缘方式，而应采用裸导体外装环氧触臂套管配合作为复合绝缘方式等。

（2）材料准备。材料明细表见表 2-6-1。

表 2-6-1　　　　　　　　　　材 料 明 细 表

序号	名称	型号	单位	数量	备注
1	毛刷	3.5寸、5寸	把	各2	
2	需更换的二次元器件			根据现场情况	
3	无水酒精	500mL	瓶	2	
4	棉纱头	棉质	kg	1	
5	二硫化钼锂基润滑脂		瓶	1	

（3）工机具准备。工机具明细表见表 2-6-2。

表 2-6-2　　　　　　　　　　工 机 具 明 细 表

序号	名称型号	单位	数量	备注
1	常用工具（各种规格）	箱	1	
2	电源盘	个	1	AC 220V
3	力矩扳手	套	1	20～100N
4	电动扳手	套	1	
5	套筒（各种规格）	套	1	

（4）仪器仪表准备。仪器仪表明细表见表2-6-3。

表2-6-3　　　　　　　　　　　仪 器 仪 表 明 细 表

序号	名称型号	单位	数量	备注
1	数字式万用表	个	1	
2	绝缘电阻表	个	1	电动
3	回路电阻测试仪	套	1	
4	低电压动作测试仪	套	1	

6.3.3　安措检查

（1）技防措施。

1）10kV开关柜严禁就地进行断路器分合闸操作，且遥控操作时所有人员必须撤离现场。

2）馈线电缆三相短接接地后方可拆开电缆头连接螺栓，电缆重新接入前必须保持三相接地，防止对侧反送电。

3）开关柜应采用验电小车进行验电（充气柜、固体柜采用其他手段验电）。

4）10kV电缆耐压试验前，加压端应做好安全措施，防止人员误入试验场所，另一端应设置围栏并挂上警告标示牌，并派专人看守。电缆试验结束，应对被试电缆进行充分放电，并在被试电缆上加装临时接地线，待恢复安装接通后才可拆除。

主变压器不停电、进行低压侧开关柜耐压工作，必须断开主变压器低压侧隔离开关至主变压器柜进线之间的连接。

（2）隔离措施。

1）10kV开关柜非全停作业，带电区域与停电区域之间必须设置硬质隔离围栏。

2）断路器小车拖至检修位置后，把关人应确保相关隔室柜门上锁。

3）作业区域相邻带电开关柜电缆室柜门、母线室柜门、桥架必须设置明显警示警告标识。

4）固定式开关柜等母线外露的开关柜进行非全停作业，必须使用绝缘挡板隔离作业区域与邻近外露带电部分。

6.3.4　断路器检查、试验

（1）断路器检查。

1）断路器外观检查无异常。

2）断路器机构分、合闸机械位置，储能弹簧已储能位置及动作计数器显示正常。

3）机械传动部件无变形、损坏、脱出，转动部分涂抹二硫化钼锂基润滑脂。

4）胶垫缓冲器橡胶无破碎、老化，油缓冲器动作正常，无渗漏油。

5）辅助回路和控制电缆、接地线外观完好。

6）储能电动机工作正常。

（2）断路器试验。

1）分、合闸线圈电阻及绝缘测试合格。

2）辅助及控制回路绝缘测试合格。

3）断路器最低动作电压试验。

4）断路器主回路电阻测试。

5）断路器机械特性试验。

6）断路器耐压试验。

6.3.5　电流互感器检查、试验

（1）电流互感器检查。

1）外观清洁，无破损。

2）分支线螺栓紧固，接线板无过热、变形。

3）二次接线正确、清洁、紧固、编号清晰。

4）外壳接地线固定良好。

5）穿芯式电流互感器等电位线连接可靠，半导体屏蔽层完好、无起层、无脱落。

（2）电流互感器试验。绕组绝缘电阻应大于 3000MΩ，或与上次测量值相比无显著变化。

6.3.6　避雷器检查、试验

（1）避雷器检查。

1）外观清洁，无破损。

2）接线连接紧固。

3）接地线固定良好。

（2）避雷器试验。

1）运行中持续电流试验。

2）直流 1mA 电压及 0.75 倍直流 1mA 电压下的漏电流试验。

6.3.7　电缆终端、零序互感器检查

（1）电缆终端绝缘无破损、无放电痕迹。

（2）零序互感器固定牢固，绝缘无破损、无放电痕迹。

（3）电缆分支接线相间无交叉接触，相间最小距离大于 10mm 以上。

（4）电缆终端连接可靠，紧固螺栓无松动、脱落，接线板无过热。

（5）电缆通过零序互感器时，电缆金属护层和接地线应对地绝缘；电缆接地点在零序互感器以下时，接地线应直接接地；接地点在零序互感器以上时，接地线应穿过零序互感器再接地。

（6）电缆隔板应有防涡流措施。

（7）电缆室设备无受潮痕迹，孔洞封堵完好。

6.3.8　附属设备检查

（1）加热驱潮装置检查。

1）加热器外观无异常、工作正常。

2）温湿度控制器外观无异常、工作正常。

3）快分开关外观无异常、工作正常。

4）加热器工作时不影响其他相邻元件正常运行，加热板与其他二次元件、电缆之间保持 50mm 以上间距。

（2）高压带电显示装置检查。

1）二次接线整洁，接线紧固，编号完整清晰。

2）高压带电显示装置外观清洁、无破损。

3）高压带电显示装置固定牢固，紧固螺栓无松动。

4）高压带电显示指示功能正常。

（3）仪表室二次元件检查。

1）快分开关、转换开关、按钮、继电器等二次元件固定良好、外观无异常、标识正确。

2）快分开关、转换开关、按钮、继电器等二次元件功能正常，动作触点接触良好、切换可靠。

3）二次端子排功能分区、分段合格，外观无异常，接线无松动。

4）状态综合指示仪操控及指示正常，模拟图与实际一次接线方式一致。

（4）辅助及控制回路检查。

1）二次接线清洁，接线紧固，编号完整清晰。

2）二次线固定牢固，无脱落，搭接一次设备可能。

3）手动分、合闸操作，分、合闸指示灯正常。

4）手车实际位置与位置指示灯指示一致。

5）柜内照明正常。

（5）断路器"五防"性能检查。

1）高压开关柜内的接地开关在合位时，小车无法推入工作位置。

2）小车在试验位置合闸后，小车断路器无法推入工作位置。

3）小车拉出后，小车室隔离挡板自动关上，隔离高压带电部分。

4）接地开关合闸后方可打开电缆室后门。

5）小车在工作位置时接地开关无法合闸。

6）带电显示装置显示馈线侧带电时，馈线侧接地开关不能合闸。

7）小车处于试验或检修位置时，才能插上和拔下二次插头。

6.3.9 竣工验收

（1）工作负责人对检修项目关键工序进行复查。

（2）自验收完毕现场应恢复到工作许可时状态。

（3）清理现场后，向运维人员申请验收。

6.4 主要引用标准

（1）Q/GDW 1168《输变电设备状态检修试验规程》

（2）国家电网设备〔2018〕979 号《国家电网公司十八项电网重大反事故措施（修订版）》

7
10kV 高压开关柜（整段全停）

7.1 适用范围

本典型作业法适用于变电站 10kV 手车式高压开关柜整段全停例行检修，整段全停检修是指开关柜母线及 TV，所有线路、电容器、电抗器、站用变压器/消弧线圈、融冰出线和主变压器进线，母联间隔等全部停电的检修作业，主要内容包括：工前查勘、检修准备、检修项目实施，开关柜柜体、电压互感器、断路器、电流互感器、避雷器等试验，竣工验收等工艺流程及主要质量控制要点，检修项目主要包含开关柜柜体、本体五防性能、电气主回路、断路器、外绝缘检查等。

7.2 施工流程

高压开关柜整段全停例行检修流程如图 2-7-1 所示。

图 2-7-1 高压开关柜整段全停例行检修流程图

7.3 工艺流程说明及质量关键点控制

7.3.1 工前查勘

在工前由工作负责人组织对检修现场进行查勘,主要为设备状况、停电范围、检修措施。

7.3.2 检修准备

(1)技术准备。

1)技术资料收集:投运前资料核实、查阅,如开关柜订货合同及技术条件、出厂及交接试验报告、安装检查及安装过程记录等;检修资料核实、查阅,如检修试验记录、状态评价报告;异常工况信息核实、查阅,如断路器短路开断、误动、拒动等异常运行记录。

2)PMS 台账问题收集:待现场核实确定的参数列表,如电流互感器参数、PMS 扩展参数。

3)设备缺陷收集:带电检测异常、带电显示装置故障等。

4)反措及隐患收集:"五防"功能完善;高压开关柜内不得装用四柱星形接线型式过电压保护器,应选用复合绝缘的无间隙氧化锌避雷器;观察窗使用机械强度与外壳相当的内有接地屏蔽网的双层钢化玻璃遮板;额定电流 2500A 及以上高压开关柜应装设带防护罩、风道布局合理的强排通风装置;触指弹簧为非导磁不锈钢环状,并进行防变色处理;柜内不宜采用不饱和聚酯玻璃纤维(SMC)绝缘隔板;断路器触臂不得采用热缩套管或硫化工艺作为复合绝缘方式,而应采用裸导体外装环氧触臂套管配合作为复合绝缘方式等。

(2)材料准备。材料明细表见表 2-7-1。

表 2-7-1　　　　　　　　　　　　材 料 明 细 表

序号	名称	型号	单位	数量	备注
1	毛刷	3.5寸、5寸	把	各2	
2	需更换的二次元器件			根据现场情况	
3	无水酒精	500mL	瓶	2	
4	棉纱头	棉质	kg	1	
5	二硫化钼锂基润滑脂		瓶	1	

(3)工机具准备。工机具明细表见表 2-7-2。

表 2-7-2　　　　　　　　　　　工 机 具 明 细 表

序号	名称型号	单位	数量	备注
1	常用工具(各种规格)	箱	1	
2	电源盘	个	1	AC 220V
3	力矩扳手	套	1	20～100N

序号	名称型号	单位	数量	备注
4	电动扳手	套	1	
5	套筒（各种规格）	套	1	

（4）仪器仪表准备。仪器仪表明细表见表2-7-3。

表2-7-3 仪 器 仪 表 明 细 表

序号	名称型号	单位	数量	备注
1	数字式万用表	个	1	
2	绝缘电阻表	个	1	电动
3	回路电阻测试仪	套	1	
4	低电压动作测试仪	套	1	
5	吸尘器	套	1	

7.3.3 开关柜柜体检查

开关柜小车室、电缆室、母线室等泄压通道封板应采用单侧塑料防爆螺栓固定方式。

柜体表面清洁，漆面无变色、起皮、锈蚀。

柜内各功能隔室清洁，无积灰、无异物。

电缆室、母线室、仪表室、屏顶小母线室等孔洞封堵严密。

柜体通风装置检查，装置和风道清洁、通风装置工作正常。

柜体紧固螺栓、销钉无松动、无脱落。

柜体接地、功能隔室内设备接地良好。

观察窗玻璃无裂纹、无破碎，新安装的玻璃选用内有接地屏蔽网的钢化玻璃。

柜门门把手关启良好、接地线固定良好。

7.3.4 五防性能检查

高压开关柜内的接地开关在合位时，小车无法推入工作位置。

小车在试验位置合闸后，小车断路器无法推入工作位置。

小车拉出后，小车室隔离挡板自动关上，隔离高压带电部分。

接地开关合闸后方可打开电缆室后门。

小车在工作位置时接地开关无法合闸。

带电显示装置显示馈线侧带电时，馈线侧接地开关不能合闸。

小车处于试验或检修位置时，才能插上和拔下二次插头。

7.3.5 电气主回路检查

主回路外观清洁、无异物。

电气回路各电气连接部分接触良好，母排螺栓紧固良好，无过热。

母线及分支接线无尖角毛刺，应进行绝缘包封。

测量母线至出线桩头的主回路电阻无异常。

7.3.6 手车检查

手车各部分外观清洁、无异物。

绝缘件表面清洁，无变色、无开裂。

手车动触头支架是否有位移现象，梅花触指表面无氧化、无烧伤，弹簧无变色、无疏密改变、无断裂。

梅花触指表面凡士林应少量均匀涂抹，避免运行过程中凡士林滴落造成绝缘事故。

导电连接螺栓力矩满足要求。

手车进出无卡涩、跳跃现象。

手车工作位置、试验位置指示正确。

手车在工作位置插入深度合格。

7.3.7 断路器检查、试验

（1）断路器检查。

1）断路器外观检查无异常。

2）断路器机构分、合闸机械位置，储能弹簧已储能位置及动作计数器显示正常。

3）机械传动部件无变形、损坏，脱出，转动部分涂抹二硫化钼锂基润滑脂。

4）胶垫缓冲器橡胶无破碎、老化，油缓冲器动作正常，无渗漏油。

5）辅助回路和控制电缆、接地线外观完好。

6）储能电动机工作正常。

（2）断路器试验。

1）分、合闸线圈电阻及绝缘测试合格。

2）辅助及控制回路绝缘测试合格。

3）断路器最低动作电压试验。

4）断路器主回路电阻测试。

5）断路器机械特性试验。

6）断路器耐压试验。

7.3.8 电流互感器检查、试验

（1）电流互感器检查。

1）外观清洁，无破损。

2）分支线螺栓紧固，接线板无过热、变形。

3）二次接线正确、清洁、紧固、编号清晰。

4）外壳接地线固定良好。

5）穿芯式电流互感器等电位线连接可靠，半导体屏蔽层完好，无起层、脱落。

（2）电流互感器试验。绕组绝缘电阻应大于 3000MΩ，或与上次测量值相比无显著变化。

7.3.9 电压互感器检查、试验

（1）电压互感器检查。

1）外观清洁，无破损。

2）接线连接紧固。

3）电压互感器二次接线正确、清洁、紧固、编号清晰。

4）接地线固定良好。

5）电压互感器熔断器正常，接触可靠。

（2）电压互感器试验。组绝缘电阻试验，励磁特性拐点电压应大于 $1.9U_\mathrm{m}/\sqrt{3}$。

7.3.10 避雷器检查、试验

（1）避雷器检查。

1）外观清洁，无破损。

2）接线连接紧固。

3）接地线固定良好。

（2）避雷器试验。

1）运行中持续电流试验。

2）直流 1mA 电压及 0.75 倍直流 1mA 电压下的漏电流试验。

7.3.11 接地开关检查

（1）接地开关表面清洁，无污物，涂有薄层中性凡士林。

（2）手动拉合接地开关，分合闸可靠动作。

（3）接地开关的连接销钉齐全、传动部分转动灵活。

（4）接地开关与带电显示装置的联锁功能正常。

7.3.12 电缆终端、零序互感器检查

（1）电缆终端绝缘无破损、无放电痕迹。

（2）零序互感器固定牢固，绝缘无破损、无放电痕迹。

（3）电缆分支接线相间无交叉接触，相间最小距离大于 10mm 以上。

（4）电缆终端连接可靠，紧固螺栓无松动、脱落，接线板无过热。

（5）电缆通过零序互感器时，电缆金属护层和接地线应对地绝缘；电缆接地点在零序互感器以下时，接地线应直接接地；接地点在零序互感器以上时，接地线应穿过零序互感器再接地。

（6）电缆隔板应有防涡流措施。

（7）电缆室设备无受潮痕迹，孔洞封堵完好。

7.3.13　外绝缘检查

母线室穿屏套管、触头盒、支柱绝缘子及热缩包覆件绝缘检查，绝缘无破损、无放电痕迹。

电缆室元器件及热缩包覆件绝缘检查，绝缘无破损、无放电痕迹。

母线室、电缆室和小车室间触头盒绝缘检查，绝缘无破损、无放电痕迹。

带电部位相间、相地之间的空气绝缘净距离要求：≥125mm（对于 12kV），≥300mm（对于 40.5kV）。

电缆分支接线为全绝缘，与其他带电部位、地电位之间应大于 10mm 以上距离。

零序互感器与地电位之间的安全距离不做要求，但其他设备与其外壳必须满足上述空气绝缘净距离要求。

导电部件如采用热缩套包裹导体结构，则该部位必须满足上述空气绝缘净距离要求；如采用复合绝缘或固体绝缘封装等可靠技术，可适当降低其绝缘距离要求。

电压互感器中性点经一次消谐器、消谐互感器接地时，中性线与其他带电部位、地电位之间必须满足上述空气绝缘净距离要求。

二次电缆及接地线与带电部位之间必须满足上述空气绝缘净距离要求。

7.3.14　母线试验

（1）母排至出线桩头回路电阻测试。

1）手车、断路器处于合闸位置。

2）隔离开关回路电阻测试。

3）手车回路电阻测试。

4）母排至出线桩头回路电阻测试，初次测试按导电接触面个数估算回路电阻合格，否则对比上次测试结果变化不大于 20%。

（2）母线耐压试验。

1）母线绝缘电阻试验。

2）母线耐压试验。

7.3.15　附属设备检查

（1）加热驱潮装置检查。

1）加热器外观无异常、工作正常。

2）温湿度控制器外观无异常、工作正常。

3）快分开关外观无异常、工作正常

4）加热器工作时不影响其他相邻元件正常运行，加热板与其他二次元件、电缆之间保持 50mm 以上间距。

（2）高压带电显示装置检查。

1）二次接线整洁，接线紧固，编号完整清晰。

2）高压带电显示装置外观清洁、无破损。

3）高压带电显示装置固定牢固，紧固螺栓无松动。

4）高压带电显示指示功能正常。

（3）仪表室二次元件检查。

1）快分开关、转换开关、按钮、继电器等二次元件固定良好、外观无异常、标识正确。

2）快分开关、转换开关、按钮、继电器等二次元件功能正常，动作触点接触良好、切换可靠。

3）二次端子排功能分区、分段合格，外观无异常，接线无松动。

4）状态综合指示仪操控及指示正常，模拟图与实际一次接线方式一致。

（4）辅助及控制回路检查。

1）二次接线清洁，接线紧固，编号完整清晰。

2）二次线固定牢固，无脱落，搭接一次设备可能。

3）手动分、合闸操作，分、合闸指示灯正常。

4）手车实际位置与位置指示灯指示一致。

5）柜内照明正常。

（5）小车室活门检查。

1）活门活动灵活，打开、关闭位置正确。

2）上下活门限位可靠，无限位不返回现象。

3）上下活门传动部位润滑。

4）小车处于工作位置时，小车触臂与活门挡板之间距离满足空气绝缘净距离要求。

（6）断路器五防性能检查。

1）高压开关柜内的接地开关在合位时，小车无法推入工作位置。

2）小车在试验位置合闸后，小车断路器无法推入工作位置。

3）小车拉出后，小车室隔离挡板自动关上，隔离高压带电部分。

4）接地开关合闸后方可打开电缆室后门。

5）小车在工作位置时接地开关无法合闸。

6）带电显示装置显示馈线侧带电时，馈线侧接地开关不能合闸。

7）小车处于试验或检修位置时，才能插上和拔下二次插头。

7.3.16 竣工验收

（1）工作负责人对检修项目关键工序进行复查。

（2）自验收完毕现场应恢复到工作许可时状态。

（3）清理现场后，向运维人员申请验收。

7.4 主要引用标准

（1）Q/GDW 1168《输变电设备状态检修试验规程》

（2）国家电网设备〔2018〕979 号《国家电网公司十八项电网重大反事故措施（修订版）》

避雷器停电例行检修

8.1 适用范围

本典型作业法适用于变电站 35kV 及以上金属氧化物避雷器停电例行检修，主要内容包括：工期查勘、检修准备、检修项目实施、试验、竣工验收等工艺流程及主要质量控制要点。

8.2 施工流程

金属氧化物避雷器停电例行检修施工流程如图 2-8-1 所示。

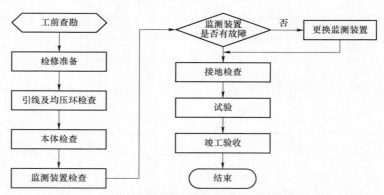

图 2-8-1 金属氧化物避雷器停电例行检修施工流程图

8.3 工艺流程说明及质量关键点控制

8.3.1 工前查勘

在工前由工作负责人组织对检修现场进行查勘，主要为设备状况、停电范围、特种车辆摆放等。

8.3.2 检修准备

（1）技术准备。

1）技术资料收集：投运前资料核实、查阅，如避雷器订货合同及技术条件、出厂及交接试验报告、安装检查及安装过程记录等；检修资料核实、查阅，如检修试验记录、状态评价报告、在线监监测及带电检测数据等。

2）PMS 台账问题收集：待现场核实确定的参数列表，如外绝缘参数、PMS 扩展参数。

3）设备缺陷收集：本体外绝缘、引线及管母、监测装置、接地等部位缺陷。

4）反措及隐患收集：对存在法兰无排水孔、均压环强度不够、压力释放板异常等隐患进行收集。

（2）材料准备。材料明细表见表 2-8-1。

表 2-8-1　　　　　　　　　　　材 料 明 细 表

序号	名称	型号	单位	数量	备注
1	毛刷	3.5寸、5寸	把	各2	
2	面漆	银粉漆	桶	1	5kg装
3	防锈底漆	铁红	桶	1	5kg装
4	监测装置		套	1	
5	无水酒精	500mL	瓶	2	
6	棉纱头	棉质	kg	1	
7	缆风绳		根	3	
8	麻绳		根	若干	足量

（3）工机具准备。工机具明细表见表 2-8-2。

表 2-8-2　　　　　　　　　　工 机 具 明 细 表

序号	名称型号	单位	数量	备注
1	常用工具（各种规格）	套	1	
2	电源盘	个	1	AC 220V
3	力矩扳手	套	1	20~100N
4	电动扳手	套	1	
5	套筒（各种规格）	套	1	
6	手电钻	套	1	$\phi6$、$\phi8$ 钻花各2个
7	高处作业车	台	1	对于 220kV 母线避雷器，采用管母连接，试验前需拆除，视实际工作确定需求
8	吊车	台	1	
9	吊绳	副	2	

（4）仪器仪表准备。仪器仪表明细表见表 2 - 8 - 3。

表 2 - 8 - 3　　　　　　　　　　仪 器 仪 表 明 细 表

序号	名称型号	单位	数量	备注
1	数字绝缘电阻表	个	1	
2	直流高压发生器	套	1	
3	放电计数器测试仪	套	1	
4	测试线	套	1	
5	绝缘测试杆	套	1	
6	回路电阻测试仪	套	1	
7	试验绝缘垫	块	1	

8.3.3　检修项目实施

（1）检修前检查。

1）核实现场安全措施与工作票相符并符合现场实际条件。

2）核实现场存在的危险点及工作中的特殊注意事项，并确保现场工作人员均已知晓。

3）根据现场实际设备，核实所带工器具、备品备件、仪器仪表是否齐全、正确。

4）核实收集的缺陷、隐患等信息是否与现场一致。

（2）引线检查。

1）检查软导线无散股、断股、烧伤，弧垂、对地及相间距离正常。

2）朝上 30°～90° 安装的 400mm² 及以上线夹，应设置 $\phi 6 \sim \phi 8$ 的滴水孔。

3）采用硬母线连接的，应保证管母能自由伸缩，且伸缩线夹、软连接伸缩裕度充足，管母线最底部应设置 $\phi 6 \sim \phi 8$ 的滴水孔。

4）一次接线桩头状态完好，接触面无烧损、过热、变形。

5）对于 220kV 及以下避雷器，由于避雷器试验条件需求，需解开一次引线。对于线路侧避雷器，引线上装设有地线的，解开引线前应用细麻绳将地线固定在引线上，同时不应影响地线与导线间的接触面，防止在拆装引线过程中，地线掉落而导致失去接地保护。每相引线拆完后，用缆风绳一端系在导线上，将引线拉开后固定，引线与避雷器本体保持足够的距离，该距离应满足试验需求。对于 220kV 母线避雷器，避雷器与母线 TV 间存在采用管母线连接情况，同样需要拆除该管母线以保证试验需求。需要高处作业车与吊车进行协同配合，设置缆风绳，防止管母跌落、碰伤设备等。

6）测试接线桩头回路电阻，单个接触面接触电阻小于 $30\mu\Omega$，螺栓紧固力矩合格。220kV 及以下避雷器该步骤在试验结束后、引线或管母回复后进行。

（3）均压环检查。

1）对于 220kV 及以上有均压环的避雷器，均压环支撑件无变形、损伤及锈蚀；对于支撑件与均压环间采用非一体化安装方式的，需进行更换或根据备件有无情况进行检查，确保连接部位完好，如采用铁质抱夹连接的，应检查抱夹有无断裂、锈蚀，防止均压跌落，

图 2-8-2　均压环铁质抱夹连接

如图 2-8-2 所示。

2）均压环无倾斜，表面平整光滑无毛刺。

3）在均压环最低端，应设置 $\phi 6 \sim \phi 8$ 的疏水孔，防止冬天因均压环沙眼等缺陷进水后造成冻裂。对于一体化安装的均压环，也需要设置排水孔。

4）检查均压环各个方向对地和中间法兰间的距离应满足技术标准要求。

5）检查螺栓紧固到位。

（4）本体检查。

1）清扫瓷套或复合外套。

2）检查瓷套伞裙无破损、无放电痕迹，瓷套与法兰胶合部位应防水胶装应完整。

3）对涂覆有防污闪涂料的，检查涂料无缺损、起皮、脱落现象，对于脱落，需进行进一步处理。

4）复合外套绝缘，伞裙应无变形、开裂及变色。

5）压力释放通道检查，应无异物，防护盖无脱落、翘起，安装位置正确。如图 2-8-3 所示为防护盖翘起。

6）检查各接绝缘子法兰排水孔通畅，排水孔位置正确，无堵塞。图 2-8-4（a）所示为利用泄压通道作为输水通道情况，该处被封死，造成法兰积水发展为设备事故。图 2-8-4（b）为排水孔设置错误，上部法兰与下部法兰间采用铁板隔开，上部法兰无排水孔，且下部法兰在上方开孔，易造成雨水从该处进入内部。

7）对于没有外绝缘参数的，测量外绝缘参数，如爬距、干弧距离及伞间距等。

（5）监测装置检查。

1）检查监测装置安装可靠。

图 2-8-3　防护盖翘起

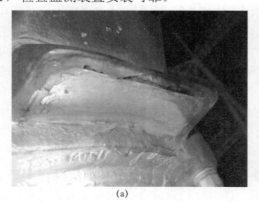

（a）

（b）

图 2-8-4　排水通道问题

（a）疏水通道被堵塞；（b）排水孔设置位置错误

2）监测装置泄漏电流表量程应三相一致并符合相应电压等级需求。

3）监测装置与地面垂直距离不小于 1.8m。避雷器与监测装置之间的接地引下线连接良好，不能阻挡防爆通道。

4）小瓷套无破损，背包密封部位完好，无进水凝露现象，若存在凝露（如图 2-8-5 所示），则进行更换。

5）采用放电计数器测试，测试监测装置功能。根据表计面板选择峰值型模式或有效值型模式进行测量毫安表示值是否准确，并测试动作情况应正常。

图 2-8-5　监视器凝露

（6）接地检查。

1）采用硬质双接地，且接地引下线完好，无截面损失。

2）焊接部位或螺栓连接部位搭接良好，导通良好，截面应满足泄压需求。

（7）其他检查。对于组合电器中 SF_6 绝缘避雷器，检查防爆膜、SF_6 气体压力正常，法兰及外壳完好。

8.3.4　避雷器试验

试验时机选择：根据现场实际工期及天气条件选择试验时机，即在工期紧张或天气即将发生改变造成绝缘试验环境条件被破坏时，应将试验工作提前，以便提前发现设备存在的缺陷或保证测试数据的准确性。

试验要求：试验前，确保外绝缘表面已清洁，环境湿度、温度条件符合试验环境条件要求。

（1）底座绝缘电阻试验。用 2500V 的绝缘电阻表测量，绝缘电阻不小于 100MΩ。

（2）直流 1mA 电压及 $0.75U_{1mA}$ 下的泄漏电流测量。对于 220kV 及以下电压互感器，该试验进行前需拆除引线。对于 500kV 避雷器可不拆引线测试，因其有三节，最上节（第 1 节）试验时，中间节（第 2 节）与最下节（第 3 节）形成串联，在测量直流 1mA 电压时，串联的两节动作电压远高于被试的第 1 节，通过串联两节的电流对第 1 节的影响可以忽略；第 3 节的试验类似。第 2 节测试时将直流高压加在其上法兰，下法兰接微安表，可直接测量其直流 1mA 电压及 $0.75U_{1mA}$ 下的泄漏电流。

（3）试验数据分析。

1）U_{1mA} 初值差不超过±5%且不低于 GB/T 11032《交流无间隙金属氧化物避雷器》规定数值（注意值）。

2）$0.75U_{1mA}$ 泄漏电流初值差不大于 30%或不大于 50μA。

3）测试数据超标时应考虑被试品表面污秽、环境湿度等因素，必要时可对被试品表面进行清洁或干燥处理，在外绝缘表面靠加压端处或靠近被试避雷器接地的部位装设屏蔽环后重新测量。

8.3.5 竣工验收

（1）工作负责人对检修项目关键工序进行复查。

（2）自验收完毕现场应恢复到工作许可时状态。

（3）清理现场后，向运维人员申请验收。

8.4 主要引用标准

Q/GDW 1168《输变电设备状态检修试验规程》

电流互感器停电例行检修

9.1 适用范围

本典型作业法适用于变电站 35kV 及以上电流互感器停电例行检修，主要内容包括：工期查勘、检修准备、检修项目实施、试验、竣工验收等工艺流程及主要质量控制要点，检修项目包括外绝缘、引线、本体、二次接线盒等。

9.2 施工流程

电流互感器停电例行检修施工流程如图 2-9-1 所示。

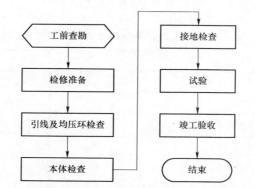

图 2-9-1　电流互感器停电例行检修施工流程图

9.3 工艺流程说明及质量关键点控制

9.3.1 工前查勘

在工前由工作负责人组织对检修现场进行查勘，主要为设备状况、停电范围、特种车辆摆放等。

185

9.3.2　检修准备

（1）技术准备。

1）技术资料收集：投运前资料核实、查阅，如避雷器订货合同及技术条件、出厂及交接试验报告、安装检查及安装过程记录等；检修资料核实、查阅，如检修试验记录、状态评价报告、在线监监测及带电检测数据等。

2）PMS台账问题收集：待现场核实确定的参数列表，如绕组个数、变比等。

3）设备缺陷收集：收集绝缘不良、红外发热、渗漏油（气）、色谱异常等缺陷。

4）反措及隐患收集：对存在异常声响、分流等隐患进行收集。

（2）材料准备。材料明细表见表2-9-1。

表2-9-1　　　　　　　　　材　料　明　细　表

序号	名称	型号	单位	数量	备注
1	毛刷	3.5寸、5寸	把	各2	
2	面漆	银粉漆	桶	1	5kg装
3	防锈底漆	铁红	桶	1	5kg装
4	无水酒精	500mL	瓶	2	
5	棉纱头	棉质	kg	1	
6	SF_6电流互感器管母防鸟罩	—	个	≥6	根据实际条件确定是否需要

（3）工机具准备。工机具明细表见表2-9-2。

表2-9-2　　　　　　　　　工　机　具　明　细　表

序号	名称型号	单位	数量	备注
1	常用工具（各种规格）	套	1	
2	电源盘	个	1	AC 220V
3	力矩扳手	套	1	20~100N
4	电动扳手	套	1	
5	套筒（各种规格）	套	1	
6	手电钻	套	1	$\phi6$、$\phi8$钻花各2个
7	高处作业车	台	1	根据现场实际条件及情况确定是否需要

（4）仪器仪表准备。仪器仪表明细表见表2-9-3。

表2-9-3　　　　　　　　　仪　器　仪　表　明　细　表

序号	名称型号	单位	数量	备注
1	数字绝缘电阻表	个	1	
2	数字化介质损耗因数测试仪	套	1	

序号	名称型号	单位	数量	备注
3	测试线	套	1	
4	绝缘测试杆	套	1	
5	回路电阻测试仪	套	1	
6	试验绝缘垫	块	1	

9.3.3　检修项目实施

（1）检修前检查。

1）核实现场安全措施与工作票相符并符合现场实际条件，与保护班确认二次安全措施到位。

2）核实现场存在的危险点及工作中的特殊注意事项，并确保现场工作人员均已知晓。

3）根据现场实际设备，核实所带工器具、备品备件、仪器仪表是否齐全、正确。

4）核实收集的缺陷、隐患等信息是否与现场一致。

（2）引线检查。

1）检查软导线无散股、断股、烧伤，弧垂、对地及相间距离正常。

2）朝上 30°～90° 安装的 400mm² 及以上线夹，应设置 $\phi6$～$\phi8$ 的滴水孔。

3）采用硬母线连接的，应保证管母能自由伸缩，且伸缩线夹、软连接伸缩裕度充足，管母线最底部应设置 $\phi6$～$\phi8$ 的滴水孔。

4）一次接线桩头状态完好，接触面无烧损、过热、变形。

5）测试接线桩头回路电阻，单个接触面接触电阻小于 $30\mu\Omega$，螺栓紧固力矩合格。

（3）均压环检查。

1）对于 500kV 端部有均压环的 SF_6 绝缘电流互感器，均压环支撑件无变形、损伤及锈蚀。

2）均压环无倾斜，表面平整光滑无毛刺。

3）在均压环最低端，应设置 $\phi6$～$\phi8$ 的疏水孔，防止冬天因均压环沙眼等缺陷进水后造成冻裂。对于一体化安装的均压环，也需要设置排水孔。

4）检查螺栓紧固到位。

（4）本体检查。

1）清扫瓷套或复合外套。

2）检查瓷套伞裙无破损、无放电痕迹，瓷套与法兰胶合部位应防水胶装应完整。

3）对涂覆有防污闪涂料的，检查涂料无缺损、起皮、脱落现象，对于脱落，需进行进一步处理。

4）复合外套绝缘，伞裙应无变形、开裂及变色。

5）对于没有外绝缘参数的，测量外绝缘参数，如爬距、干弧距离及伞间距等。

6）对 SF_6 绝缘电流互感器，检查顶部防爆膜状态，有无积水、锈蚀，并进行除锈防腐处理。

7）对 SF_6 绝缘电流互感器，检查 SF_6 压力应正常，对有截止阀的接头，应检查阀门处于开启状态，室外的 SF$_6$ 密度表应加装防雨罩。

8）对于 SF$_6$ 绝缘电流互感器，中空的一次导电杆贯通 TA，易发生鸟类筑巢并造成设备事故的隐患，需对其进行封堵，并保证散热及通风性能。如图 2-9-2 所示。

图 2-9-2　SF$_6$ 绝缘电流互感器一次导电杆封堵

9）对于 SF$_6$ 绝缘电流互感器，应检查一次引线间、引线与壳体间相关间隙、绝缘距离正常，防止搭接分流造成事故，如图 2-9-3 所示。

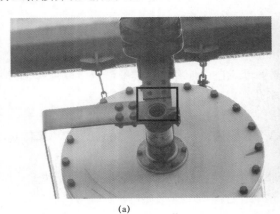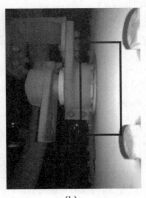

(a)　　　　　　　　　　(b)

图 2-9-3　分流隐患

（a）一次接线间距离不足；（b）一次接线与壳体搭接

10）SF$_6$ 互感器检查一次导电杆与本体间密封小法兰螺栓紧固到位，如图 2-9-4 所示。

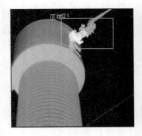

图 2-9-4　小法兰螺栓松动造成发热

11）检查串并联排安装正确，无松动等异常现象。

12）油浸式电流感器检查油位正常，在最大最小值之间，油位观察窗清晰无老化，膨胀器无裂纹，对严重锈蚀、观察窗破损、老化不清的膨胀器外罩进行更换。

13）检查油浸式电流互感器膨胀器内用于运输时临时防护的支架已拆除，保证膨胀器自由伸缩，如图 2－9－5 所示。

图 2－9－5　拆除临时防护支架

14）检查油浸式电流互感器一次接线端子处受力情况，避免发生端子受到额外应力造成桩头漏油。

15）检查正立式油浸式电流互感器等电位线应连接可靠。

16）检查串并联排正常。

17）检查油浸式互感器二次接线盒封堵完好，接线端子无渗漏油，端子与柱头连接紧固。

18）对电容型绝缘结构油浸式电流互感器，应检查其末屏接地是否可靠，并确保末屏接地的截面和强度。

（5）接地检查。

1）采用硬质双接地，且接地引下线完好，无截面损失。

2）焊接部位或螺栓连接部位搭接良好，导通良好，截面应满足泄压需求。

（6）其他检查

1）对于组合电器中 SF_6 绝缘电流互感器 SF_6 气体压力正常，法兰及外壳完好。

2）气体绝缘电流互感器校验 SF_6 密度继电器的整定值，对带有截止阀的 SF_6 表计，可采用物理放气方式核对是否能正常发出 SF_6 气压低信号，试验后确保截止阀处于打开位置。

3）干式电流互感器各部位应无漏胶裂纹现象。

4）构支架检查，无开裂、锈蚀现象，基础无沉降。

9.3.4　油浸式电流互感器试验

试验时机选择：根据现场实际工期及天气条件选择试验时机，即在工期紧张或天气即将发生改变造成绝缘试验环境条件被破坏时，应将试验工作提前，以便提前发现设备存在的缺陷或保证测试数据的准确性。

试验要求：试验前，确保外绝缘表面已清洁，环境湿度、温度条件符合试验环境条件要求。

（1）油中溶解气体分析。对可进行取油样分析的电流互感器，可进行油中溶解气体分析，对厂家技术文件中规定禁止取油样的电流互感器，例行检修项目中不做要求。

（2）绝缘电阻试验。

1）测量互感器一次绕组对地绝缘电阻，应大于 3000MΩ，或与上次试验相比无明显变化。

2）测量电容型互感器末屏绝缘电阻，应大于 1000MΩ。

（3）介质损耗因素测量。测量前确认外绝缘表面清洁、干燥，试验结果应满足试验规程要求。

（4）SF_6 气体湿度检测。条件具备时，对 SF_6 气体绝缘电流互感器进行气体湿度检测，应小于 500μL/L。

9.3.5　竣工验收

（1）工作负责人对检修项目关键工序进行复查。

（2）自验收完毕现场应恢复到工作许可时状态。

（3）清理现场后，向运维人员申请验收。

9.4　主要引用标准

Q/GDW 1168《输变电设备状态检修试验规程》

10

电压互感器、耦合电容器停电例行检修

10.1　适用范围

本典型作业法适用于变电站 35kV 及以上电压互感器及耦合电容器停电例行检修，主要内容包括：工期查勘、检修准备、检修项目实施、试验、竣工验收等工艺流程及主要质量控制要点，检修项目包括外绝缘、引线、本体、二次接线盒等。

10.2　施工流程

电压互感器及耦合电容器停电例行检修施工流程如图 2-10-1 所示。

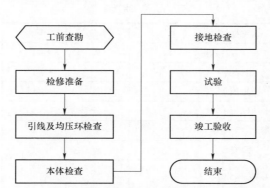

图 2-10-1　电压互感器及耦合电容器停电例行检修施工流程图

10.3　工艺流程说明及质量关键点控制

10.3.1　工前查勘

在工前由工作负责人组织对检修现场进行查勘，主要为设备状况、停电范围、特种车辆摆放等。

10.3.2 检修准备

（1）技术准备。

1）技术资料收集：投运前资料核实、查阅，如避雷器订货合同及技术条件、出厂及交接试验报告、安装检查及安装过程记录等；检修资料核实、查阅，如检修试验记录、状态评价报告、在线监监测及带电检测数据等。

2）PMS 台账问题收集：待现场核实确定的参数列表，如绕组个数、变比、电容量等。

3）设备缺陷收集：收集绝缘不良、红外发热、渗漏油（气）、色谱异常等缺陷。

4）反措及隐患收集：对存在异常声响、渗漏油等隐患进行收集。

（2）材料准备。材料明细表见表 2－10－1。

表 2－10－1　　　　　　　　　材 料 明 细 表

序号	名称	型号	单位	数量	备注
1	毛刷	3.5 寸、5 寸	把	各 2	
2	面漆	银粉漆	桶	1	5kg 装
3	防锈底漆	铁红	桶	1	5kg 装
4	无水酒精	500mL	瓶	2	
5	棉纱头	棉质	kg	1	

（3）工机具准备。工机具明细表见表 2－10－2。

表 2－10－2　　　　　　　　　工 机 具 明 细 表

序号	名称型号	单位	数量	备注
1	常用工具（各种规格）	套	1	
2	电源盘	个	1	AC 220V
3	力矩扳手	套	1	20～100N
4	电动扳手	套	1	
5	套筒（各种规格）	套	1	
6	手电钻	套	1	$\phi6$、$\phi8$ 钻花各 2 个
7	高处作业车	台	1	根据现场实际条件及情况确定是否需要

（4）仪器仪表准备。仪器仪表明细表见表 2－10－3。

表 2－10－3　　　　　　　　　仪 器 仪 表 明 细 表

序号	名称型号	单位	数量	备注
1	数字绝缘电阻表	个	1	
2	数字化介质损耗因数测试仪	套	1	
3	测试线	套	1	
4	绝缘测试杆	套	1	

序号	名称型号	单位	数量	备注
5	回路电阻测试仪	套	1	
6	试验绝缘垫	块	1	

10.3.3　检修项目实施

（1）检修前检查。

1）核实现场安全措施与工作票相符并符合现场实际条件，与保护班确认二次安全措施到位。尤其需注意电压互感器二次侧快分开关应断开，防止二次侧返送电压，除采用目视快分开关断开外，还应用万用表量取空气开关上下两侧电压，规避快分开关故障导致实际并未断开电源的风险。

2）核实现场存在的危险点及工作中的特殊注意事项，并确保现场工作人员均已知晓。

3）根据现场实际设备，核实所带工器具、备品备件、仪器仪表是否齐全、正确。

4）核实收集的缺陷、隐患等信息是否与现场一致。

（2）引线检查。

1）检查软导线无散股、断股、烧伤，弧垂、对地及相间距离正常。

2）朝上 30°～90° 安装的 400mm² 及以上线夹，应设置 $\phi6～\phi8$ 的滴水孔。

3）采用硬母线连接的，应保证管母能自由伸缩，且伸缩线夹、软连接伸缩裕度充足，管母线最底部应设置 $\phi6～\phi8$ 的滴水孔。

4）一次接线桩头状态完好，接触面无烧损、过热、变形。

5）测试接线桩头回路电阻，单个接触面接触电阻小于 $30\mu\Omega$，螺栓紧固力矩合格。

（3）均压环检查。

1）对于 500kV 顶部有均压环的电容式电压互感器，均压环支撑件无变形、损伤及锈蚀。

2）均压环无倾斜，表面平整光滑无毛刺。

3）在均压环最低端，应设置 $\phi6～\phi8$ 的疏水孔，防止冬天因均压环沙眼等缺陷进水后造成冻裂。对于一体化安装的均压环，也需要设置排水孔。

4）检查螺栓紧固到位。

（4）本体检查。

1）清扫瓷套或复合外套。

2）检查瓷套伞裙无破损、无放电痕迹，瓷套与法兰胶合部位应防水胶装应完整。

3）对涂覆有防污闪涂料的，检查涂料无缺损、起皮、脱落现象，对于脱落，需进行进一步处理。

4）复合外套绝缘，伞裙应无变形、开裂及变色。

5）对于没有外绝缘参数的，测量外绝缘参数，如爬距、干弧距离及伞间距等。

6）检查电压互感器及耦合电容器无外观无渗漏油痕迹。

7）对油浸电磁式电压互感器及电容式电压互感器，检查油位正常，在最大最小值之间，油浸电磁式电压互感器顶部油位观察窗清晰无老化，膨胀器无裂纹，对严重锈蚀、观察窗破损、老化不清的膨胀器外罩进行更换。

8）检查油浸电磁式电压互感器膨胀器内用于运输时临时防护的支架已拆除，保证膨胀器自由伸缩。

9）检查油浸电磁式电压互感器一次接线端子处受力情况，避免发生端子受到额外应力造成桩头漏油。

10）检查电压互感器二次接线盒封堵完好，接线端子无渗漏油，端子与柱头连接紧固。

11）检查电容式电压互感器及耦合电容器末屏、电磁式电压互感器一次绕组尾端（X）接地可靠、无放电痕迹，并确保接地线的截面积和强度。对同时作为高频通道耦合电容的CVT，在高频通道更换为光纤且结合滤波器拆除后，应将中压电容末端由经过结合滤波器后接地改为直接接地。电压互感器原理结构示意图如图2-10-2所示。

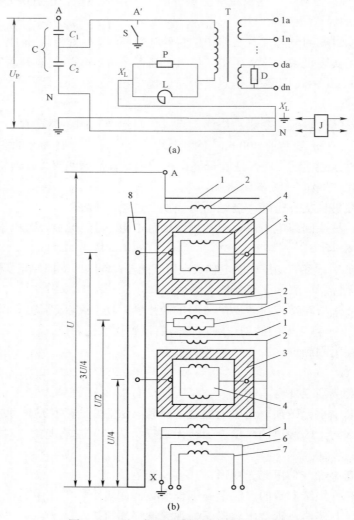

图2-10-2 电压互感器原理结构示意图

（a）电容式；（b）串级式

1—静电屏蔽层；2——次绕组（高压）；3—铁芯；4—平面绕组；5—耦合绕组；6—二次绕组；7—剩余二次绕组；8—支架

12）检查电容式电压互感器末屏及电磁单元、电磁式电压互感器一次绕组尾端无渗漏，二次接线桩头处无渗漏油现象，二次引线无松动、无转动、无破损及断裂现象，二次接线盒封堵完好。

13）检查电容式电压互感器电磁单元无渗漏油痕迹，排气孔密封完好，无进水迹象。

14）检查耦合电容器二次引出线与结合滤波器间连接的二次线完好，且与二者连接紧固。耦合电容器与结合滤波器连接结构如图 2-10-3 所示。

图 2-10-3　耦合电容器与结合滤波器连接结构

15）检查 SF_6 气体绝缘电压互感器压力正常，表计接头阀门处于打开状态，户外表计有防雨罩；有防爆膜的电压互感器气室，应检查防爆膜完好。

（5）接地检查。

1）采用硬质双接地，且接地引下线完好，无截面损失。

2）焊接部位或螺栓连接部位搭接良好，导通良好，截面应满足泄压需求。

（6）其他检查。构支架检查，无开裂、无锈蚀现象，基础无沉降。

10.3.4　试验

试验时机选择：根据现场实际工期及天气条件选择试验时机，即在工期紧张或天气即将发生改变造成绝缘试验环境条件被破坏时，应将试验工作提前，以便提前发现设备存在的缺陷或保证测试数据的准确性。

试验要求：试验前，确保外绝缘表面已清洁，环境湿度、温度条件符合试验环境条件要求。

（1）电磁式电压互感器试验。对电磁式电压互感器进行绕组绝缘电阻、介质损耗因素及油中溶解气体分析等例行试样项目。其中绝缘电阻测量一次绕组用 2500V 绝缘电阻表，二次绕组采用 1000V 绝缘电阻表，测量时非被测绕组应接地。

（2）电容式电压互感器试验。对电容式电压互感器进行分压电容电容量、极间绝缘电阻、介质损耗因数及二次绕组绝缘电阻测试。在测量电容量时宜同时测量介质损耗因数，多节串联的，应分节独立测量。

（3）SF$_6$气体湿度检测。条件具备时，对 SF$_6$ 气体绝缘电磁式电压互感器进行气室内 SF$_6$气体湿度检测，应小于 500μL/L。

10.3.5　竣工验收

（1）工作负责人对检修项目关键工序进行复查。

（2）自验收完毕现场应恢复到工作许可时状态。

（3）清理现场后，向运维人员申请验收。

10.4　主要引用标准

Q/GDW 1168《输变电设备状态检修试验规程》

第3篇 典型作业法缺陷消除

1

断路器液压机构打压频繁

1.1 适用范围

本典型作业法适用于 40.5～550kV 断路器液压机构打压频繁缺陷治理。

1.2 施工流程

断路器液压机构打压频繁处置流程如图 3－1－1 所示。

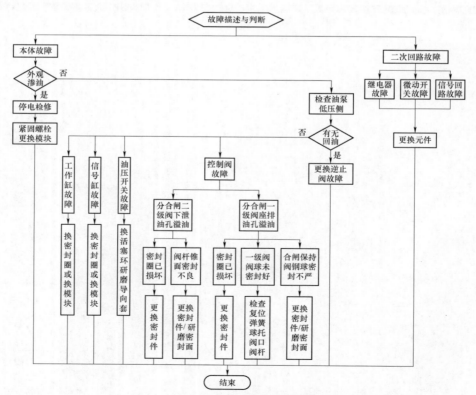

图 3－1－1 断路器液压机构打压频繁处置流程图

1.3　工艺流程说明及质量关键点控制

1.3.1　故障描述

　　液压机构在正常运行时，配置油泵为机构维持常高压状态补充压力，通过综自后台报文可以统计打压 24h 内打压次数。通常说的打压频繁值是 24h 内液压机构启动油泵次数。

1.3.2　故障诊断

　　一般油泵每天启动 1～2 次打压是属于正常范围（厂家有明确规定的按厂家标准执行），根据季节不同存在差异，打压次数略有不同，当打压次数每天超过 5 次时应引起注意，对设备加强监测，如果同时还有增长趋势，应尽快安排停电检修或带电故障处理，若问题严重，几十分钟甚至十几分钟打压一次应注意常压油箱油面，做好事故预想及倒闸方案，尽快报修解决。

1.3.3　原因分析

　　定期过滤、油质干燥处理、更换变质的航空液压油会大大降低打压频繁故障发生的概率。打压频繁的原因大致可以分为两类：二次故障和本体故障，其中本体故障又可以分为内部故障和外部故障。

1.3.4　二次故障

1.3.4.1　继电器故障

　　热继电器选择不合理或损坏卡涩等因素，导致打压过程中多次接触又返回，反复动作，后台发打压频繁信号。

1.3.4.2　微动开关故障

　　微动开关控制油泵启停有两种方式：① 通过两个微动开关之间的行程间隙带来的压力差来实现油泵启停控制；② 通过一个微动开关动作后到返回的惯性间隙带来的压力差来实现油泵启停控制。当微动开关整定不正确或接点存在卡涩、粘连时容易导致打压频繁故障发生。

1.3.4.3　信号回路故障

　　如监测模块中控制油泵启动和停止的接点出现故障；或者长时间投运后相关触点变形、受潮、氧化变质，失去原有弹性，在压力下降至油泵启动值临界时，受环境温度变化或外界振动等因素影响，触点闭合后快速返回，如此反复，造成频繁打压；信号电缆或设备自身的相间连接电缆的信号线受交流电源干扰，在后台机上出现频繁打压的信号。

1.3.5　本体故障

1.3.5.1　外部故障

　　（1）外部渗漏导致机构压力偏低，在每次打压结束后，压力逐渐下降至电动机启动触点动作值，而使得电动机再次启动补压，外部渗漏一般在高压油管、压力表、管道接头、信号缸、储压桶以及各模块连接密封面等渗油，通常因为密封面松动、磨损等因素导致；高放阀未关严或损坏关不严，压力缓慢释放导致油泵频繁打压。

（2）昼夜温差大，油压不稳定，如白天温度高，夜间温度逐渐降低，降低过程中要不断地启动油泵补充压力，夜间打压后白天温度逐步升高。

（3）当环境温度快速上升时油压也随之上升，当油压上升到一定值时，安全阀动作，由于安全阀内长期受高压油作用，一旦安全阀打开就需要建立一个新的平衡点使其完全关闭（弹簧复位），而且此时的平衡状态并不稳定，容易被变动的油压所破坏，在此过程中油泵会频繁启动。

（4）液压弹簧机构受环境温度影响比氮气储能的设备温度影响要小。

1.3.5.2　内部故障

（1）内部密封不严，高压油路向低压油路渗漏，使油压无法正常保持，引发机构频繁打压。

（2）油中存在杂质，引起阀门或活塞卡塞，密封圈位置错位，造成高压油路向低压油路渗漏。

（3）混进的杂质异物浸到相互运动零部件的配合间隙里，使得相互运动零部件磨损或形成间隙，从而造成相互运动部件配合不到位而引起打压频繁。

（4）油中含有气体，尤其是气泡进入油泵内，快速打压结束瞬间气体被压缩从而达到停止压力，当停止打压后被压缩的气体会恢复，行程开关会很快地降低至与启动打压值非常接近的位置，从而产生反复打压现象。

（5）逆止阀损坏，逆止阀内部因弹簧疲劳未能及时复位或因金属碎屑划伤密封面导致关合不严。

1.4　处置措施

发生打压频繁后应先排除二次故障再处理本体故障，先排除外部故障再处理内部故障，先排除气排和非金属的影响再处理金属杂质磨损故障。内部渗漏通常需要停电处理，停电后先对断路器进行滤油再分合闸操作几次再滤油，测试预压力并进行保压试验检查打压频率是否下降。

1.4.1　排除二次故障

后台显示打压频繁的报文后，人员应在现场核对设备的状态，检查油泵启停泵值是否准确，微动开关动作是否正确，继电器吸合是否正确，确定二次回路无故障，测控装置无误发信。

如果二次元器件存在故障，则应更换相应的二次元件，信号回路故障处理可以在运行状态下进行。

1.4.2　排除外部故障

（1）外部渗漏导致频繁打压。应观察机构箱内部是否有油迹，一般高压油路渗漏导致打压频繁，泄漏点会明显，检测高压油管、压力表、管道接头、信号缸、储压桶以及各模块连接密封面等是否存在渗漏油的现象；如果没有明显渗漏点，再仔细听机构是否存在内部泄压的声音，检查高压放油阀是否已经紧固到位，针对高压油管或高压油密封面渗漏应申请停电并将液压压力泄放至零压后进行螺栓紧固、密封面处理以及模块组件更换。

工作缸大多设计为组合密封，活塞杆上下运动，并且该处的组合密封采用矩形密封圈加挡圈的组合，全部靠矩形密封圈进行密封，此结构比较容易漏油，将下螺母部位解体后，采用金属密封的结构如果不平则必须磨平后再装，因为下螺母是对分闸缓冲套进行支撑，保证分闸垂直到位而不偏斜，一般利用管接头压紫铜垫进行密封，如果漏油，拆下后，必须更换紫铜垫。

（2）温度变化导致频繁打压。昼夜温差大，导致油压不稳定应注意检查机构箱内温湿度控制系统是否存在故障，加热板是否能正常工作，功率是否满足要求，温湿度控制器工作是否正常，参数整定是否正确。

（3）压力释放阀整定不当导致频繁打压。由于安全阀内长期受高压油作用，一旦安全阀打开就需要建立一个新的平衡点使其完全关闭（弹簧复位），而且此时的平衡状态并不稳定，导致频繁打压，应重新整定压力释放阀动作值或调整油泵启停泵压力值，确保在机构箱体内油温不大于 70℃ 时，箱体内部压力不能启动压力释放阀。

1.4.3　内部故障排除

断路器处于合闸位置时分闸位置一级阀和工作缸活塞下方处于高油压状态，合闸一级阀处于低油压状态，当断路器处于分闸位置时状态相反。工作缸活塞上方、压力组件、信号缸、储压桶、油压表处于常高压状态，可以通过切换断路器分合闸位置再进行保压试验大致判断渗漏位置。

（1）控制阀渗油导致频繁打压。控制阀如图 3-1-2 所示。控制阀可能存在外漏油或内漏油，一级阀容易出现小孔喷油现象，原因在于阀座的小孔（直径 6mm）与倒角不同轴造成格来圈两侧受力不均，局部发生变形；内漏是由于阀座的小孔（直径 6mm）与倒角不同轴造成。由于倒角不好，密封圈进入一侧间隙中，导致阀杆偏心，上下不同轴，导致阀口偏移，造成阀口密封不良、漏油。机构在合闸位置，内漏油多发生在分闸一级阀上，造成频繁打压，若发生小孔喷油，分、合闸一级阀都有可能发生，但机构在分闸位置，小孔喷油多发生在合闸一级阀上。

因空气或其他杂质导致密封圈老化损坏的应将控制阀解体后更换密封件；安装位置不正或金属杂质导致密封面密封不良，阀门带病运转，金属密封面损坏无法修复的应更换整个功能模块。

控制阀在装配前应打在靠边的位置严禁打在中间位置装配，装配后进行试验必须保证油压不能低于预压力+2MPa，在此压力下进行试验，方可避免操作过程中控制阀打到中间位置。

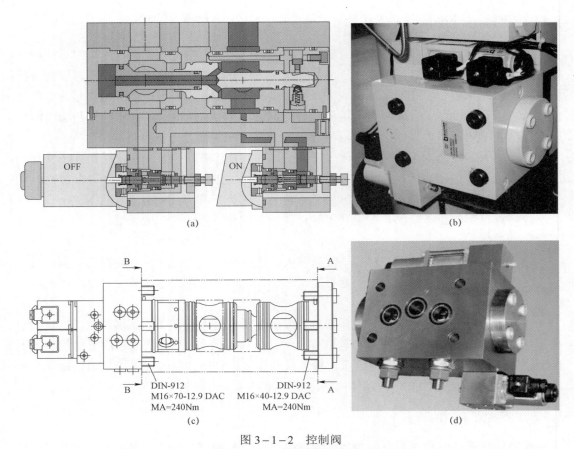

图 3-1-2 控制阀
（a）控制原理；（b）控制阀外观；（c）控制阀内部结构图；（d）控制阀外部结构图

（2）油压开关内漏渗油导致频繁打压。油压开关如图 3-1-3 所示。油压开关内漏是指高压油流向低压区泄漏。油压开关是液压操动机构最关键部件，用来控制油泵起停、分合闸、重合闸闭锁，油压开关结构中配有安全阀，提供过压保护由于储能活塞与活塞缸接触面之间的过分摩擦，极易引起接触面出现划痕和坑孔。在此过程中产生的杂质混入液压油中，导致杂质进入阀口，从而引起高压油内漏，致使油泵频繁打压。活塞往外渗油，检查活塞情况，一般情况下活塞上的白色聚四氟胶圈和安全阀口的白色圆垫片要进行更换，并将活塞与导向套研磨。频繁打压，可能存在油泵启停控制压差小，也可能内部阀垫被铁屑垫住，需更换阀垫。

此类故障分合闸位置均打压频繁，解体前应进行充分的滤油、排气，分合闸操作排除杂质、空气对密封性能的影响；检修前应泄压；元器件安装位置以及二次接线应进行标记；全过程注意清洁卫生防水防潮。

（3）逆止阀损坏导致频繁打压。逆止阀如图 3-1-4 所示。油泵打压时液压油将钢珠推离密封线，打开密封使液压油流进阀系统。当油泵停止打压时，阀内的高压油回流使得钢珠返回密封线将其密封，阻断高压侧的油向低压侧流动，从而起到密封的作用。油泵每次启动打压、停止打压，钢珠都会往复运动，由逆止阀的剖视图看出密封线为一斜坡，钢

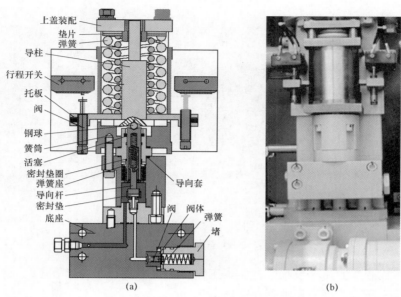

图 3-1-3　油压开关
(a) 内部结构；(b) 实物外观

上盖装配
垫片
弹簧
导柱
行程开关
托板
阀
钢球
簧筒
活塞
密封垫圈
弹簧座
导向杆
密封垫
底座
导向套
阀　阀体
弹簧
堵
(a)　　　　　(b)

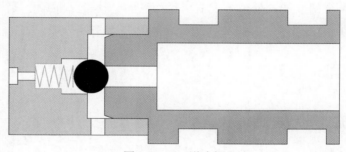

图 3-1-4　逆止阀

珠由运动腔底部返回密封线时会有一个向上的力，钢珠首先接触的是密封线的上部。油泵频繁启动，密封线上部磨损严重，即使钢珠再恢复到正常密封位置时，也不能起到完全密封作用。防震容器内漏还可能是由于装配过程中阀口损坏或钢珠损坏，使该处密封不良，造成液压油从高压侧经逆止阀向低压侧渗漏，导致油压不足，从而引起油泵频繁启动进行打压，针对此类情况应更换逆止阀。

此类故障分合闸位置均打压频繁，严重时可以看到油泵低压油管向本体低压油箱倒灌液压油；检修前应泄压；安装时应注意逆止阀安装的方向。

（4）信号缸活塞渗油导致频繁打压。信号缸如图 3-1-5 所示。信号缸端面矩形圈固定偏，螺栓紧固不均匀，造成端面喷油时应更换胶圈并重新均匀紧固螺栓；齿轮齿条中间渗油，均为两端组合密封损伤导致，需要返厂进行修理；信号缸两端油路，一端为瞬时高压油，一端为常高压油，在运行过程中因密封面磨损、密封圈损坏则常高压油侧有油渗漏至瞬时高压油侧导致频繁打压，此时应更换密封间或整体更换信号缸组件。

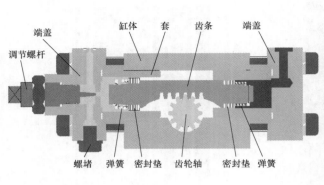

(a) (b)

图 3-1-5 信号缸

(a) 内部结构；(b) 实物

（5）工作缸活塞渗油导致频繁打压。工作缸如图 3-1-6 所示。因液压油存在杂质，工作缸活塞磨损，导致断路器在分闸位置时压力无法保持，出现打压频发故障，渗漏严重渗漏时会影响断路器重合闸性能，处理方式需更换工作缸活塞密封件。

1.5 其他事宜

1.5.1 液压系统排气方法

断路器现场试验前，必须对液压系统进行排气，以排除混入液压油内部的气体，保证断路器机械特性的稳定性以及避免渗漏油。

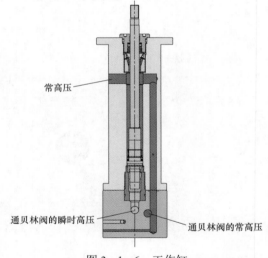

图 3-1-6 工作缸

具体方法如下：

（1）液压机构处于分闸位置，拧掉油气分离器，加油至油标最高油位以上，严禁打压，静置 1h 以上，使油气分离。

（2）打开高压放油阀阀门，启动油泵。在无负荷状态下（高压放油阀开启状态），运行 30s。

（3）关闭高压放油阀阀门，首先检测贮压器预压力。

（4）将油压上升到高于预压力 2MPa 后，打开高压放油阀阀门让油压降到 0MPa，重复进行三次。开始打压如果初期压力升不上去，有可能是因为油泵内的气体没有排除掉。此时，不要运行 30s 以上。多次重复无负荷状态的打压运行。

（5）将工作缸上部排气接头的螺栓拧掉，把排气工具拧入排气接头中，顶开逆止阀，透明塑料管的另一端放入油箱中，然后启动电机打压，排气时间不少于 5min，直到管中无可见气泡及无油流间断为止。

（6）退出排气工具，慢合，使液压系统处于合闸位置，重复"（5）"排气过程。

（7）退出排气工具，拧紧螺栓，分闸，打压至额定压力，通过高压放油阀进行五次高压状态下排气，直到压力为零。

（8）合闸，打压至额定压力，通过高压放油阀进行五次高压状态下排气，至压力为零。

（9）重新运行油泵，让油压上升到额定油压为止，静止 1h 以后即可。

1.5.2　液压系统滤油方法

断路器在运行过程中发生打压频繁，必要时可以在带电运行状态下滤油，如不能解决则必要时可以开展停电滤油。

1.5.2.1　带电滤油的方法

（1）连接管道：用小型滤油机将进油口与放油阀连接，拆除油气分离器再将排油口与低压油箱注油口连接。

（2）打开开关：先打开放油阀，再打开滤油机开始滤油。

（3）将断路器泄压至油泵启动值，边泄压边打压，压力维持在气泵值＋1MPa，持续时间不超过 3min，时间到了后关闭泄压阀。

（4）再持续滤油 10min。

（5）关闭开关：先关闭滤油机，再打开放油阀。

（6）拆除管道：拆除滤油机进油口和排油口管道并安装油气分离器。

1.5.2.2　停电滤油的方法

（1）连接管道：用小型滤油机将进油口与放油阀连接，再将排油口与低压油箱注油口连接。

（2）打开开关：先打开放油阀，再打开滤油机开始滤油。

（3）将断路器泄压至油泵启动值，边泄压边打压，压力维持在气泵值＋1MPa，持续时间不超过 3min，时间到了后关闭泄压阀。

（4）断路器分合闸循环操作 2 次。

（5）再持续滤油 10min。

（6）关闭开关：先关闭滤油机，再打开放油阀。

（7）拆除管道：拆除滤油机进油口和排油口管道并安装油气分离器。

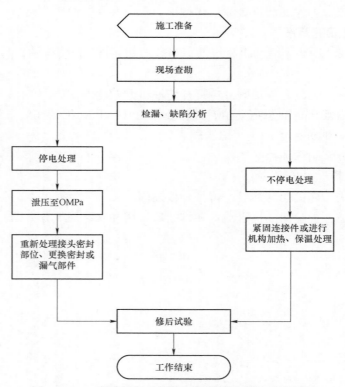

2 断路器气动机构打压频繁

2.1 适用范围

本典型作业法适用于 110kV 及以上 LW 型断路器气动机构打压频繁缺陷处理。

2.2 施工流程

断路器气动机构打压频繁缺陷处理流程如图 3-2-1 所示。

图 3-2-1 断路器气动机构打压频繁缺陷处理流程图

2.3　工艺流程说明及质量关键点控制

2.3.1　故障描述

通过综自后台报文可以统计打压 24h 内打压次数。通常说的打压频繁值是 24h 内气动机构启动空压机次数。

2.3.2　故障诊断

（1）打开机构箱门，检查是否存在明显漏气声。

（2）将机构储气罐泄压阀打开进行放气，放至起泵值后停止，检查机构建压情况。检查起泵值与停泵值差值是否为 0.1，判断起停泵压力开关触点是否正常。

（3）用肥皂泡对机构内部空气系统进行检漏，观察是否有明显漏气点。

（4）当用肥皂泡检漏效果不明显时，进行 SF_6 检漏。将储气罐泄压阀打开放气至机构起泵，同时将 SF_6 气体通过管道充入空压机过滤器，随之充气至机构储气罐。为使 SF_6 均匀充入三相罐体内，宜将三相罐体轮流放气，使罐内气体流通。充气后，用 SF_6 检漏仪对机构空气系统组件进行检漏。

2.3.3　处理方法

2.3.3.1　排水阀漏气

首先拧紧排水阀门，如果无法拧紧或拧紧后依然漏气，那么在空间允许的情况下，可以串接 1 个排水阀，多增加一道密封防线。若漏气为排水阀与储气罐连接面，则紧固排水阀固定螺母。当紧固固定螺母无效或无法串接排水阀时，则申请停电处理，将储气罐泄压至 0MPa，进行排水阀更换或重新进行连接面密封处理。

2.3.3.2　逆止阀漏气

关闭逆止阀与储气罐之间的截止阀，拆除空压机与逆止阀之间的连接管道，拆下逆止阀进行更换。若逆止阀与储气罐间无截止阀装配，则需申请停电，将储气罐泄压至 0MPa，进行逆止阀更换。

2.3.3.3　空气压力表漏气

若接头处漏气，则利用扳手紧固接头螺栓，若漏气仍然存在，则需停电处理，将储气罐泄压至 0MPa，清除接头处杂质，重新拧紧接头，或更换接头。若压力表内部密封不良漏气，则需停电进行压力表更换。

2.3.3.4　分闸控制阀漏气

分闸控制阀漏气有两种情况：一是分闸控制阀底座平面密封不严漏气，可通过肥皂泡或 SF_6 气体检漏法对阀座底部四周进行检漏。二是分闸控制阀阀体密封不严漏气，因密封面在阀体内部，只能通过 SF_6 气体检漏，用检漏仪靠近阀体顶部阀口或消音座处检测。当分闸控制阀底座平面密封不良时，申请停电处理，将分闸阀拆除，更换平面密封垫。当分闸控制阀阀体密封不良时，应申请停电处理，拆除分闸阀进行解体，更换阀体 O 形密封圈。

当分闸阀阀芯与阀腔金属件存在磨损时，应对分闸阀进行整体更换。

当分闸控制阀底座平面密封因老化严重，热胀冷缩裕度变化较大导致漏气时，若短时无法停电，可通过对机构内部加热或对机构保温等措施，改善机构运行环境来降低平面密封冷缩量，提供密封性。

2.3.3.5 安全阀漏气

检测为安全阀接头漏气时，可对接头固定部位进行紧固处理。当漏气为安全阀本体或接头漏气紧固无效时应申请停电处理，将储气罐泄压至 0MPa，进行安全阀更换，重新对接头部位进行密封处理。

2.3.3.6 空气压力管道接头漏气

紧固漏气连接处，若仍有渗漏，应申请停电处理，将储气罐泄压至 0MPa，清洁接头部位，去除毛刺，对接头螺纹包扎生料带进行密封紧固。

2.3.3.7 空气压力开关漏气

空气压力开关内部金属密封不良时，会导致漏气。空气压力开关漏气时，应申请停电处理，将储气罐泄压至 0MPa，更换压力开关，应注意压力开关型号参数与功能接点相匹配。

2.4 修后试验

（1）检漏试验。漏气点处理后，用肥皂水对处理部位进行检漏，应无渗漏。肥皂水检漏如图 3-2-2 所示。

图 3-2-2 肥皂水检漏

（2）保压试验。停电处理的漏气缺陷，应在检修结束后进行 24h 保压试验，气体压力值下降不应超过额定压力值的 10%。

（3）压力整定值调整测试。进行压力开关更换后，应进行相应压力开关整定值校验。

3

断路器弹簧机构机械特性不合格处置

3.1 适用范围

本典型作业法适用于 40.5kV 及以上断路器弹簧机构机械特性不合格调试。

3.2 施工流程

断路器弹簧机构机械特性不合格调试流程图如图 3-3-1 所示。

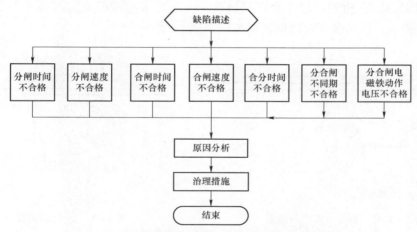

图 3-3-1 断路器弹簧机构机械特性不合格调试流程图

3.3 工艺流程说明及质量关键点控制

3.3.1 分闸时间不合格

3.3.1.1 缺陷描述
分闸时间不合格。

3.3.1.2　原因分析

（1）分闸电磁铁与动铁芯间隙不合适。

（2）超程或行程不满足要求。

（3）分闸弹簧疲劳或分闸缓冲器受损，此时分闸速度也不合格。

3.3.1.3　治理措施

按照厂家技术要求，对分闸电磁铁、机构输出主轴和水平连杆、分闸弹簧或分闸缓冲器进行调整。

（1）在可调范围内分闸电磁铁与动铁芯间隙增大，分闸时间增大，反之缩短间隙，分闸时间减小。当调整了间隙后，动作电压也发生了变化，应对断路器动作电压进行复测。

（2）触头超行程测量方法如下：触头超行程＝合闸位置－刚合位置，如果断路器提升杆有外露，则直接测量提升杆合位与刚合位的位置差，如果断路器提升杆没有外露，可采用间接换算方式进行测量，以平高产 LW35－126 型断路器为例说明触头超行程间接测量及调整方法。用撬杆插在手动拐臂 A 极断路器本体的传动轴上进行本体慢分慢合操作，并用简易灯泡回路或万用表电阻挡分别连接断路器各相上下接线板检测接通情况，确定刚合位置，假设刚合位置接通时测量其相对应的距离为 L_1，L_3-L_1（如图 3－3－2 和图 3－3－3 所示）的差值乘以系数 1.52（此系数为内拐臂与传动拐臂臂长之比）即为触头超行程。如果三相触头超行程均不合格或是 B 相触头超行程不合格时，则调整断路器本体和机构连接的输出主轴垂直可调拉杆长度，缩短垂直可调拉杆可减少超程，延长垂直可调拉杆可增大超程。若仅是 A、C 相超行程不合格需调整，可根据实际情况分别调整水平四连杆（如图 3－3－4 所示）的长度至合适位置即可。

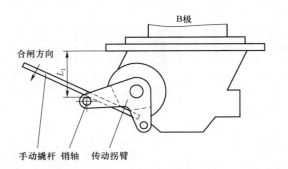

图 3－3－2　刚合点位置的测量

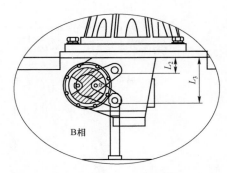

图 3－3－3　行程测量

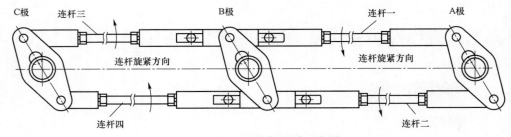

图 3－3－4　四连杆调整示意图

　　LW35-126型断路器触头行程测量方法如下：触头行程=合闸位置-分闸位置，由于触头在本体内部，故采用间接换算方式进行测量，通过对断路器进行慢分慢合操作，按图3-3-3所示方法测量断路器分别位于合闸和分闸位置时的尺寸，L_3-L_2的差值乘以1.52（此系数为内拐臂与传动拐臂臂长之比）即为断路器行程 s。如果断路器行程 s 不满足标准要求，则旋转断路器本体和机构连接的垂直调节接头和水平四连杆调整接头进行调整。

　　（3）分闸弹簧疲劳或分闸缓冲器调整参考"分闸速度不合格"治理措施。

3.3.2　分闸速度不合格

3.3.2.1　缺陷描述

　　分闸速度不合格。

3.3.2.2　原因分析

　　（1）分闸弹簧疲劳。分闸弹簧弹性系数 k 长时间运行后弹性系数 k 降低。

　　（2）分闸缓冲器受损。分闸缓冲器性能是影响分闸速度的另一个因素，当活塞的截面确定后，影响缓冲器性能的主要因素是油的黏度和活塞行程，当排油截面一定时，油的黏度越大、活塞行程越长，则缓冲能力就越大。

　　（3）分闸时间不合格。超程或行程不满足要求、分闸电磁铁与动铁芯间隙不合适。

3.3.2.3　治理措施

　　按照厂家技术要求，对分闸弹簧或分闸缓冲器、机构输出轴主、水平连杆和分闸电磁铁进行调整。

　　（1）在厂家生产装配范围内通过调整分闸弹簧压缩量来调整分闸速度。由于弹簧弹性系数 k 是固定的，因此仅考虑弹簧压缩量对分闸速度的影响。分闸弹簧压缩量越大，分闸速度越大，但分闸弹簧压缩量必须符合所配型号断路器的生产装配要求。

　　（2）用不同黏度的分闸缓冲器油可以调整断路器的分闸速度，分闸缓冲器油的黏度越大，分闸速度越小，反之越大。另外要检查缓冲器的油位是否正常，缺油应予以补充。

　　（3）超程或行程测量与调整、分闸电磁铁与动铁芯间隙检查与调整，参考"3.3.1 分闸时间不合格"时的处理措施。

3.3.3　合闸时间不合格

3.3.3.1　缺陷描述

　　合闸时间不合格。

3.3.3.2　原因分析

　　（1）合闸电磁铁与动铁芯间隙不合适。

　　（2）超程或行程不满足要求。

　　（3）合闸弹簧疲劳或合闸缓冲器受损、分闸弹簧拉紧力过大，此时合闸速度也不合格。

3.3.3.3　治理措施

　　按照厂家技术要求，对合闸电磁铁与动铁芯间隙、超程或行程（调节机构输出主轴和水平连杆）、合闸弹簧长度或合闸缓冲器油品油位、分闸弹簧长度进行调整。

3.3.4 合闸速度不合格

3.3.4.1 缺陷描述

合闸速度不合格。

3.3.4.2 原因分析

（1）合闸弹簧疲劳。合闸弹簧弹性系数 k 长时间运行后弹性系数 k 降低。

（2）分闸弹簧拉紧力过大。合闸弹簧在断路器合闸操作后储能，同时给分闸弹簧储能，分闸弹簧充当了缓冲器作用，如果分闸弹簧拉紧力过大，缓冲能力越大，合闸速度越小。

（3）合闸缓冲器受损。

（4）合闸时间不合格：超程或行程不满足要求、合闸电磁铁与动铁芯间隙不合适。

3.3.4.3 治理措施

按照厂家技术要求，对合闸弹簧或合闸缓冲器、分闸弹簧、机构输出主轴、水平连杆和分闸电磁铁进行调整。

（1）在厂家生产装配范围内通过调整合闸弹簧（如图3-3-5中的1所示）压缩量可以调整合闸速度。假设需要增大合闸速度，可通过在允许范围内增加合闸弹簧压缩量、减小分闸弹簧（如图3-3-5中的14所示）压缩量来实现。由于断路器合闸后电动机给合闸弹簧储能的同时，也给分闸弹簧储能，所以调试时应先调整分闸弹簧，再调整合闸弹簧。

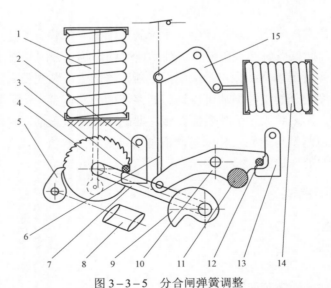

图3-3-5 分合闸弹簧调整

1—合闸弹簧；2—合闸脱扣器；3—合闸止位销；4—棘轮；5—棘爪；6—拉杆；7—转动轴；8—储能电动机；
9—凸轮；10—主拐臂；11—碟子；12—分闸止位销；13—分闸脱扣器；14—分闸弹簧；15—传动拐臂

（2）用不同黏度的合闸缓冲器油可以调整断路器的合闸速度，合闸缓冲器油的黏度越大，合闸速度越小，反之越大。另外要检查缓冲器的油位是否正常，缺油应予以补充。

（3）超程或行程测量与调整、合闸电磁铁与动铁芯间隙检查与调整，参考"合闸时间不合格"时的处理措施。

3.3.5　合分时间不合格

3.3.5.1　缺陷描述
合分时间不合格。

3.3.5.2　原因分析
单分、单合时间不合格。

3.3.5.3　治理措施
按照厂家技术要求，按单分、单合时间不合格的处理措施进行治理。

3.3.6　分合闸不同期不合格

3.3.6.1　缺陷描述
分合闸不同期值不合格。

3.3.6.2　原因分析
（1）三相超程或行程不一致。

（2）分相机构的电磁铁动作时间不一致。

3.3.6.3　治理措施
按照厂家技术要求，对超程或行程（调节机构输出主轴和水平连杆）、分合闸电磁铁与动铁芯间隙、分合闸弹簧预压缩长度进行调整。

3.3.7　分合闸电磁铁动作电压不合格

3.3.7.1　缺陷描述
分合闸电磁铁动作电压不合格。

3.3.7.2　原因分析
（1）电磁铁芯有卡涩。

（2）分合闸电磁铁与动铁芯间隙不满足要求。

3.3.7.3　治理措施
（1）检查电磁铁芯是否灵活，有无卡涩情况。

（2）通过调整分合闸电磁铁与动铁芯间隙的大小来调整动作电压，缩短间隙，动作电压升高，反之降低，如图 3－3－6 所示。如果分合闸电磁铁与动铁芯间隙不能调整，则可更换新的分合闸电磁铁装配。当调整了间隙或更换新电磁铁装配后，应进行断路器分合闸时间测试，防止间隙调整影响其他机械特性参数。

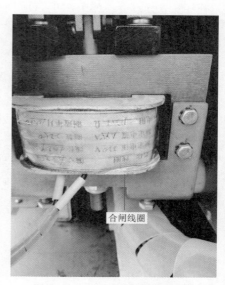

图 3－3－6　合闸线圈间隙调整

213

4

开关柜发热振动缺陷治理处置

4.1 适用范围

本典型作业法适用于 12～40.5kV 高压开关柜发热及振动缺陷治理，主要包括以下内容：针对运行开关柜的发热缺陷（涡流损耗发热、母线室发热、无排风装置或者排风装置结构不合理发热、断路器触头发热及电缆桩头发热）、振动缺陷（进线母线桥振动、开关柜振动）。

4.2 施工流程

开关柜振动及发热缺陷治理流程如图 3－4－1 所示。

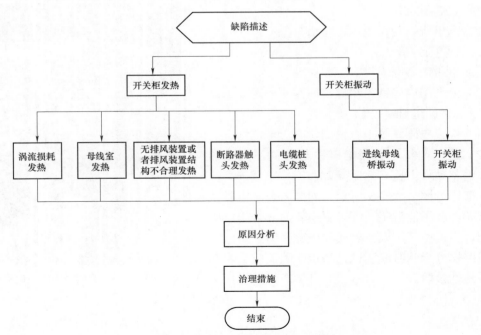

图 3－4－1　开关柜振动及发热缺陷治理流程图

4.3　工艺流程说明及质量关键点控制

4.3.1　涡流损耗发热治理

4.3.1.1　缺陷描述

在开关柜日常运行过程中，在大电流运行的情况下，开关柜的触头盒安装板、母线套管的固定安装板会产生涡流发热，并且会造成柜体振动严重。

4.3.1.2　原因分析

10kV 开关柜柜体、隔室间的隔板及固定金属挡板等磁导率高的零部件在交变磁场作用下产生的损耗称为铁损，在开关柜中主要表现为涡流损耗。开关柜在运行时产生的发热效应中，涡流损耗发热占有较大比例，当导体通过电流时母线室内横向的主母排与竖向的分支排共同作用产生交变磁场，在主母排穿屏套管金属板及柜体内隔板感应出电动势，产生大量的杂散涡流，由于这些金属板都属于导磁材料（普通钢板或者敷铝锌板）且电阻小，在其中产生的环流较大，导致发热严重。通常 10kV 开关柜内涡流发生的主要部位有开关柜主母排间隔板、主母排穿断路器室间隔板、断路器动静触头隔板及主变压器进线隔板，同时涡流发热位置也随开关柜结构调整而变化。当电流小于 2000A 时，涡流的作用并不大，但是当电流大于 2000A 时，涡流的热效应就会很明显。

4.3.1.3　治理措施

重新制作母线室、桥架以及主变压器进线处套管安装板，采用非导磁的 3mm 不锈钢板材料制作，可有效降低因涡流而引起的发热振动；如果将套管之间钢隔板开口，隔断磁路，同样可以解决发热和振动问题，如图 3－4－2 所示。

图 3－4－2　采用不锈钢制作的隔板

4.3.2　开关柜母线室治理

4.3.2.1　缺陷描述

开关柜在运行中，母线室长期通电运行中，巡视过程中经常发现开关柜后上柜门即母线室出现发热情况，后上柜门摸起来发烫；停电打开母线室时，热缩套管大片的爆裂，母排搭接处的绝缘盒子全部爆裂，已经起不了绝缘包覆作用，有的热缩套管融化粘连在母排上无法剥离下来。

4.3.2.2 原因分析

（1）导电回路（铜排）不满足额定载流，载流量不足，铜排导电率不合格，导流能力不足，在长期满载、超载运行情况下，铜排会严重发热，同时会烧融热缩套。

（2）母排与母排之间、母排与静触头之间连接孔的毛刺没有去除，母线搭接处表面未压花，导致导电连接不可靠，接触电阻迅速升高，温度也会很高。这是加工工艺没有控制好导致的。

（3）母排与母排搭接接触面涂抹过量导电膏，长期高温运行下，导电膏固化，接触面电阻偏大，大电流运行情况下接触面发热严重；这是施工工艺没有控制好导致的。

（4）穿屏套管主母排通过大电流，产生大量的热量，温度很高，套管经长期高温烘烤，热老化严重，机械强度也大幅下降，绝缘性能下降，母线相间或对地弧光放电（当两电极间电压升高时，在电极最近处空气中的正负离子被电场加速，在移动的过程中与其他空气分子碰撞产生新的离子，这种离子大量增加的现象称为"电离"。空气被电离的同时，温度随之急剧上升产生电弧，这种放电称为弧光放电。大电流加小间隙会发生弧光放电，在开关柜中绝缘材料爬距不足或者其他恶劣条件下发生绝缘故障，可能会造成弧光放电），释放大量能量，引发柜内局部温升超标。

（5）当设备处于正常运行的状态下，10kV 开关柜中高压电气导电回路（母排）因长时间有电流通过，导致一部分电能转化成热能，进而使材料的温度上升，若此时母排的热缩装置劣化、爆裂及变形，会造成热缩装置失效，不能使母排的热量有效的散发出来，导致母线室温度升高。

4.3.2.3 治理措施

（1）出厂验收阶段检测铜排的纯度及导电率，铜排材质应为不低于 T2 的纯铜，铜的含量不低于 99.9%，铜的导电率不小于 97%。

（2）核实铜排载流量满足要求，与技术协议条件相符，满足现场运行要求，并应有一定的裕量。

示例：采用 TMY – 125 × 10 三层铜排结构。

$$载流量（40℃）= 4625（A）$$
$$载流量（25℃）= 5441（A）$$

采用两层铜排，载流量为：

$$载流量（40℃）= 3654（A）$$
$$载流量（25℃）= 4299（A）$$

（3）加强母排施工工艺要求。

1）母排端部须去毛刺并倒角处理，如触头盒内部静触头连接母排倒全圆角，其他部件连接母排倒小圆角处理，能有效减少集肤效应的强度，也有利于降低绝缘故障及长期放电引起的绝缘老化风险，提高了开关柜的电气绝缘性能。

2）母线搭接处表面压花、镀银（厚度不应小于 8μm），减小接触电阻，减少集肤效应的强度；母排与母排搭接处，母排伸出搭接面不能太长，保持平齐。

3）母排搭接面尽量使用纳米导电喷剂（如金卫士导电喷剂，导电性能良好），尽量避免使用导电膏，如使用导电膏，应涂抹薄薄一层，禁止涂抹过量导电膏，螺栓紧固力矩必须满足相关要求，安装完成后应母线整体进行回路电阻测试。

4）将所有母排进行热缩包封，热缩材料采用质量较好材料，要求热缩材料在包封时候，应收缩均匀、无气隙，要求热缩套在高温下应具备较长的寿命，停电检修发现热缩有破损、脱落、融化等情况，停电时间较短情况下，可暂时剥除破损的热缩套管，结合长时间的停电检修机会，更换新的质量较好的热缩套管。

5）主母线穿越柜间的穿屏套管更换为换新的绝缘强度高，抗老化、抗污秽、抗潮湿能力强的穿屏套管，局部放电量小，避免由于电场不均匀造成局部放电，弧光引发柜内局部温升超标。

6）母排的发热损耗主要是电阻发热损耗和涡流损耗，这些热量通过对流、传导和热辐射传递到周围空气中。由于黑色的吸热性能和热辐射能力是最强的，所以可以将母线室与电缆室和断路器室的隔板喷涂成黑色，增强热量的吸收和散发。

7）目前国内 95% 以上的低压开关柜使用矩形铜排作为载流导体，少量产品使用异型铜排，这些年来，许多国外公司推出异型母线系统，各公司的异型母线各具特色和相应的技术诀窍，但都具有异型母线连接无需打孔，安装方便，机械强度高，电流密度大，节约铜材、载流量较大等特点，但在国内却缺少实际运行的案例，后续厂家可考虑设计母线室母排采用异型母线，使母线大电流运行情况下温升较低。

8）远期可以扩建主变压器，适当改变主变压器低压侧连接方式，均衡低压侧负荷分配或对 10kV 进线设备进行增容改造，改造前严控运行负荷，合理的转供负荷，必要时采取降负荷运行方式。

4.3.3　开关柜无强排风装置或排风装置结构不合理发热治理

4.3.3.1　缺陷描述
目前许多投运变电站的进线封闭母线桥、老式主变压器进线柜、隔离柜、母线连接柜等大电流通过的开关柜无强排风措施或强排风结构设计不合理（风道的设计及风道的畅通性出现问题），开关柜散热性能不好，导致开关柜柜体发热。

4.3.3.2　原因分析
额定电流 2500A 及以上金属封闭高压开关柜应装设带防护罩、风道布局合理的强排通风装置，进风口应有防尘网。高压开关柜的一次设备分布在 3 个相互独立的隔室内，分别是母线室、断路器室和电缆室。按有关的规程要求，除了为实现电气连接、控制和通风而必须在隔板上开孔外，所有隔室均呈封闭状态。根据要求，开关柜的外壳至少要满足 IP4X（4 表示禁止大于 1mm 的物体进入开关柜内）的防护等级，故柜体对外散热孔洞不能太大，大电流开关柜长时间运行情况下，柜内散热情况不好，这就造成柜体对外散热效果有限，热气容易在柜内聚集，引起柜体温度升高。同时防护等级要求使得风机进气口容易因为积尘而堵塞，进一步降低了通气能力。

4.3.3.3　治理措施
（1）由于大电流柜多连接母线跨桥（进线桥或跨桥），母线跨桥内的散热孔将分散风道，使得柜内形成更多风道死角。针对开关柜内发热开关接头、TA 等重点位置，以外加方式在开关柜背板上部加装吸气风机，形成强制风道，但应注意排风量，避免母线跨桥内得不到有效散热。

（2）对于下部空置的大电流柜，适当增加通气口，并将下部空间与风机进风口连通，增加进气量，从而形成有效的对流通风通道。

（3）母线室顶部+断路器室底部安装风机是最有效的解决方案；针对大电流的开关柜温升解决方案，因为开关柜有 IP4X 的防护要求，开关柜就要保持密闭状态，所有的排气孔都要封闭，那开关柜只有加风机降温。风机可以加在柜顶，如断路器室顶部、母线室顶部及电缆室顶部，也可以加在断路器下方的抽屉板内，从而形成有效的对流通风通道，这些部位加风机，不管是抽风还是吹风，都或多或少的可以把主回路的温度降下来。

（4）加装排风机后，如果排风机持续运行，将会减少排风机的寿命，在温升尚未超出标准要求时，排风机一直运转，还将消耗大量的电能，需设计一个完整的排风机启动停止回路，精确控制排风机的启动或停止，在不破坏开关柜内的电气安全距离的前提下，在高压开关柜内安装温度传感器，并将温度传感器的控制开关设定为：温度高于 45℃时，排风机开始运转，温度低于 35℃，排风机停止运转，达到自动控制排风机启停的目的。

4.3.4 断路器触头发热治理

4.3.4.1 缺陷描述

在运行过程中，断路器动静触头发热，严重者烧毁触头，如果过热没有及时发现并处理，就会导致过热故障甚至发展成为事故，造成开关柜的损坏，甚至会出现"火烧连营"的事故，扩大事故范围和影响。

4.3.4.2 原因分析

（1）系统规划设计和检修维护制度不完善。

1）在开关柜容量选择时没有进行充分的负荷统计，造成开关柜在实际运行过程中，额定容量小于负荷实时需求容量，造成开关柜长期工作在过负荷运行工况，导致开关柜触头发热量超过设计需求。在规划中没有考虑工程扩建的要求，扩建时没有对原开关设备进行容量校验。断路器实际容量不足，如铭牌额定容量 4000A，实际只有 3600A。

2）对断路器小车检修过程中，检修工艺错误，触头触指上涂抹导电膏，动静触头发热，导电膏固化，回路电阻变大，触头发热。

（2）检修或操作不到位及运行环境差。

1）工作人员的不良检修也可能造成开关柜触头发热，在检修工作中造成开关柜一些紧固件少装或漏装，有些元件没有复原到位就重新投入运行。加速了开关柜触头接触面的劣化，降低了开关柜的电气性能。

2）操作人员的不良操作及检修习惯也可能造成开关柜触头发热，在手车开关机构推入时，没推到开关柜的设计位置，导致开关柜动静触头间形成一些接触缝隙，梅花触头不对中或插入深度不够，梅花触头与静触头接触不对称，受力不均匀，接触电阻增大，产生大量的热量，导致触头发热。

3）开关柜运行环境条件较差，灰尘经开关柜缝隙或接触面逐步进入到断路器触头部位，在断路器触头面上形成一层脏污面，降低了断路器的接触电阻，引发发热。

（3）开关柜触头结构设计不合理及工艺不良。

1）开关柜的动静触头设计不合理或触头触指镀银层厚度不满足要求时，触头接触不良，会在接触面形成一个接触电阻，电阻过大，触头发热量增加，加速了动静触头的劣化，造成触头接触电阻继续上升，导致开关柜进入"接触电阻增大——发热——劣化——接触电阻进一步增大——劣化加剧"的恶性循环，最终导致动静触头熔融甚至烧毁。组成梅花触头的触指制造工艺不良，包括制造梅花触指选用的铜材质量不良、镀层厚度达不到要求。梅花触头长时间通过大电流，如果触指弹簧为导磁产品，大电流通过时形成涡流过热，导致触指弹簧过热而退火，导致弹簧的弹性系数下降，对触指的压紧力降低，从而使触指与触头之间的接触电阻增大。

2）触头盒中，静触头与母排仅用一个螺丝固定。直径 $\phi 109$ 的搭接面积，只有单个螺丝固定，造成压紧力不够，接触电阻变大，温升升高，并且由于长期发热运行，加剧触头盒绝缘材料老化，使原触头盒绝缘性能下降。

3）原梅花触头长期在高温下运行，可能造成触指片氧化及触指弹簧的退火软化，造成触头压力减小，接触电阻增大，造成断路器触头发热严重。

4）触头涡流发热分析。

一般而言断路器动静触头中 B 相温度较 A、C 两相温度要高出 3～5℃。当负荷电流通过断路器动静触头时，根据右手螺旋定则可知 A、B、C 三相电流形成的磁场恰好在 AB 相或 BC 相间形成正向叠加电磁场，故 B 相触头感应出的杂散涡流最强，涡流发热效应最明显。因此在 10kV 开关柜断路器维护检修时需对 B 相动静触头进行额外的保护处理，防止触头镀银层较 A、C 相过早氧化。

4.3.4.3　治理措施

（1）严把出厂监造关，确保制造质量。

1）针对金属封闭高压开关柜的出厂监造十分必要，将设备的质量控制关口前移到设备的制造环节，严格把好出厂环节的关口，无疑对今后的设备运行奠定了良好的基础。

验证断路器实际额定运行电流，是否和铭牌额定电流一样，可通过场内温升试验进行验证；也可通过断路器动静触头尺寸进行简单判断，对于普通开关柜而言，2500、3150、4000A 静触头直径 109mm，2000A 静触头直径 79mm，1250A 静触头直径 49mm，ABB 公司产 1250A 静触头直径是 35mm，2500、3150A 梅花触头 64 片，4000A 梅花触头 82 片。

2）检查处于组装阶段的柜体制造情况、小车断路器梅花触头中触指的选材和电镀情况、静触头的制造情况等；梅花触头紧固弹簧材质检测宜拆下来进行，应为无磁不锈钢，宜采用 12Cr18Mn9Ni5 材质。

3）出厂阶段大电流开关柜对静触头进行检查，应选用 5 孔固定，不能使用单孔固定，并在出厂阶段核实断路器插入深度 15～25mm，触头触指镀银层厚度不低于 8μm；确保制造环节的质量。

（2）对于断路器触头设计不合理、回路电阻不符合要求以及材质不良等问题可能导致触头发热的断路器进行整改，母排全部角处理，并更换触头盒，采用进口阻燃树脂浇注的触头盒，耐电弧性能高、吸潮率低、局部放电量小、散热性好，增强抗污秽能力，用 5 个固定孔且带通风设计的触头盒，尽量减少由于螺栓松动引起接触电阻增大，温度升高，提高母排及静触头的触头压力，提高通风散热能力。

（3）高压开关柜断路器小车抽出检修时，应注意检查隔离动触头支架是否有位移现象，隔离触头是否发热，触指压紧弹簧是否疲劳、断裂，必要时可对触头进行更换，去除触头上导电膏，使用酒精清洗，涂抹适量凡士林。

（4）对大电流开关柜加装无线测温装置，能实时反映被测设备的真实温度状况，能发出预报警信息，变电站管理部门可以有针对性地检修设备、排除故障可以有效地发现缺陷，进行预控，并建立时间/负荷/温度曲线，检查发热故障有无劣化情况。

4.3.5 开关柜电缆桩头发热治理

4.3.5.1 缺陷描述

运行巡视过程中发现出线间隔开关柜后下柜门发热，摸起来发烫，温度比相同负荷电流开关柜后下柜门温度温差较大。

4.3.5.2 原因分析

出线间隔开关柜电缆桩头螺栓未紧固或紧固力矩不满足要求，接触电阻偏大，长期运行过程中，散发出大量能量。

4.3.5.3 治理措施

将出线电缆单螺栓固定方式改为双螺栓固定方式，电缆桩头紧固螺栓应满足力矩要求。

4.3.6 进线封闭母线桥振动治理

4.3.6.1 缺陷描述

在设备运行过程中，经常在变电站巡视过程中发现 10kV 高压室主变压器进线封闭母线桥振动及噪声比较厉害，严重影响设备安全运行。

4.3.6.2 原因分析

母线桥振动原因基本上是机械振动产生的，主要是以电磁力（电动力）导致母线桥振动。当三相母排在通有同相电流情况下，A、B、C 三相导体会在电磁力（电动力）的情况下发生振动，且 B 相受到的电动力大于 A、C 相，负荷越重，电动力越大，对封闭母线桥而言，当母排中通以电流时，箱体也会因电磁感应而产生电流，此时情况变得复杂，箱体盖板与盖板之间、导体与盖板之间均会存在电磁力的作用。

当母线桥内部有螺栓未紧固，在电动力的作用下，通电导体会发生强烈的机械振动。

4.3.6.3 治理措施

（1）箱体封板增加螺栓。箱体一般有铁质封板通过连接件拼接而成，因其面积较大，厚度薄而刚度小，内阻尼小，因此振动强烈，是主要的噪声源。若封板固定螺栓少，则封板边缘易发生碰撞，通过增加封板固定螺栓，可减小振动。在封板之间可以增加绝缘垫，以吸收振动能量，增加阻尼，实现降噪。

（2）箱体封板增加百叶窗。现有研究表明，箱体各块封板的振动情况不同，未开百叶窗的位置要比开百叶窗的位置振动大。一方面，因为冲压百叶窗使平板结构有截面突变，改变了原有的平薄板结构；另一方面，从能量守恒的角度来说，增开百叶窗后从母线桥内泄漏到外部空间的磁场增加，母线桥内部磁场能量减小，从而使箱体各板上的电磁力相应减小。母线桥百叶窗如图3-4-3所示。

（3）增加导体支持绝缘子，减小导体跨距。前面分析可知，增加导体支持绝缘子，减小跨距，可使固有频率提高，使得在稳态二倍频及暂态工频、二倍频率的电动力不在系统的共振范围内，减小振动及避免共振；同时增加支持绝缘子有利增加导体的刚度。

（4）箱体封板冲压凹槽或铆接加强。改变封板的大平板结构，增加刚性，冲压凹槽或者铆接H形角板，在各个封板的中间位置焊接H形扁铁能使母线桥箱体固有频率增加，刚度提高，减小振动。铆接H形角板如图3-4-4所示。

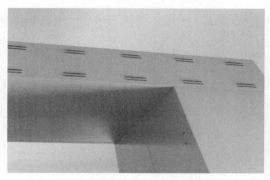

图3-4-3　母线桥百叶窗　　　　　图3-4-4　铆接H形角板

（5）母线桥端部增加软连接增大阻尼。大电流进线桥，室内部分即穿墙套管至进线柜开关采用的是铜质硬母线，铜的硬度大且长度较长。当负荷电流增大，由电流产生的电动力就越大，铜排因电动力产生的振动没有得到充分的释放，容易发生振动，从而产生异声。

因此，可在穿墙套管的室内侧加装铜软连接以增大阻尼，以期抑制母线桥的振动及噪声。

（6）加强带电检测。对于母线桥内部的非正常运行状态下的异响，如螺栓松动、绝缘金具松动，或悬浮放电等多种缺陷发生时，应结合带电试验确定异常噪声位置，排除异常情况造成的振动。加强紧固件强度、加强带电巡视等。

（7）加强检修维护。主变压器三侧停电检修时，主变压器低压侧封闭母线桥架必须开启进行全面清扫，必须检查所有紧固螺栓，所有连接螺栓必须经力矩校核。

4.3.7　开关柜振动治理

4.3.7.1　缺陷描述

在运行过程中，经常发现10kV高压室开关柜振动及噪声比较厉害，但一般振动及噪声都集中在开关柜的后柜门，影响设备安全运行。

4.3.7.2　原因分析

（1）开关柜母线室母排固定金具螺栓未紧固，母排之间有缝隙，在电动力的作用下，发生机械振动。

（2）大电流开关柜涡流损耗导致振动。主要发生的部位有开关柜主母排间隔板、主母排穿断路器室间隔板、断路器动静触头隔板及主变压器进线隔板，同时涡流发热位置也随开关柜结构调整而变化。当电流小于 2000A 时，涡流发热及振动的作用并不大，但是当电流大于 2000A 时，涡流的热效应就会很明显，若隔板紧固螺栓未紧固，此时隔板会产生发热及机械振动。

（3）相邻隔室挡板或者封板紧固螺栓未紧固，或者相邻两颗紧固螺栓相距较远未贴紧，在导流回路通大电流情况下产生电动力，导致隔板或封板与开关柜本体机械性发生碰撞产生机械振动。

4.3.7.3　治理措施

（1）母线室、桥架以及主变压器进线处套管安装板，采用非导磁的 3mm 不锈钢板材料制作，可有效降低因涡流而引起的发热振动；如果将套管之间钢隔板开口，隔断磁路，同样可以解决发热和振动问题。

（2）结合开关柜整段母线停电，检查开关柜母线室、断路器室、电缆室等内部有无紧固螺栓松动情况，隔室之间的隔板有无缝隙，缝隙处有无缓冲装置，结合整段停电进行全面排查及整改。

母线隔离开关气室解体

5.1 适用范围

本典型作业法适用于 110～220kV GIS 母线隔离开关气室解体，主要包含了解体前物资准备、解体更换流程、方法及其注意事项，详细介绍了回路电阻测量、气室气体处理及解体处理工艺标准等，该套解体工艺流程及方法可为组合电器其他隔室的解体检修提供参考。

5.2 施工流程

母线隔离开关气室解体流程如图 3－5－1 所示。

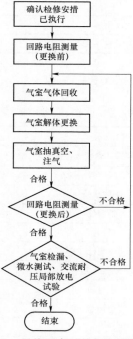

图 3－5－1 母线隔离开关气室解体流程图

223

5.3 工艺流程说明及质量关键点控制

5.3.1 物资准备

（1）检修物资。具体明细表见表 3-5-1。

表 3-5-1　　　　　　　　检修物资明细表

序号	名称	单位	数量
1	母线隔离开关整套	套	1
2	SF_6气体	瓶	8
3	吸附剂	桶	1
4	酒精	瓶	4
5	硅脂	盒	1
6	密封胶	支	2
7	无毛纸	张	20
8	棉纱	张	10
9	百洁布	张	3
10	砂纸	张	3
11	充气工具	套	2
12	通用工具	套	1
13	专用工具	套	16
14	千斤顶	个	2
15	倒链	个	1
16	柔性吊带	副	2

（2）检修工器具。具体明细表见表 3-5-2。

表 3-5-2　　　　　　　　检修工器具明细表

序号	名称	单位	数量
1	SF_6回收装置（含管道、接头）	台	1
2	吸尘器	台	1
3	手链葫芦	个	2
4	检漏仪	台	1
5	微水仪	台	1
6	电阻仪	台	1
7	充气装置	套	1
8	手电筒	个	1
9	电源盘	个	2
10	防护服（含过滤器）	套	5
11	照明灯	套	2

5.3.2 气室解体更换流程、方法及注意事项

（1）确认检修设备更换的停电范围，安全措施已执行。

（2）更换前气室回路电阻测量。测量范围：应包括更换的所有导电部件及接触面，作为修前参考值。相邻间隔接地开关间电阻测量（分别通过Ⅰ、Ⅱ母）。

（3）气室气体回收。解体气室气压降至零压，相邻气室降半压处理。Ⅰ母、Ⅱ母相邻气室，本间隔断路器气室气体回收至 0.3MPa；本间隔母线隔离开关气室，解体隔离开关所在母线气室气体回收至零压以下，如图 3-5-2 所示。

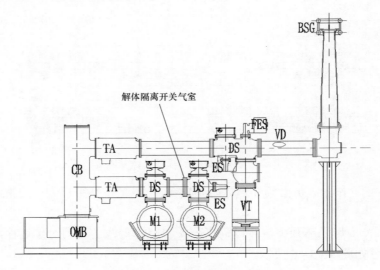

图 3-5-2　解体母线隔离开关气室

（4）气室解体更换。

1）拆除解体隔离开关与其附属接地开关的操动机构，如图 3-5-3 所示。

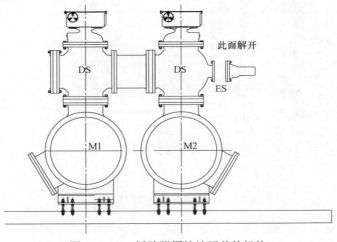

图 3-5-3　拆除附属接地开关的机构

2）在机构的对侧沿母线筒上法兰面搭建一个临时的检修操作平台，要求平台与法兰水平面一平。

3）打开主母线盖板，拆掉内部的连接导体，如图 3-5-4 所示。

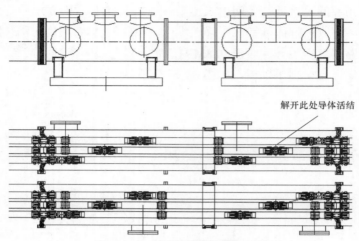

图 3-5-4　拆除母线的连接导体

气室开盖：① 作业人员必须穿戴好防护用品；② 工作结束后人员应洗澡，工机具应清洗。

4）分别拆掉Ⅰ母隔离开关与Ⅱ母隔离开关和解体母线之间的对接螺栓，隔离开关内部导体连接示意如图 3-5-5 所示。

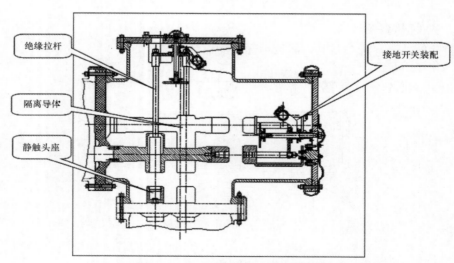

图 3-5-5　隔离开关内部导体结构

5）用吊车整体吊起解体隔离开关约 50mm，缓慢向线路侧移动 150mm，然后拆掉母线隔离开关之间的连接导体，如图 3-5-6 所示。

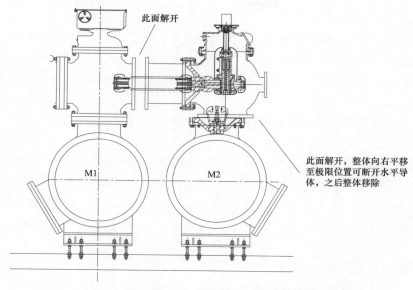

图 3－5－6　隔离开关气室拆除

6）将解体隔离开关平移到检修平台上面，用吊车将其吊离摆放到安全合适的空地上。

7）将新的隔离开关整体吊到检修平台上面，然后平移到解体母线上方距相邻母线隔离开关 150mm 的地方，安装母线隔离开关之间的连接导体。

隔离开关气室吊装：① 吊装设置专人指挥；② 正确选择新安装设备的吊点、起吊方式，防止在起吊过程中造成跌落、误碰设备；③ 吊装前对吊装机具、索具进行检查验收；④ 吊装时用揽风绳牵引，以免碰撞设备。

8）将新的隔离开关整体对接到相邻母线隔离开关上面，气室清洁、密封面处理后，用力矩扳手循环紧固对接面螺栓。

气室清洁：① 施工环境应满足要求，现场环境温度在 −5～+40℃，相对湿度不大于80%，并采取防尘防雨防潮措施；② 安装过程中气室暴露在空气中的时间不应超过厂家规定的最大时间，在对接、安装过程中应保持气室内部的清洁；③ 使用吸尘器清理气室工作区域内所有粉尘、碎屑；④ 清洁绝缘子时使用无毛纸沿高电位向低电位单向擦拭；⑤ 气室开启后及时用封盖封住法兰孔。

密封面处理：① 密封槽面应清洁，无杂质、无划痕，新密封件完好，已用过的密封件不得重复使用；②“O”形圈放置前应使用酒精清洗，密封槽和密封面应检查并确认没有刻伤痕迹和灰尘，要确保“O”形圈不被挤出；③ 涂密封脂时，不得使其流入密封垫（圈）内侧而与 SF_6 气体接触；④ 根据现场情况用锉刀、400 号砂纸、百洁布按圆周方向对密封面进行打磨抛光；⑤ 用吸尘器对圆周孔、密封面吸尘 3 次；⑥ 用吸尘器对圆周孔、密封面吸尘 3 次。

法兰面对接：① 法兰对接时，应采用定位杆先导的方式，并对称均衡紧固法兰；② 慢慢合拢筒体法兰对接面，依次穿入螺栓；③ 法兰螺栓应按对角线位置依次均匀紧固并做好标记，紧固后的法兰间隙应均匀，螺栓紧固后达到紧固力矩要求。

9）恢复装配解体母线内的导体，并重新清洁擦拭母线，然后更换吸附剂封装母线

227

盖板。

吸附剂更换：① 正确选用吸附剂，吸附剂规格、数量符合产品技术规定；② 吸附剂取出后应立即装入气室（小于 15min），尽快将气室密封抽真空（小于 30min）；③ 对于真空包装的吸附剂，使用前真空包装应无破损，如存在破损进气，应放入烘箱重新进行活化处理。

10）恢复解体隔离开关与其附属接地开关的操动机构。

（5）气室抽真空、注气。

1）抽真空：① 真空泵应选用出口带有电磁阀装置，防止抽真空过程意外断电造成真空泵油倒吸入罐体内；② 气室抽真空及密封性检查应按照厂家要求进行，厂家无明确规定时，抽真空至 133Pa 以下并继续抽真空 30min，停泵 30min，记录真空度（A），再隔 5h，读真空度（B），若 $B-A<133$Pa，则可认为合格，否则应进行处理并重新抽真空至合格为止。

2）充气：① 充装 SF_6 气体时，周围环境的相对湿度不应大于 80%；② SF_6 气体应经检测合格（含水量不大于 $40\mu L/L$、纯度不小于 99.8%），充气管道和接头应进行清洁、干燥处理，充气时应防止空气混入；③ 充气速率不宜过快，以气瓶底部（充气管）不结霜为宜。

（6）更换后气室回路电阻测量。测量范围应包括更换的所有导电部件及接触面，并与更换前数据进行对比。本间隔母线隔离开关附属接地开关至相邻母线隔离开关附属接地开关间电阻测量（分别通过Ⅰ、Ⅱ母）。

（7）气室检漏、微水测试、交流耐压局部放电试验。

1）气室检漏：① 充气 24h 之后应进行密封性试验；② 现场检漏无漏气点。

2）微水测试：① 充气完毕静置 24h 后进行 SF_6 湿度检测；② 开盖气室应小于 250mg/kg，断路器气室小于 300mg/kg，其他降压气室应小于 500mg/kg。

3）交流耐压局部放电试验：① 试验前检查相关隔离开关、断路器的分合位置满足试验要求，核实相应气室 SF_6 气体压力应为额定值；② 耐压过程中不发生闪络，击穿等异常现象；③ 耐压过程中进行超声及超高频局部放电检测，不应有明显局部放电现象。

6 油浸式互感器渗漏处置

6.1　适用范围

　　本典型作业法适用于 35kV 及以上油浸式互感器渗漏缺陷处置，主要包括以下内容：针对电流互感器一次接线桩头、二次接线盒、膨胀器渗漏，电压互感器二次接线盒、放油嘴等渗漏缺陷。

6.2　施工流程

　　互感器渗油缺陷治理流程图如图 3-6-1 所示。

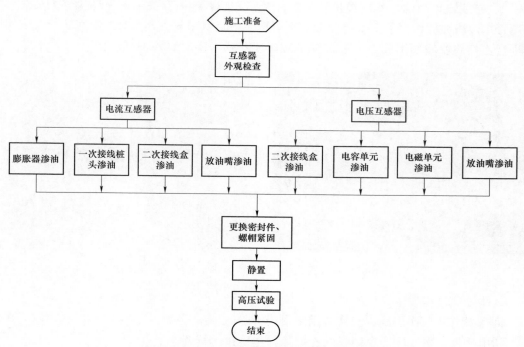

图 3-6-1　互感器渗油缺陷治理流程图

6.3 工艺流程说明及质量关键点控制

6.3.1 原因分析

在互感器日常运行维护中，互感器渗油缺陷频发，主要有以下三类：一是密封面螺帽松动，如互感器油箱放油嘴螺帽松动，通常可在不停电情况下紧固渗油部位螺帽。二是密封圈或密封垫破损。由于密封圈材质不良，在长时间运行后，密封圈老化、腐蚀造成密封不良而渗漏油，如电流互感器二次接线盒、膨胀器、一次接线桩头等部位。三是油箱材质不良，如存在沙眼或焊缝等渗油。

6.3.2 处置方法

6.3.2.1 不停电紧固渗油部位螺帽

通过检查现场互感器渗油部位，对于互感器放油嘴螺栓松动导致的渗油缺陷，可在不停电情况下对放油嘴螺栓进行紧固，但是需要注意螺栓紧固力矩，避免用力过大导致密封垫变形而导致渗油，如果是密封垫破损或老化，则需要停电处理。

6.3.2.2 电压互感器二次接线盒渗油

以××变电站 1 号主变压器 500kV 电压互感器渗油缺陷处理为例，该互感器为特变电工康嘉（沈阳）互感器有限责任公司 VCU–550 型产品，出厂日期 2015 年 5 月 10 日，投运日期 2016 年 6 月 3 日。2018 年 8 月 24 日运行人员发现 1 号主变压器 500kV 侧 A 相 TV 二次接线盒处渗油，其电缆护管、支柱及下方碎石地面存在油迹。经检修人员与厂家现场查勘，渗油部位位于二次接线盒内环氧树脂板后侧密封处，需对二次端子板及支撑法兰进行更换。罗城变 1 号主变压器 500kV 电压互感器渗油如图 3–6–2 所示。

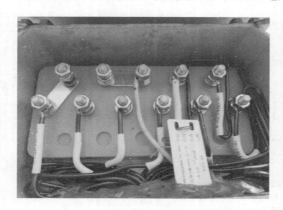

图 3–6–2 罗城变 1 号主变压器 500kV 电压互感器渗油

具体处理过程如下：

将 A 相 TV 一次引线、二次侧回路引线拆除。

利用活扳手将底座四个地脚螺栓拆除、本体接地解开。

用吊车将产品吊下地面水平处，再将电磁单元油箱螺栓打开，使电容器与电磁单元分离，吊起 15cm，拆除分压器引线。

利用放油阀将电磁单元油放入干净的空桶中（注意密封），油位在二次端子板以下。

拆除二次接线盒、二次端子板内部引线螺栓及支撑法兰，如图 3-6-3 所示，将准备好的新配件重新安装。

更换完毕后将油注入电磁单元中，油位在视窗镜的中间位置即可。

将电容器与电磁单元重新连接，恢复 TV 安装。

对 TV 进行二次绝缘试验、耐压等试验，试验合格后恢复二次接线，一次引线连接。

将引线螺栓全部拆除　　　　　　将此处螺栓全部拆除

图 3-6-3　渗油缺陷处理拆装部位

6.3.2.3　电流互感器二次接线盒渗油

以 500kV 苏耽变 35kV 426 电流互感器为例，该电流互感器为湖南电力电瓷电器厂生产的 LB-35W 型产品，2009 年 1 月 1 日生产，投运日期为 2009 年 12 月 1 日。2018 年 4 月，500kV 苏耽变电站运维人员在巡视过程中，发现 426C 相电流互感器二次接线盒下端有黑色油迹（如图 3-6-4 所示），经过一段时间的跟踪观察，油位下降明显，膨胀器油位降至最低处，A、B 相油位正常。

图 3-6-4　苏耽变电站 426 电流互感器 C 相渗油缺陷图

图 3-6-5　二次接线桩头破损密封圈

打开 426C 相电流互感器二次接线盒，见二次接线柱密封圈有老化严重呈粉末状现象（如图 3-6-5 所示），需停电更换密封件，对互感器油位进行补充。处理过程如下：

（1）将电流互感器一、二次引线拆开后移至室内水平放置，避免电流互感器器身暴露于空气及内部变压器油受潮。

（2）更换二次接线桩头密封圈，注意接线桩头螺帽对称均匀紧固，紧固力矩适中，避免密封圈压坏或没压紧渗油。

（3）检查 TA 内部密封，内部密封状况良好，二次接线端子不能转动。

（4）注入新油至电流互感器膨胀器油位升高到正常位置，恢复二次接线板封盖。

（5）一、二次引线恢复。

（6）将电流互感器直立静置，从膨胀器上方放出气泡。

（7）交流耐压试验合格、油化试验合格。

6.3.3　质量验收

6.3.3.1　电流互感器

（1）接线桩头无弯曲、变形现象，导电接触面光滑、平整，无放电烧损痕迹，重新与线夹连接时须涂导电脂并紧固。

（2）并串联排无渗油现象，等电位线牢固无断裂。

（3）打开电流互感器顶盖，检查膨胀器无裂缝、永久变形，密封可靠并进行放气。

（4）目测油位指示正确（正确油位在观察窗 2/3 处）。

（5）放油阀无渗漏油现象。

（6）末屏接地线不应采用编织软铜线，末屏接地线的截面积、强度均应符合相关标准。

（7）二次接线盒防水密封良好，电缆孔洞封堵完全。

6.3.3.2　电压互感器

（1）法兰无裂纹，无锈蚀，法兰和瓷套胶合面涂防水密封胶。

（2）检查瓷套表面、二次接线盒、油箱表面、阀门、底座是否有渗漏油现象，油位在规定的范围内、绝缘油无变色。

（3）二次接线盒防水、密封良好，电缆孔洞封堵完全。

6.3.4　注意事项

（1）密封圈尺寸、材质。密封圈尺寸需与密封面匹配，避免尺寸不匹配而发生渗油现象。密封圈材质必须具有较强的耐油、耐热、耐寒（低温）、耐腐蚀性能。

（2）密封面安装工艺。如二次接线盒密封圈安装紧固时，接线柱螺帽需对称均匀紧固，紧固力度适中，防止密封圈挤出而发生渗油现象。对于管母线连接的一次接线桩头不应有侧向受力，使密封面受力不均而加速密封老化渗油。

（3）电流互感器静置时间。对新投或检修后的互感器，反措明确要求 110（66）kV 及以上电压等级的油浸式电流互感器耐压试验前应保证充足的静置时间，其中 110（66）kV 互感器不少于 24h，220～330kV 互感器不少于 48h、500kV 互感器不少于 72h。试验前后应进行油中溶解气体对比分析。

7 敞开式隔离开关分合闸不到位

7.1 适用范围

本典型作业法适用于 12~550kV 敞开式隔离开关分合闸不到位缺陷处理，主要包括以下内容：12kV 闸刀式隔离开关、110kV 双柱水平旋转式（V 型）隔离开关、220kV 单柱垂直伸缩式（双柱水平伸缩式）隔离开关、500kV 单柱垂直伸缩式（双柱水平伸缩式）（喇叭口）隔离开关分合闸不到位缺陷处理等工艺流程及主要质量控制要点。

7.2 施工流程

敞开式隔离开关分合闸不到位缺陷处理流程如图 3−7−1 所示。

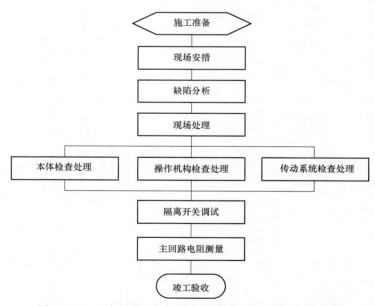

图 3−7−1　敞开式隔离开关分合闸不到位缺陷处理流程图

7.3　工艺流程说明及质量关键点控制

7.3.1　闸刀式 12kV 隔离开关分合闸不到位处理

7.3.1.1　缺陷描述

12kV 闸刀式隔离开关（如图 3－7－2 所示）常出现因分、合闸不到位，动、静触头磨损加剧，导致合闸时导电接触不良，造成接触部位发热缺陷。

7.3.1.2　原因分析

闸刀式 12kV 隔离开关分合闸不到位的主要原因有以下几个：一是拉杆的长度调整不当，导致隔离开关不能完全分闸或合闸到位；二是传动部件卡涩严重，导致分合闸操作力过大；三是隔离开关触片与触头不对中，往往导致触片和触头磨损严重；四是触片弹簧或弹片调整不当，造成夹紧力过大，使分、合闸均难

图 3－7－2　闸刀式 12kV 隔离开关外观图

以到位；五是拉杆绝缘子断裂，导致无法分合闸；六是操动机构限位装置调整不当或松动失效，造成分闸、合闸不能到位甚至无法动作。

7.3.1.3　处理方法

（1）老旧型 12kV 闸刀式隔离开关大多为手操机构，拉杆的长度及拐臂的旋转角度调整时，应考虑适当的过冲余量，确保合闸到位后，拐臂过死点。

（2）检修时，应对隔离开关所有传动部位用酒精或汽油进行清洗，清除残留的污垢，转动的轴、销打机油，摩擦部位清洗干净后，涂以性能良好的二硫化钼锂基润滑脂，所有活动部位运动灵活无卡涩，固定部位应牢固可靠无松动。

（3）如果隔离开关触片与触头不对中，应查明原因，拆除相间传动拉杆，逐相重新调整，确保动、静触头对中良好，无偏边现象。对磨损严重的触头或触片应进行修复，无法修复的触头或触片应进行更换。

（4）触片弹簧或弹片的调整应适当，确保两边的触片同时接触，防止单边受力过大现象，夹紧力大小应符合产品技术规定。

（5）拉杆绝缘子断裂的原因主要是绝缘子老化、质量不良或是操作力矩过大引起，对老化和质量不亮的绝缘进行更换，对操作力矩过大引起的绝缘子断裂，应查明原因进行处理，确保操作绝缘子不承受过大的应力。

（6）操动机构限位装置调整不当，会造成隔离开关分闸、合闸不能到位甚至无法动作。此时应对限位装置进行检查，适当调整限位开关的位置并固定好，更换失效的限位开关。调整时应注意隔离开关本体与操动机构的配合。

7.3.2 双柱水平旋转式（V型）110kV 隔离开关分合闸不到位处理

7.3.2.1 缺陷描述

双柱水平旋转式（V型）110kV 隔离开关（如图 3-7-3 所示）操作过程中，因分、合闸不到位，导致合闸后出现触头发热甚至烧损现象，分闸不能完全到位甚至处于半分半合状态。

图 3-7-3 双柱水平旋转式（V型）110kV 隔离开关外观图

7.3.2.2 原因分析

双柱水平旋转式（V型）110kV 隔离开关分合闸不到位的主要原因有以下三个方面：

（1）本体方面：一是左、右导电臂调整不当，导致不同步相互顶住；二是单极 V 型支柱绝缘子夹角偏大或偏小，或者左、右导电臂偏长或偏短，导致合闸插入深度不足或过多；三是本体限位螺钉调整不当，导致过位或欠位；四是固定螺栓松动，接线端子运动不灵活，支柱绝缘子断裂等，可能导致分、合闸均无法到位。

（2）机构方面：一是机械部分的问题，如齿轮、涡轮、蜗杆损坏或配合间隙偏大，机构限位装置调整不当或松动失效，造成分闸、合闸不能到位甚至无法动作；二是电气回路问题，如电源缺相，接触器接点不通、接触不良，微动开关损坏，热偶整定不当或接点接触不良，电机故障等。

（3）传动系统：一是传动部件卡涩严重，导致分合闸操作力过大；二是垂直连杆、水平连杆和小拐臂强度不够，变形严重，抱箍打滑或开裂；三是轴承座内伞齿轮间隙过大或松动等；四是主刀和地刀之间的闭锁板调整不当，分、合闸过程中存在卡涩现象。

7.3.2.3 处理方法

（1）本体方面问题的处理：

1）调整动、静触头运动要同步，刚合点要求恰好在 R 圆弧处，合闸到位后左、右导电臂应在同一直线上。

2）在保证分闸开距的前提下，适当调整单极 V 型支柱绝缘子夹角大小，合闸到位后插入深度符合产品技术规定，触头应基本在触指中心，不应过低或过高。

3）在调整分、合闸到位的情况下，适当调整本体限位螺钉的长度，使分闸、合闸限位螺钉间隙保持在 0～2mm 左右。

4）检查本体支柱绝缘子有无裂纹，所有固定部位的螺栓是否紧固，重点检查底座与支架、支柱绝缘子与轴承座、导电系统与绝缘子之间的连接螺栓应紧固到位，更换损坏的支柱绝缘子。

5）检查将军头内导电软连接的方向应正确，接线端子与导线的连接不应承受超出允许值的额外应力，确保分合闸运动灵活。

（2）机构方面问题的处理。

1）机械部分问题处理方法：

a. 检查机构传动齿轮和电机输出齿轮磨损情况，有无缺齿或严重变形，涂以适量耐候润滑脂。

b. 检查涡轮、蜗杆磨损情况，有无损坏或严重变形，配合间隙适当，运动灵活无卡涩，涂以适量耐候润滑脂，检查两端的复位弹簧弹性良好。

c. 对机构限位装置进行检查，适当调整限位开关的位置并固定好，调整时应注意隔离开关本体与操动机构的配合。

2）电气部分问题处理方法：

a. 检查机构电机电源和控制电源是否正常，对三相电源检查是否缺相，检查快分开关开断正确可靠。

b. 检查控制回路、电机回路接线有无松动，检查接触器、按钮、切换开关的触点导通良好。

c. 检查分、合闸限位开关切换可靠，检查门控开关、手动/电动闭锁开关是否正确动作，更换失效的微动开关接点。

d. 检查热继电器整定值是否恰当，常闭触点是否复位良好，按照产品说明书适当调整其动作值。

e. 检查交流电机接线是否正确，线圈绝缘和电阻值是否正常，检查直流电机碳刷磨损情况，表面接触是否良好，必要时更换磨损严重的碳刷。

（3）传动系统问题的处理：

1）对隔离开关所有传动部位用酒精或汽油进行清洗，清除残留的润滑脂和污垢，转动的轴、销打机油，摩擦部位清洗干净后，涂以性能良好的二硫化钼锂基润滑脂，所有活动部位运动灵活无卡涩，固定部位应牢固可靠无松动。

2）对强度不够或变形严重的垂直连杆、水平连杆和小拐臂进行加固或更换，对打滑的抱箍更换高强度螺栓紧固到位，重新配钻打孔增加止位螺钉，更换磨损严重或开裂的抱箍。

3）适当调整轴承座内伞齿轮间隙大小，紧固止位螺钉，确保轴承能灵活转动而不窜动，用酒精或汽油清洗干净后，涂以性能良好的二硫化钼锂基润滑脂。

4）检查地刀与主刀闭锁板之间的间隙是否适当，手动操作隔离开关合闸，观察合闸过程中闭锁间隙变化情况，调整地刀与主刀闭锁间隙为 3～8mm 左右。

7.3.3　单柱垂直伸缩式（双柱水平伸缩式）220kV 隔离开关分合闸不到位处理

7.3.3.1　缺陷描述

单柱垂直伸缩式（双柱水平伸缩式）220kV 隔离开关（如图 3−7−4 所示）操作过程中，因合闸不到位，导致合闸后出现触头发热甚至烧损现象，四连杆小拐臂未过死点。因分闸不到位，隔离开关无法到分闸限位点导致开距不够，处于半分半合状态甚至拒分。

图 3−7−4　单柱垂直伸缩式（双柱水平伸缩式）220kV 隔离开关外观图

7.3.3.2　原因分析

单柱垂直伸缩式（双柱水平伸缩式）220kV 隔离开关分合闸不到位的主要原因有以下 3 个方面：

（1）本体方面：一是静触头位置不当，导致合闸时顶住动触头或钳夹位置过上；二是夹紧弹簧和复位弹簧锈蚀或疲劳，导致合闸夹紧力不够或分闸时触指片无法打开；三是本体限位螺钉调整不当，导致过位或欠位；四是平衡弹簧调整不当、锈蚀或疲劳，导致合闸操作力矩过大；五是本体固定螺栓松动，支柱绝缘子断裂等，可能导致分、合闸均无法到位。

（2）机构方面：一是机械部分的问题，如齿轮、涡轮、蜗杆损坏或配合间隙偏大，机构限位装置调整不当或松动失效，造成分闸、合闸不能到位甚至无法动作；二是电气回路问题，如电源缺相，接触器接点不通、接触不良，微动开关损坏，热偶整定不当或接点接触不良，电机故障等。

（3）传动系统：一是传动部件卡涩严重，导致分合闸操作力过大；二是垂直连杆、水平连杆和拐臂强度不够，变形严重，抱箍打滑或开裂；三是主刀和地刀之间的闭锁板间隙调整不当，分、合闸过程中存在卡涩现象。

7.3.3.3　处理方法

（1）本体方面问题的处理：

1）对单柱垂直伸缩式隔离开关，适当调整静触头的高度，使动触片的钳夹位置与静触头导电杆之间的间隙符合产品技术规定，合闸到位后，GW16 型上、下导电臂应在同一垂直线上，GW22 型上、下导电臂倾角符合产品技术规定。

2）对双柱水平伸缩式隔离开关，适当调整动、静触头的间距，使动触片的钳夹位置与静触头导电杆之间的间隙符合产品技术规定，合闸到位后，GW17 型上、下导电臂应在同一水平线上，GW22 型上、下导电臂倾角符合产品技术规定。

3）检查上导电臂和触头座有无排水孔，如无排水孔应配钻 $\phi6$ 的排水孔，如内部夹紧弹簧和复位弹簧锈蚀或疲劳，否则应更换上导电臂，检查齿轮箱斜面平整无卡涩，检查破冰钩无变形，检查触指运动是否灵活、复位良好。

4）在调整分、合闸到位的情况下，适当调整小拐臂限位螺钉的长度，使合闸时限位螺钉间隙保持在 0～2mm 左右，分闸时下导电臂正好落在限位橡胶垫上。

5）检查平衡弹簧是否锈蚀或疲劳，否则应更换，涂以性能良好的润滑脂，如合闸操作力矩过大，应适当增大平衡弹簧预压力，如分闸反弹力较大，可适当减少平衡弹簧预压力，调整的标准为，隔离开关本体在不受外力作用的情况下，可自由停留在半分半合的任意中间位置而不出现下落或反弹现象。

6）检查本体支柱绝缘子和旋转绝缘子有无裂纹，所有固定部位的螺栓是否紧固，重点检查底座与支架、旋转绝缘子与导电底座、导电系统与支柱绝缘子之间的连接螺栓应紧固到位，更换损坏的支柱绝缘子，确保分合闸运动灵活。

（2）机构方面问题的处理。

1）机械部分问题处理方法：

a. 检查机构传动齿轮和电机输出齿轮磨损情况，有无缺齿或严重变形，涂以适量耐候润滑脂。

b. 检查涡轮、蜗杆磨损情况，有无损坏或严重变形，配合间隙适当，运动灵活无卡涩，涂以适量耐候润滑脂，检查两端的复位弹簧弹性良好。

c. 对机构限位装置进行检查，适当调整限位开关的位置并固定好，调整时应注意隔离开关本体与操动机构的配合。

2）电气部分问题处理方法：

a. 检查机构电机电源和控制电源是否正常，对三相电源检查是否缺相，检查快分开关开断正确可靠。

b. 检查控制回路、电机回路接线有无松动，检查接触器、按钮、切换开关的触点导通良好。

c. 检查分、合闸限位开关切换可靠，检查门控开关、手动/电动闭锁开关是否正确动作，更换失效的微动开关接点。

d. 检查热继电器整定值是否恰当，常闭触点是否复位良好，按照产品说明书适当调整其动作值。

e. 检查交流电机接线是否正确，线圈绝缘和电阻值是否正常，检查直流电机碳刷磨损情况，表面接触是否良好，必要时更换磨损严重的碳刷。

（3）传动系统问题的处理：

1）对隔离开关所有传动部位用酒精或汽油进行清洗，清除残留的润滑脂和污垢，转动的轴、销打机油，摩擦部位清洗干净后，涂以性能良好的二硫化钼锂基润滑脂，所有活动部位运动灵活无卡涩，固定部位应牢固可靠无松动。

2）对强度不够或变形严重的垂直连杆、水平连杆和拐臂进行加固或更换，对打滑的抱箍更换高强度螺栓紧固到位，重新配钻打孔增加止位螺钉，更换磨损严重或开裂的抱箍。

3）检查地刀与主刀闭锁板之间的间隙是否适当，手动操作隔离开关合闸，观察合闸过程中闭锁间隙变化情况，调整地刀与主刀闭锁间隙为 5mm 左右。

7.3.4 单柱垂直伸缩式（双柱水平伸缩式）（喇叭口）500kV 隔离开关分合闸不到位处理

7.3.4.1 缺陷描述

单柱垂直伸缩式（双柱水平伸缩式）（喇叭口）500kV 隔离开关（如图 3-7-5 所示）操作过程中，因合闸不到位，导致合闸后出现触头发热甚至烧损现象，传动小拐臂未过死点。因分闸不到位，隔离开关无法分闸到限位点导致开距不够，处于半分半合状态甚至拒分。

图 3-7-5 单柱垂直伸缩式（双柱水平伸缩式）（喇叭口）500kV 隔离开关外观图

7.3.4.2 原因分析

500kV 单柱垂直伸缩式（双柱水平伸缩式）（喇叭口）隔离开关分合闸不到位的主要原因有以下三个方面：

（1）本体方面：一是静触头位置不当，导致合闸时顶住动触头，或动触头插入深度不够；二是本体限位螺钉调整不当，导致过位或欠位；三是平衡弹簧调整不当、锈蚀或疲劳，导致合闸操作力矩过大；四是本体固定螺栓松动，支柱绝缘子断裂等，可能导致分、合闸均无法到位。

（2）机构方面：一是机械部分的问题，如齿轮、涡轮、蜗杆损坏或配合间隙偏大，机构限位装置调整不当或松动失效，造成分闸、合闸不能到位甚至无法动作；二是电气回路问题，如电源缺相，接触器接点不通、接触不良，微动开关损坏，热偶整定不当或接点接触不良，电机故障等。

（3）传动系统：一是传动部件卡涩严重，导致分合闸操作力过大；二是垂直连杆、水平连杆和拐臂强度不够，变形严重，抱箍打滑或开裂；三是主刀和地刀之间的闭锁板间隙调整不当，分、合闸过程中存在卡涩现象。

7.3.4.3　处理方法

（1）本体方面问题的处理：

1）对单柱垂直伸缩式（喇叭口）隔离开关，适当调整静触头的高度，使动触片插入静触头喇叭口的深度符合产品技术规定，合闸到位后，上、下导电臂应在同一垂直线上，观察合闸动、静触头接触过程中，管母线无明显上移现象。

2）对双柱水平伸缩式（喇叭口）隔离开关，适当调整动、静触头的间距，使动触头插入静触头喇叭口的深度符合产品技术规定，合闸到位后，上、下导电臂应在同一水平线上，合闸时观察动、静触头接触过程中，静触头喇叭口应转动灵活。

3）在调整分、合闸到位的情况下，适当调整小拐臂限位螺钉的长度，使合闸时限位螺钉间隙保持在 0～2mm 左右，分闸时上导电臂正好折叠靠在下导电臂根部。

4）从下导电臂端部检查下导电管内无异物，检查平衡弹簧拉杆是否锈蚀或疲劳，否则应更换，涂以性能良好的锂基润滑脂，如合闸操作力矩过大，应适当增大平衡弹簧预压力，如分闸反弹力较大，可适当减少平衡弹簧预压力，调整的标准为，隔离开关本体在不受外力作用的情况下，可自由停留在半分半合的任意中间位置而不出现下落（回收）或反弹现象。

5）检查本体支柱绝缘子和旋转绝缘子有无裂纹，所有固定部位的螺栓是否紧固，重点检查底座与支架、旋转绝缘子与导电底座、导电系统与支柱绝缘子之间的连接螺栓应紧固到位，更换损坏的支柱绝缘子，确保分合闸运动灵活。

（2）机构方面问题的处理。

1）机械部分问题处理方法：

a. 检查机构传动齿轮和电机输出齿轮磨损情况，有无缺齿或严重变形，涂以适量耐候润滑脂。

b. 检查涡轮、蜗杆磨损情况，有无损坏或严重变形，配合间隙适当，运动灵活无卡涩，涂以适量耐候润滑脂，检查两端的复位弹簧弹性良好。

c. 对机构限位装置进行检查，适当调整限位开关的位置并固定好，调整时应注意隔离开关本体与操动机构的配合。

2）电气部分问题处理方法：

a. 检查机构电机电源和控制电源是否正常，对三相电源检查是否缺相，检查快分开关开断正确可靠。

b. 检查控制回路、电机回路接线有无松动，检查接触器、按钮、切换开关的触点导通良好。

c. 检查分、合闸限位开关切换可靠，检查门控开关、手动/电动闭锁开关是否正确动作，更换失效的微动开关接点。

d. 检查热继电器整定值是否恰当，常闭触点是否复位良好，按照产品说明书适当调整其动作值。

e. 检查交流电机接线是否正确，线圈绝缘和电阻值是否正常，检查直流电机碳刷磨损情况，表面接触是否良好，必要时更换磨损严重的碳刷。

（3）传动系统问题的处理：

1）对隔离开关所有传动部位用酒精或汽油进行清洗，清除残留的润滑脂和污垢，转动的轴、销打机油，摩擦部位清洗干净后，涂以性能良好的二硫化钼锂基润滑脂，所有活动部位运动灵活无卡涩，固定部位应牢固可靠无松动。

2）对强度不够或变形严重的垂直连杆、水平连杆和拐臂进行加固或更换，对打滑的抱箍更换高强度螺栓紧固到位，重新配钻打孔增加止位螺钉，更换磨损严重或开裂的抱箍。

3）检查地刀与主刀闭锁板之间的间隙是否适当，手动操作隔离开关合闸，观察合闸过程中闭锁间隙变化情况，调整地刀与主刀闭锁间隙为 3～5mm。部分隔离开关如阿尔斯通 SPVT/SPOT 型主刀和地刀之间有联锁销，应检查其是否能灵活运动，防止卡涩。

设备及接头发热缺陷处置

8

8.1 适用范围

本典型作业法适用于变电设备发热缺陷治理，主要包括以下内容：针对不同接触类型及部位，有针对性进行发热缺陷的处理，编写了各类缺陷的缺陷描述、原因分析及缺陷治理措施。

8.2 施工流程

发热缺陷治理流程如图 3－8－1 所示。

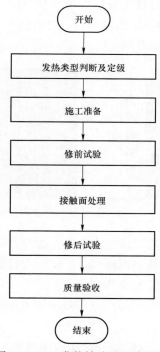

图 3－8－1　发热缺陷治理流程图

8.3 工艺流程说明及质量关键点控制

8.3.1 发热类型判断及定级

发热类型有三大类，即电压致热型、电流致热型及综合致热型。

（1）电压致热型即为因电压效应造成的发热而与负荷电流无关，其主要是因为设备绝缘结构性能的弱化造成的，如发生内部绝缘不良造成的泄漏电流增大、密封失效导致进水受潮，引起介质损耗增大；在外部表现为整体性的发热，如避雷器、套管、CVT 等整体性发热，且发热温升不高且稳定（根据设备类型的不同，0.5K～10K 不等），如图 3－8－2 所示为一 CVT 进水造成发热的红外图。

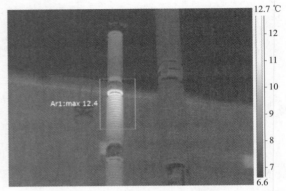

图 3－8－2 电压致热型缺陷示例

对设备外绝缘（如瓷套），由于污秽或者电压畸变等造成的爬电也可形成表面温升。对于电压致热形缺陷，一旦出现即预示着该设备存在较为严重的缺陷，处理方式一般为停电进行诊断性试验，以确定设备内部是否存在绝缘不良等，本作业法不再具体进行讲述，重点探讨电流致热型缺陷。

（2）电流致热型缺陷。电流致热型缺陷为电流热效应造成的发热缺陷，对电流变化敏感，一般发生在导电回路，以导体接触部位居多，红外图上一般表现为设备局部过人，也存在因容量不够造成的导电部分整体发热。如图 3－8－3 所示为电流致热型缺陷红外图示例。

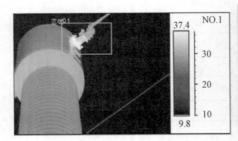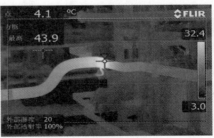

图 3－8－3 电流致热型缺陷示例

电流型发热主要是工艺、材质、设计这三个方面存在缺陷所引起的电气设备制热。其中工艺缺陷包括接触不良、接触截面积不够、接触面未打磨氧化层等；材质缺陷包括金属材质不良；设计缺陷包括压指压接不良等。

（3）综合致热型缺陷。致热原因即有电压效应也有电流效应，可进行综合分析，本作业法不具体讨论。

根据 DL/T 664—2016《带电设备红外诊断应用规范》中附录 H 的规定，电流致热型设备根据发热程度的不同，对不同设备不同部位及不同发热程度进行了定级。表 3-8-1 所示为发热等级及建议处理方式。

表 3-8-1　　　　　　　　　　发热缺陷等级及处理方式

等级	含义	处理方式
一般	指设备存在过热，有一定温差，温度场有一定梯度，但不会引起事故的缺陷	记录在册、观察其缺陷的发展、充分利用停电机会进行消缺
严重	指设备存在过热，程度较重，温度场分布梯度较大，温差较大的缺陷	加强检测、必要时降低负荷等必要的措施
危急	危急电流型缺陷主要指设备最高温度超过相关规定的最高允许温度的缺陷	应立即降低负荷电流或立即消缺

为保障供电需求，对设备发热进行等级划分，可灵活地采取差异化的检修策略，并做好差异化准备，防止重复停电影响供电可靠性。

8.3.2　施工准备

（1）技术准备：设备使用说明书及主要参数、设备红外发热缺陷记录（包括发热点温度和正常相的对比、环境温度、负荷大小）、前次检修试验记录。

（2）材料准备，逐个制定各项材料控制表，主要材料见表 3-8-2（具体要根据现场发热部位、发热情况进行准备）。

表 3-8-2　　　　　　　　　　　主　要　材　料

序号	名称	型号规格	数量	备注
1	镀锌螺栓	两平一弹	若干	
2	中性凡士林	—	1 盒	
3	电力复合脂/纳米导电精	—	1 盒	
4	二硫化钼	—	1 盒	
5	砂纸（粗）	150 号	若干	
6	砂纸（细）	800 号	若干	
7	无水酒精	—	1 瓶	
8	棉纱头	—	若干	
9	铜铝复合片	—	若干	
10	百洁布	—	若干	

（3）机具准备，主要机具见表 3-8-3。

表 3-8-3　　　　　　　　　　　主　要　机　具

序号	名称	型号规格	数量	备注
1	铜刷	—	1 把	
2	塞尺	—	1 套	
3	刀口尺	—	1 把	

序号	名称	型号规格	数量	备注
4	力矩扳手	常用规格	1 把	
5	锉刀	—	1 套	圆锉、半圆锉、平锉等
6	什锦锉	—	1 套	
7	红外测温仪	—	1 台	
8	回路电阻测试仪	—	1 台	
9	电源盘	220V	1 个	
10	打孔机/台钻	—	1 台	

（4）人员准备：逐人开展专项技能培训并考试上岗，严格筛选作业人员。

8.3.3　修前检查、试验

对发热设备发热部位进行外观检查，对属于静接触的接头搭接部位，检查螺栓是否完整、锈蚀、断裂等异常现象，并检查紧固力矩是否合适。对隔离开关动静触头接触的动接触型部位，应先检查隔离开关是否合闸到位，动静触头接触是否到位，插入深度是否合适，有无触指断裂、触头烧损等严重缺陷，检查触指压紧弹簧是否存在失效、缺损、锈蚀等影响性能的情况，夹紧力是否正常。对于出现导电回路整体发热的情况，应核通流容量与材料规格的配合是否正常。

对可直接判断出发热部位的接触部位，可直接测量该部位的回路电阻，以判断该部位的接触情况；对于多接头部位或在测温时距离较远、通过红外图谱只能初步判断大致范围的发热缺陷，需逐个对所有接触面进行测量，以确定发热部位，减少工作量，同时避免整体测量造成的单个接触面接触电阻超标被多个良好接触面"平均"的假象。逐个测试后，应进行整体测量，确定整个回路修前电阻状况，对于隔离开关而言，不仅仅需要测量隔离开关本体导电回路电阻，还应对包括接线端子在内的整体回路电阻进行测量。

8.3.4　处理

电流致热型发热部位，更加接触部位是否可以活动，可分为动接触部位、静接触部位，根据接触形式有面接触部位、点接触部位、线接触部位，对于接触部位接触面的处理，大体上类似做具体说明：

对静接触部位处理，可参考国网公司运检一〔2014〕143 号文《国网运检部关于加强换流站接头发热治理工作的通知》中十步法相关步骤进行处理，部分步骤具体如下：

（1）初测直流电阻，对超过规定值的接头进行处理。

（2）拆卸接头，精细处理接触面。用 150 目细砂纸去除导电膏残留，无水酒精清洁接触面，用刀口尺和塞尺测量接头平面度。

（3）均匀薄涂导电膏。控制涂抹剂量，用不锈钢尺刮平，再用百洁布擦拭干净，使接触面表面形成一薄层导电膏。

（4）均衡牢固复装。复装时应先对角预紧、在用规定力矩拧紧，保证接线板受力均衡，并用记号笔做标记，相关力矩值见表 3−8−4。

表 3−8−4　　　　　　　　　　　　　相 关 力 矩 值

螺栓规格（mm）	力矩值（N·m）	螺栓规格（mm）	力矩值（N·m）
M8	8.8～10.8	M16	78.5～98.1
M10	17.7～22.6	M18	98.0～127.4
M12	31.4～39.2	M20	156.9～196.2
M14	51.0～60.8	M24	274.6～343.2

（5）复测直流电阻，不满足要求的应返工。

对动接触形式，表面处理一般用百洁布及无水酒精进行清理，去除其表面污秽、氧化层等。对于发生表面烧损的部件，用什锦锉进行处理，处理不好的，可改变位置，避开烧损部位，或对部件进行更换。

下面参考的不同类型，下面举例说明处理方式及步骤。

（1）铜铝直接对接发生腐蚀造成的发热。在潮湿的环境中，铜铝直接对接面因雨水及灰尘等因素影响，会在对接表面造成电化学腐蚀，破坏接触面，在长期的通流过程中产生发热。如图 3−8−4 所示为因铜铝直接对接造成的接触表面烧损。对此类缺陷，需对损坏的接触面进行打磨，修补烧损部位，对无法进行修补的需要更换导电部件。可直接将搭接面两端材料改为铜质，或在不改变铜铝搭接的条件下，需加装铜铝复合片或采取表面镀银的方式。铜铝过渡片如图 3−8−5 所示。对于加装的铜铝复合片，不建议采用现场打孔加

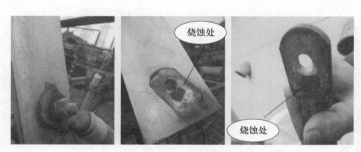

图 3−8−4　铜铝直接对接发热烧蚀情况

图 3−8−5　铜铝过渡片

工的方式，因采用冲孔机时，会造成复合片表面的平整度破坏，而且很难校平，反而会形成不良接触。采用接触面镀银是比较好的选择。

（2）隔离开关触头发热。隔离开关触头发热主要有夹紧力不足及接触面杂质及氧化物堆积等。对于隔离开关发热缺陷处理，首先应判断隔离开关是否能够合闸到位，对合闸不到位造成的发热缺陷，需调整好机构及传动部件，保证动静触头可靠接触、接触部位位置及插入深度满足产品技术文件要求。如图3-8-6所示为隔离开关合闸不到造成的发热缺陷。待调整到位后，对触头触指接触部位用百洁布轻轻进行清理，清除杂质及氧化物，避免破坏镀银层。

接触电阻与作用与接触面上的压力负相关，压力越大，接触越紧密，接触电阻越大。对隔离开关而言，触头触指处的夹紧力影响对隔离开关发热影响很大。对单柱垂直伸缩、双柱水平伸缩钳夹式隔离开关，夹紧力由导电臂内加紧弹簧提供，对此类隔离开关发热夹持部位发热，在处理接触面、调整隔离开关合闸到位后，若依然存在回路电阻超标，则可进一步检查夹紧弹簧是否存在锈蚀、力度不够，可测量夹紧力大小来判断。若夹紧弹簧可以调整，可以增加夹紧弹簧的预压缩量，若调整弹簧后依然回路电阻超标，需进行导电系统改造，更换导电臂。若静触头杆存在烧损，则松开静触头杆两端抱夹，将静触头杆旋转90°，使得夹紧位置避开烧损部位。图3-8-7为一单柱垂直伸缩式隔离开关因存在家族缺陷造成夹紧弹簧压力不够、触头触指夹紧部位压力不够造成的发热，最后进行了导电臂更换处理。

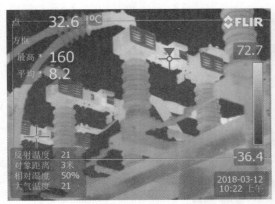 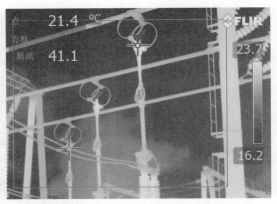

图3-8-6　隔离开关合闸不到位发热　　　　图3-8-7　单柱垂直伸缩式

图3-8-8所示为一10kV双柱垂直开启式隔离开关导电系统接触部位发热缺陷。该型隔离开关接触部位由位于侧面的弹簧提供夹紧力，在长期运行过程中，弹簧锈蚀导致夹紧力严重不足，造成接触部位烧损而发热。对该发热缺陷，对烧损部位进行打磨及搪锡处理并更换弹簧，处理后对单个接触面及整体导电回路进行直流电阻测试，数据合格。

杂质和氧化物堆积是隔离开关发热的一个直接原因。图3-8-9所示为一台主变进线隔离开关触头发热，检查发现隔离开关合闸到位，有明显烧损现象，触头和触指表面存在致密杂质和氧化物堆积。

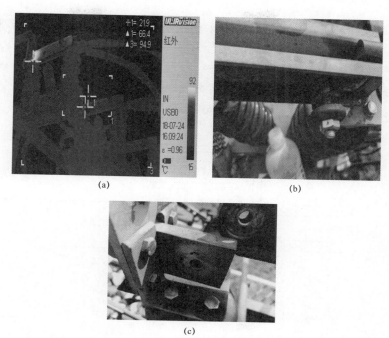

图 3-8-8　双柱垂直开启式隔离开关接触部位发热缺陷

（a）红外图；（b）压紧弹簧；（c）接触面情况

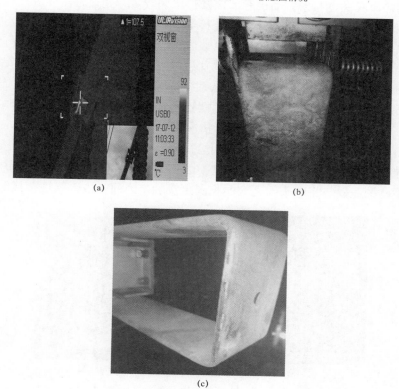

图 3-8-9　杂质和氧化物堆积造成触头发热

（a）红外图；（b）动静触头接触情况；（c）触头表面情况

设计缺陷造成的发热。以内拉式触头发热为例，该结构触指的夹紧力由内拉式弹簧保持，如图 3-8-10 所示。弹簧与触头间没有进行绝缘隔离，在运行中弹簧流过电流，造成弹簧发热、弹性变差、夹紧力降低，最终导致触指与触头接触部位发热。与该结构对应的是外压式触头和自力式触头，弹簧置于触片外侧，并具有绝缘结构，弹簧不导流，提高了弹簧寿命，有效地降低了接触部位发热的概率。

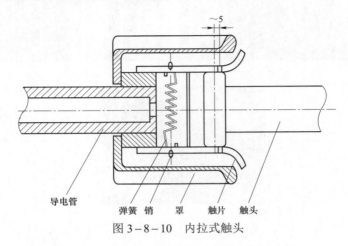

图 3-8-10　内拉式触头

以上均为隔离开关动接触，动接触部位发热原因较多，处理时需要进行综合分析并采取针对性措施。隔离开关的接线端子、软连接等部位为静接触。图 3-8-11 是一相 35kV 隔离开关发热接线端子处发热，单对该接线端子接触面进行处理，但因未进行整体回路带接线端子的额测量，后期将军帽内发生严重发热造成了烧损。检查发现为将军帽内软连接静接触存在回路电阻超标。该隔离开关导电系统将军头内导电座为铝质，软连接为铜质，中间通过铜质覆锡过渡板连接，分别由 2 颗螺栓固定。因该设备所在无功间隔正常运行情况下电流较大（一般为 1000A 左右），运行情况下导流回路存在一定的温升，由于铜质和铝质导体受热膨胀系数不同，在大电流长期运行后，该接触面会存在一定的紧固裕度，不及时处理会导致接触面电阻增大，发热程度不断扩大。而该将军头外壳由不锈钢盖板通过螺丝固定，不锈钢盖板与将军头间无大面积固定接触，因而当内部软连接接触面发热时，

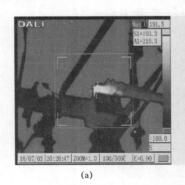
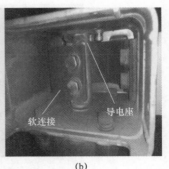

(a)　　　　　　　　　　　　(b)

图 3-8-11　隔离开关静接触发热

(a) 红外图；(b) 内部结构

无法通过红外测温直接检测出，检测到的为通过导电座传导到接线板上的发热缺陷。

通过该缺陷处理，对于隔离开关发热缺陷处理提出建议如下：红外缺陷处理时不能仅局限于肉眼可视面，应通过仪器或理论推测将检查范围扩大。进行常规例试检修时，务必将类型隔离开关导电系统将军头开盖进行软连接接触面检查处理。用回路电阻仪检测时，应测试包含两端线夹在内的整个导流回路电阻，并进行相间回路电阻对比，有异常应进行进一步的分段检测。针对投退频繁的无功设备间隔，应缩短检修周期，进行接触面全面检查处理。

（3）涡流发热。图3-8-12为涡流引起穿墙套管固定板发热。对于单芯电缆、主变低压侧穿墙套管等，应采用非铁磁性材料安装板进行固定，如采用铁磁性材料，应开槽并对槽缝进行铜焊。

图3-8-13为35kV电抗器连接引线

图3-8-12　涡流发热示例

发热红外图，该导线采用钢芯铝绞线，在靠近电抗器处存在发热，且并无过流现象，分析为电抗器漏磁导致的钢芯发热。将引线更换为无钢芯的轻型铝导线后，该发热缺陷消失。

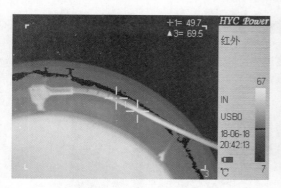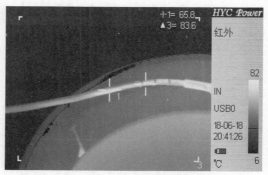

图3-8-13　35kV电抗器引线发热

（4）管母抱夹发热。图3-8-14为一35kV主变压器进线管母连接抱夹接触面发热缺陷，打开接触检查，发现导电膏太厚，且造成上片抱夹内部出现烧损。导电膏并非电的良导体，用于金属接触面来降低接触电阻，一是其中的金属细颗粒可以填补接触面的缝隙，以增强导电性，另外是通过"隧道效应"来实现的电子的流动，其对导电膏厚度要求极薄，过厚的导电膏并具备增强导电性能的能力，反而会造成接触不良。在处理管母上过厚的导电膏后，对两片抱夹间的紧固螺栓进行均匀对称紧固，测试回路电阻值。

（5）断路器灭弧室发热。断路器灭弧室中，动静触头滑动接触。断路器行程、超行程、触头材质、烧损情况，都会影响到触头的发热情况。图3-8-15为一35kV断路器灭弧室发热，环境温度13℃，正常相温度18.3℃，热点温度50.6℃，负荷电流约为1000A。对于该类缺陷，需对断路器进行解体大修或更换。经解体检查，该断路器动静触头未对中，且弧触头烧损严重，动静触头未合闸到位（超行程不够），合闸后弧触头作为主导流回路，通过大电流时造成弧触头高温烧伤，也是导致本次红外发热的直接原因。

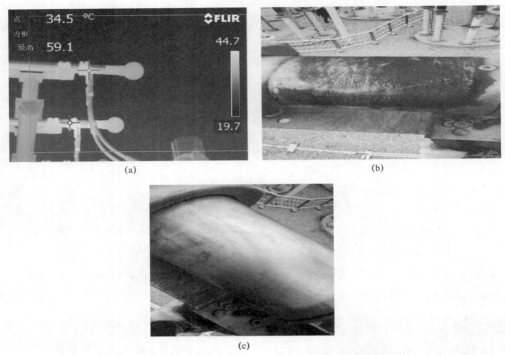

图 3-8-14   35kV 主变压器进线管母连接抱夹发热实例

（a）红外图；（b）处理前接触面情况；（c）处理后情况

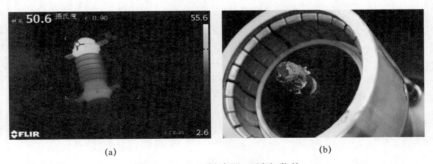

图 3-8-15   断路器灭弧室发热

（a）红外图；（b）触头情况

（6）加装引流排处理一起 SF_6 TA 发热。图 2 左侧所示 TA 为发热设备，其发热原因为小法兰紧固螺栓存在大量未紧固（法兰盘上方 4 颗），且松动螺栓表面有完整、与周边颜色一致的漆层，应为出厂或安装阶段未进行检查及紧固，如图 3-8-16 所示。因法兰与 TA 本体间不能打开（会漏气），无法直接处理接触面，在处理过程中发现直流电阻始终不合格，最后，利用 TA 的一次接线端子和本体，在分析电流路径后，采用加装分流排的方式进行处理，减少通过该接触面的电流，以降低高峰负荷时发热情况。该缺陷处理思路可以推广到其他缺陷处理中。

(a)　　　　　　　　　　　　　　　　　(b)

图 3-8-16　法兰螺栓未紧固
（a）松动螺栓；（b）处理后

8.3.5　修后试验

对各接触面进行处理后，应复测直流电阻，对复测结果超标的，应进行进一步处理。在送电后应进行红外测温，跟踪缺陷是否处理好。

8.3.6　质量验收

（1）工作负责人对检修项目关键工序进行复查。

（2）自验收完毕现场应恢复到工作许可时状态。

（3）清理现场后，向运维人员申请验收。

第4篇　典型作业法技能

矩形母线及铝管形母线制作

1.1 适用范围

本方法适用于变电工程铝管形母线和矩形母线的制作施工,可供变电工程施工、安装、验收、监理等技术人员和管理人员使用,也可供相关人员参考。

1.2 施工流程

铝管形母线制作施工流程图如图4-1-1所示,矩形母线制作施工流程图如图4-1-2所示。

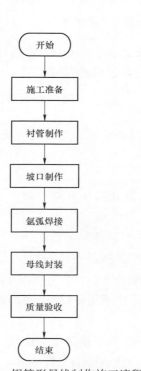

图4-1-1 铝管形母线制作施工流程

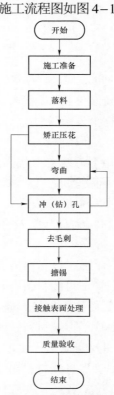

图4-1-2 矩形母线制作施工流程

1.3 工艺流程说明及工艺控制点

1.3.1 准备工作

1.3.1.1 现场查勘

1.3.1.1.1 管形母线

核实管形母线支撑架固定金具、软连接、静触头水平安装位置，根据现场管母长度，确定管母焊接位置。具体安装时，焊接点应避开上述位置。同时，铝管形母线焊接接头所处的部位，应符合下列规定：

（1）离支持绝缘子、母线夹板的边缘不应小于 100mm。

（2）母线宜减少对接接头。

（3）同相母线不同片上的对接焊缝，其位置应错开，距离不应小于 50mm。

现场查勘应对照施工设计图纸，两人合作利用皮尺核实现场各设备安装平面位置，主要是核实母线支撑架固定金具、软连接、静触头水平安装位置。以 220kV 某变电站为例，图 4-1-3 为对照设计图纸核实的 220kV Ⅰ 母 A 相某段尺寸位置图。

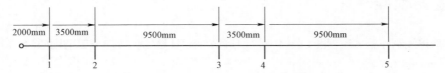

图 4-1-3　220kV Ⅰ 母 A 相某段尺寸位置图

图 4-1-3 中，1 为靠近 602 端头的第 1 柱母线支撑绝缘子安装位置，2 为 602A 相静触头抱箍安装位置，3 代表靠近 602 端头的第 2 柱母线支撑绝缘子安装位置，4 代表 604A 相静触头抱箍安装位置。

1.3.1.1.2 矩形母线

核实矩形母线支撑架固定金具、软连接、连接设备位置、母排规格及走向等。

1.3.1.2 到货验收

1.3.1.2.1 铝管形母线

（1）材料到货验收及开箱检查。材料到货验收及开箱检查重点对下述 5 项内容进行检查：

1）铝管形母线材料应具备材料出厂质量合格证书或质量复检报告。

2）铝管形母线材料开箱，除应核对材料出厂质量合格证明文件外，还应检查材料外表质量；表面应无划伤、碰伤、氧化锈蚀斑点等缺陷。

3）铝管形母线材料铸铝质量应符合 GB/T 1196《重熔用铝锭》中含铝纯度高于 99.6%，且铁硅含量比必须大于 1 的规定。

4）铝管形母线材料出厂时，每根料离端头 50mm 处应设置下列标志：① 生产厂厂名和或厂标；② 名义长度或代号；③ 出厂检验钢印和质量证明文件编号。

5）铝管形母线材料供货尺寸及几何形状，应符合下列规定：① 高、宽度尺寸允许偏差为 –2～+4mm；② 料长小于或等于 5000mm 时，长度尺寸允许偏差为 ±5mm；料长大于 5000mm 时，长度尺寸允许偏差为 ±10mm；③ 端头应采用机械锯切，切面应垂直于铝管形母线纵轴线，垂直度的允许偏差为 2mm；④ 铝管形母线材料应平直，不得有急剧折弯；直线度允许偏差为 3mm/m，且全长为 15mm；⑤ 铝管形母线材料不应有扭曲，料长小于或等于 5000mm 时，平面度允许偏差为 2mm/m；料长大于 5000mm 时，平面度允许偏差为 3mm/m；且全长为 15mm。

（2）焊丝的验收。

1）惰性气体保护焊的焊丝质量，应符合 GB/T 3195—2016《铝及铝合金拉制圆线材》中含铝纯度与硬性铝管形母线铸铝成分相同的规定，且宜高一个级别。

2）焊丝直径应按焊接接头板厚和焊接设备性能综合确定。

3）焊丝外观应符合下列规定：

a. 焊丝表面应光滑、不得有裂纹、气泡、腐蚀斑点、污垢及超过直径允许负偏差的划伤、擦伤、压陷和其他机械损伤。

b. 焊丝直径的允许偏差为 ±0.04mm。

c. 焊丝表面缺陷允许进行检验性打磨，但应保证最小直径在允许偏差内。

d. 被污染或氧化的焊丝严禁使用。

1.3.1.2.2　矩形母线

材料到货验收及开箱检查。材料到货验收及开箱检查重点对下述 5 项内容进行检查：

（1）矩形母线材料应具备材料出厂质量合格证书或质量复检报告。

（2）矩形母线材料开箱，除应核对材料出厂质量合格证明文件外，还应检查材料外表质量；表面应无划伤、碰伤、氧化锈蚀斑点等缺陷。

（3）矩形母线为铜或铜合金材质时，其化学成分中铜加银含量不应小于 99.9%；为铝或铝合金材质时，其化学成分铝含量不应小于 99.5%，铝合金母线的化学成分除主元素铝之外，可有其他适当含含量的化学元素，包括硅、镁、铁等，但应保证铝合金母线的机械和电气性能符合要求。

（4）矩形母线为铜或铜合金材质时，布氏硬度不应小于 65HB；为铝或铝合金材质时，抗拉强度不应小于 118MPa，伸长率不应小于 3%。

（5）矩形母线为铜或铜合金材质时，20℃直流电阻率不应大于 $0.01777\Omega \cdot mm^2/m$，导电率应不应小于 97IACS；为铝或铝合金材质时，20℃直流电阻率不应大于 $0.0290\Omega \cdot mm^2/m$，导电率应不应小于 59.5IACS。

1.3.1.3　施工准备

施工准备分工器具、主材、耗材准备 3 部分。

1.3.1.3.1　铝管形母线

（1）工器具。工器具需准备坡口机、氩弧焊机、电焊面罩、电焊机、切割机、手电钻、角向磨光机、电缆滚轮架、剪线钳、电源盘、万用表、个人工具、木槌、帐篷，详见表 4–1–1。

表 4-1-1 工 器 具 清 单

序号	名称	单位	数量	备注
1	坡口机	台	1	
2	氩弧焊机	台	1	
3	电焊面罩	套	2	
4	电焊机	台	1	
5	切割机	台	1	
6	手电钻	台	2	
7	角向磨光机	台	2	
8	电缆滚轮架	个	若干	视管母长度而定
9	剪线钳	把	1	
10	电源盘	个	1	
11	万用表	个	1	
12	个人工具	套	1	
13	木槌	把	2	
14	帐篷	套	2	

（2）主材。主材需准备铝管形母线、氩气、焊丝、钢芯铝绞线 LGJ-240 等。

（3）耗材。耗材需准备钨棒、喷嘴、钢丝刷、手套、手砂轮刷子、砂纸、棉纱头、丙酮，详见表 4-1-2。

表 4-1-2 耗 材 清 单

序号	名称	单位	数量	备注
1	钨棒	套	若干	具体视工作量定
2	喷嘴	套	若干	
3	钢丝刷	把	若干	
4	手套	副	若干	
5	手砂轮刷子	把	若干	
6	砂纸	块	若干	
7	棉纱头	个	若干	
8	丙酮	瓶	若干	

1.3.1.3.2 矩形母线

（1）工器具。工器具需准备切排机、弯排机、打孔机、台钻、角向磨光机、电源盘、万用表、麻花钻花、木槌、帐篷，详见表 4-1-3。

表 4-1-3 工 器 具 清 单

序号	名称	单位	数量	备注
1	切排机	台	1	
2	弯排机	台	1	
3	打孔机	套	2	
4	台钻	台	1	
5	角向磨光机	台	2	
6	电源盘	把	1	
7	万用表	套	1	
8	麻花钻花	套	1	
9	木槌	把	2	
10	帐篷	套	2	

（2）主材。主材需准备铜排或铝排、热缩套等。

（3）耗材。耗材需准备钢丝刷、手套、手砂轮刷子、砂纸、棉纱头、丙酮，详见表 4-1-4。

表 4-1-4 耗 材 具 清 单

序号	名称	单位	数量	备注
1	钢丝刷	把	若干	
2	手套	副	若干	
3	手砂轮刷子	把	若干	
4	砂纸	块	若干	
5	棉纱头	个	若干	
6	丙酮	瓶	若干	

1.3.2 具体施工步骤及质量控制

1.3.2.1 铝管形母线

铝管形母线焊接流程分衬管制作、坡口制作、氩弧焊接、母线封装、质量验收共 5 个环节。

1.3.2.1.1 衬管制作

对于铝管形母线，为了使焊口能够焊透而又不烧伤管的内壁，并弥补焊口减弱的机械强度，要求焊口处应加衬管。衬管管径依焊接管母直径、管壁厚度而定，衬管的长短应根据母线的管径、厚度及跨度和受力情况由设计而定，无设计明确要求时衬管长度一般选取 400mm。

衬管下料应采取机械法切割，如采用切割机进行切割。切割时应留有 1～2mm 的精加工余量，切口应平整和垂直，切割端面应光滑、均匀、无毛刺。

衬管纵向轴线左右各 50mm 进行打磨，利用角向磨光机去除氧化层。

1.3.2.1.2 坡口制作

管母坡口加工应采用坡口机进行机械加工，坡口应光滑、均匀、无毛刺。坡口制作尺寸要求参照表4-1-5的规定。

表4-1-5 坡　口　制　作　尺　寸　要　求

材料厚度 t（mm）	坡口种类	横截面	尺寸			焊缝图示
			角度 α（°）	间隙 b（mm）	钝边 c（mm）	
3<t≤10	V 形坡口		40≤t≤60	≤4	≤2	
8<t≤12			6≤t≤8	—		

坡口制作完成后，需在离坡口断面 50、100mm 横向轴线处用手电钻设置两个固定连接点，用 $\phi15$ 钻花配钻，固定孔表面应光滑、均匀、无毛刺。

1.3.2.1.3 氩弧焊接

（1）施焊前，坡口及两侧各 30～50mm 及焊接固定点周围的表面应清理干净。表面的油污应采用丙酮等有机溶剂擦洗，表面氧化膜可用角向磨光机打磨等机械方法清除。

（2）为确保焊接母线不产生形变，可采用电缆滚轮架支撑母线，并利用水平尺确认水平。

（3）安装衬管。安装时，注意补强衬管的纵向轴线应位于焊口中央，衬管与铝管形母线的间隙应小于 0.5mm，如图 4-1-4 所示。

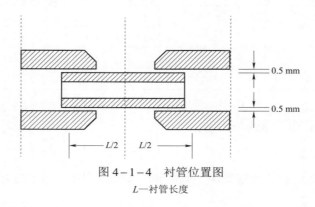

图 4-1-4 衬管位置图

L—衬管长度

（4）先对铝管形母线坡口位置的两个固定点施焊。固定点焊接完后，对接的管母上的 2 个固定点应保持与被对接管母上的固定点在一条轴线上。两节管母对接处保留 1 根焊丝直径的间隙，后将另两个固定点施焊。

（5）焊接前对口应平直，其弯折偏移不应大于 0.2%；对接接头对口时，根部表面偏移不应大于 0.5mm。为阻止或消除焊接变形，可采用将管母放置在电缆滚轮架，利用水平尺确认水平后再进行施焊。

（6）铝管形母线接头焊接应一次连续焊成，每道焊缝应连续施焊；焊缝未完全冷却前，母线不得移动或受力。

（7）焊缝金属表面焊波应均匀，不得有裂纹、烧穿、弧坑、针状气孔、缩孔等缺陷。

（8）焊缝熔宽应均匀，且应大于焊接坡口 2mm，焊缝两侧应与母材圆滑过渡，焊缝允许咬边应满足以下要求：

1）焊件板厚小于或等于 10mm 时，咬边深度应小于 0.5mm。

2）焊件板厚大于 10mm 时，咬边深度应小于 0.8mm。

3）每条焊缝咬边的连续长度应小于 100mm，且两侧咬边累计长度应小于焊缝长度的 15%。

（9）铝管形母线焊接完后，接头自然冷却至常温前，应避免振动或受力。

（10）焊接作业场所应采取防风、防雨、防雪、防寒等措施。

1.3.2.1.4　母线封装

焊接完成后，需对铝管形母线进行内部清洁，清洁完毕后需在铝管形母线中穿阻尼线，以防止机械共振。阻尼线可用钢芯铝绞线 LGJ－240 型，阻尼线穿进管母后及时安装两侧的封端球及封端盖，并在封端球朝下钻滴水孔，保持排水通畅。

1.3.2.1.5　质量验收

（1）中间验收。

1）焊接接头的对口、焊缝应符合具体的规定。

2）焊接接头表面应无肉眼可见的裂纹、凹陷、缺肉、未焊透、气孔、夹渣等缺陷。

3）咬边深度不得超过母线壁厚的 10%，且其总长度不得超过焊缝总长度的 20%。

（2）竣工验收。

1）表面及断口检验：焊缝表面不应有凹陷、裂纹、未熔合、未焊透等缺陷。

2）焊缝 X 光无损探伤，其质量检验应符合具体的标准规定。

3）焊缝抗拉强度试验：其焊接接头的平均最小抗拉强度不得低于原材料的 75%。

4）直流电阻测定：焊缝直流电阻不应大于同截面积、同长度的原金属的电阻值。

1.3.2.2　矩形母线

矩形母线焊接流程共有落料、矫正压花、弯曲（弯形）、冲孔（钻孔）、去毛刺、接触面处理、质量验收 7 个环节。

1.3.2.2.1　落料

落料长度可按图纸要求，或者用截面积 6mm^2 的铜线现场量取模型后得出展开长度；有些母线也可在弯曲后切断。

1.3.2.2.2　矫正压花

（1）通常采用母线校平机校平，或用硬木榔头、胶皮锤在平台上手工校直，遇到较大慢弯时，在由弯曲开始处慢慢向前校直；遇到"死弯"时，可垫以硬木块进行校直，校直时用力必须均匀，以免产生明显锤痕；严禁使用铁质工具，以免在母排上留下锤印或损伤。

（2）经校平、校直下料后的母排，其宽面平面度不大于 2mm/m，窄面的直线度不大于 3mm/m。

（3）4mm×40mm^2 以上母线搭接面积，必须压花处理。

1.3.2.2.3　弯曲（弯形）

（1）矩形母线应进行冷弯，不得进行热弯。

（2）母线弯制应符合下列规定：

1）母排表面不得有明显的锤痕、划痕、气孔、凹坑、起皮等缺陷。

2）母排弯曲时，弯折处应无断裂及脱层现象，母排反复弯折只允许一次，但表面不准裂痕。

3）母排若既有平弯又有侧弯时，应先侧弯后平弯。

4）母线开始弯曲处与最近绝缘子的母线支持夹板边缘的距离不应大于 0.25L，但不得小于 50mm。

5）母线开始弯曲处距母线连接位置不应小于 50mm。

6）矩形母线应减少直角弯，弯曲处不得有裂纹及显著的折皱。

7）多片母线的弯曲度、间距应一致。

（3）通常分为宽度方向的平弯、窄面方向的立弯和扭弯（麻花弯）三种。平弯和立弯如图 4-1-5 和图 4-1-6 所示。

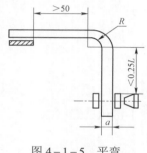

图 4-1-5　平弯

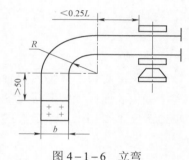

图 4-1-6　立弯

图 4-1-5 和图 4-1-6 中，a 为矩形母线厚度；b 为矩形母线宽度；L 为矩形母线两支持点间的距离；R 为最小弯曲半径，应符合表 4-1-6 的规定。

表 4-1-6　　　　　　　　　接地排最小弯曲半径（R）值　　　　　　　　　mm

弯曲方式	母线断面尺寸	最小弯曲半径 R		弯曲方式	母线断面尺寸	最小弯曲半径 R	
		铜	铝			铜	铝
平弯	50×5 及其以下	2a	2a	立弯	50×5 及其以下	1b	1.5b
	125×10 及其以下	2a	2.5a		125×10 及其以下	1.5b	2b

接地排扭弯时，其扭弯部分的长度应为母线宽度的 2.5～5 倍。接地排扭弯如图 4-1-7 所示。

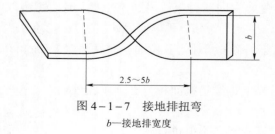

图 4-1-7　接地排扭弯
b—接地排宽度

（4）矩形母线采用螺栓固定搭接时，连接处距支柱绝缘子的支持夹板边缘不应小于 50mm；上片母线端头与下片母线平弯开始处的距离不应小于 50mm。矩形母线搭接如图 4-1-8 所示。

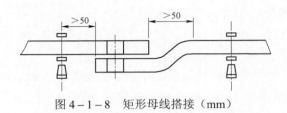

图 4-1-8　矩形母线搭接（mm）

1.3.2.2.4　冲孔（钻孔）

（1）母排的钻孔要求。

1）母排搭接时，根据母排的宽度确定搭接形式及钻孔位置后，按照表 4-1-7 的要求进行划线钻孔，或用专用模板点眼钻孔。

表 4-1-7　母　线　连　接　的　通　孔　表　　mm

螺栓直径	4	5	6	8	10	12	16	18	20	22	24	27	30	33	36	42
通孔直径	4.5	5.5	6.5	9	11	13	17	19	22	24	26	29	34	36	39	45

2）母排连接孔的直径应大于螺栓直径 0.5mm 或 1mm，母线连接的通孔见表 4-1-7。

3）母排钻孔应垂直、不歪斜，钻孔后保证孔内壁光滑，周围无毛刺。

4）两孔间中心距离的误差不应大于 0.5mm。

5）凡有错钻的孔一律不准堵孔。

（2）母线钻孔（冲孔）后一般采用锥角为 110°的麻花钻锪孔，以去除切削毛刺。直径 30mm 以上的通孔可采用平锉去毛刺，直径 30mm 以下的通孔按表 4-1-8 规定的麻花钻规格锪孔。

表 4-1-8　麻　花　钻　规　格　锪　孔　　mm

通孔直径	6~17	19~30
锪孔麻花钻直径	22	35

（3）各种规格的母线用螺栓连接时，螺栓在母线上的分布尺寸和孔径大小应符合现行国家标准 GB/T 5273《高压电器端子尺寸标准化》的有关规定。

（4）母线的接触面应平整、无氧化膜。经加工后其截面积减少值：铜母线不应超过原截面积的 3%；铝管形母线不应超过原截面积的 5%；具有镀银层的母线搭接面，不得进行锉磨。

1.3.2.2.5　去毛刺

去毛刺的工序包括去除切断，钻孔及锪孔时产生的切削毛刺，一般采用平锉手工操作。

1.3.2.2.6 接触表面处理

（1）母排连接处的接触面必须用专用压平模具在冲床上加工，保证接触面平整，连接紧密。

（2）不同金属的母排或母排与电器端子连接时，应采取如下防止电化腐蚀的措施：铜与铜在干燥的室内可以直接连接；室外、高温且潮湿的或对母线有腐蚀性气体的室内，必须搪锡。

（3）矫正压花后，对母线连接处接触面作搪锡处理并对接触表面去除氧化物，然后迅速地预漆 0.2～0.3mm 厚的导电膏，防止再度氧化。

（4）母线安排搭接前，将预涂在接触表面的导电膏用钢丝刷擦涂。擦涂后，用棉纱擦去预涂膏，再涂上一层 0.2～0.3mm 厚的导电膏。

1.3.2.2.7 质量验收

（1）中间验收。

1）母排弯曲时，弯折处应无断裂及脱层现象，母排反复弯折只允许一次，但表面不准裂痕。

2）母排若有平弯又有侧弯时，应先侧弯后平弯。

3）矩形母线应减少直角弯，弯曲处不得有裂纹及显著的折皱。

（2）竣工验收。

1）母线开始弯曲处与最近绝缘子的母线支持夹板边缘的距离不应大于 0.25L，但不得小于 50mm。

2）母线开始弯曲处距母线连接位置不应小于 50mm。

1.4 示例图

1.4.1 铝管形母线

铝管形母线示例图如图 4-1-9～图 4-1-14 所示。

图 4-1-9 加工衬管端面图

图 4-1-10 衬管磨光图

图 4-1-11 焊接坡口图

图 4-1-12 设置 2 个固定点图

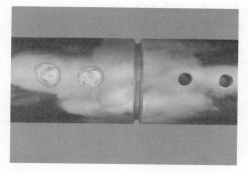

图 4-1-13 管母对接图

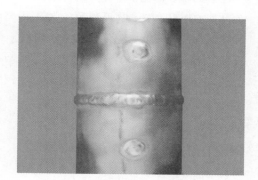

图 4-1-14 管母焊接成型图

1.4.2 矩形母线

矩形母线安装后效果图如图 4-1-15 所示。

图 4-1-15 矩形母线安装后效果图

1.5 引用标准

（1）GB/T 985.1《气焊、焊条电弧焊、气体保护焊和高能束焊的推荐坡口》

（2）GB/T 985.2《埋弧焊的推荐坡口》

（3）GB/T 985.3《铝及铝合金气体保护焊的推荐坡口》

（4）GB/T 985.4《复合钢的推荐坡口》

（5）GB/T 3190《变形铝及铝合金化学成分》

（6）GB/T 3669《铝及铝合金焊条》

（7）GB/T 4842《氩》

（8）GB/T 5585.1《电工用铜、铝及其合金母线　第 1 部分：铜和铜合金母线》

（9）GB/T 5585.2《电工用铜、铝及其合金母线　第 2 部分：铝和铝合金母线》

（10）GB/T 10858《铝及铝合金焊丝》

（11）GB 50149《电气装置安装工程　母线装置施工及验收规范》

（12）DL/T 679《焊工技术考核规程》

（13）DL/T 754《母线焊接技术规程》

2 金 属 防 腐

2.1 适用范围

本方法适用于变电工程内的金属构支架以及设备底座进行防腐,可供变电工程施工、安装、验收、监理等技术人员和管理人员使用,也可供相关人员参考。

2.2 施工流程

金属防腐作业施工流程图如图 4-2-1 所示。

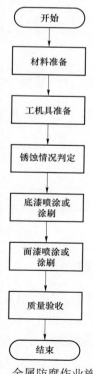

图 4-2-1 金属防腐作业施工流程图

2.3 工艺流程说明及工艺控制点

2.3.1 施工准备

变电站钢结构防腐蚀涂层应根据所处的大气环境条件和生产过程中可能产生接触的腐蚀介质，进行必要的防腐蚀设计。

2.3.1.1 材料准备

防腐蚀材料包括防锈铁红醇酸漆、铝色醇酸漆、环氧富锌漆、丙烯酸聚氨酯漆。防腐蚀材料宜选用经过工程实践证明其综合性能良好的产品，同一涂层装配套中的底、中、面漆宜选用同一厂家的产品。

2.3.1.2 工机具准备

根据工作需要，需要准备相应工机具，如角磨机、空压机（喷漆工艺适用）、油漆喷枪（喷漆工艺适用）、电源盘（喷漆工艺适用），详见表4-2-1。

表4-2-1　　　　　　　　　工 器 具 清 单

序号	名称	单位	数量	备注
1	角磨机	台	1	
2	空压机	台	1	喷漆工艺适用
3	油漆喷枪	把	1	喷漆工艺适用
4	电源盘	台	1	喷漆工艺适用

2.3.1.3 耗材

根据工作需要，需要准备相应耗材，如钢丝刷、砂纸、锉刀、油漆刷，详见表4-2-2。

表4-2-2　　　　　　　　　耗 材 清 单

序号	名称	单位	数量	备注
1	钢丝刷	个	2	
2	砂纸	张	2	
3	锉刀	把	1	
4	油漆刷	把	5	

2.3.2 具体施工步骤及其质量控制

金属结构在除锈处理前，应清除焊渣、毛刺和飞溅等附着物，应对边角进行圆滑处理，并应清除基体表面可见的油脂和其他污浊物。

观察锈蚀部分的锈蚀程度和锈蚀区域的大小。根据不同的情况采用不同的措施进行锈蚀表面处理。

2.3.2.1　不同锈蚀表面处理

小面积的轻度锈蚀可用砂纸进行打磨。大面积的轻度锈蚀，可先用钢丝刷进行处理，再用砂纸打磨。大面积的严重锈蚀，先用钢丝刷除去外表的绣渣，再用角磨机进行打磨，最后用砂纸清理。对于已经锈蚀锈穿了整个金属材质的，应更换相应的金属件。

表面清理后应用吸尘器或干燥、洁净的压缩空气清除浮沉和碎屑，清理后的表面应无锈蚀、无油污和水汽等，展现原金属材质的本色，表面粗糙度应达到标准要求，适宜油漆附着。

2.3.2.2　底漆喷涂或涂刷

清理后的金属表面应及时涂刷底漆，涂装前如发现表面被污染或返锈，应重新清理打磨。

而对于金属防腐工艺就目前来说变电站现场的金属构件不能返回工厂进行电镀或者化学处理，现场达不到工艺要求的前提下，在生产作业现场主要采用喷涂或涂刷防锈漆的方法，现场主要采用两种工艺，第一种是醇酸底漆和面漆的配合，优点是成本低，工艺简单；缺点是在户外易受环境和气候条件的影响，防腐性能降低。第二种是刷环氧富锌底漆和同色的丙烯酸聚氨酯面漆的配合，优点是防腐性能高，户外环境下能保持有效地防腐性能；缺点是成本较高，工艺复杂。就两种工艺的流程分别介绍。

（1）根据金属材质的不同应选用不同材质的底漆。

1）钢结构底材配套底漆：环氧富锌底漆、环氧铁红底漆、环氧浅灰底漆。

2）不锈钢、镀锌板、铝材底材建议配套底漆：环氧锌黄底漆。

3）水泥表面建议配套底漆：环氧封闭底漆。

（2）建议配套中涂漆：环氧云铁中间漆（防腐涂装配套）、厚膜型环氧中涂漆（高光、高装饰面漆、金属漆面漆配套调漆）。

开盖后先用调漆尺搅拌均匀。应无异物、沉底、结块等异常现象。将漆与固化剂按比例 4:1（重量比）混合。加适量（约占漆量的 30%～50%）稀释剂调整，搅拌均匀，静置 10～20min。

（3）喷漆（或涂漆）。喷漆人员在进行喷漆作业时应佩戴防护用具，特别注意在密闭空间内，应进行空气净化处理。喷涂时可采用先上下后左右，或先左右后上下的纵横喷涂方法，喷枪与喷涂面应维持在 1 个水平距离上，操作时要防止喷枪做高距离或圆弧的挥动，在已经处理好的底材上均匀喷涂二道，每道喷涂时间间隔 10～15min，气压一般 0.4～0.6MPa，喷涂距离一般 15～25cm，喷涂黏度一般 15～20s（涂−4 杯），控制漆膜均匀，在漆膜干透后，要分别测量漆膜厚度，每个测量点取 3 次读数，平均值为该点的测量值，所有点的测量值要达到规定的干膜厚度值，单个点的测量值不少于规定值的 80%，总厚度一般 40～60μm（以干膜计）。

对于边、角、焊缝、切痕等部位，在喷涂之前，应先刷 1 道，然后再大面积的涂装，以保证凸出部分的漆膜厚度。

用漆刷涂装时，应选用合适的油漆刷，选择过大的刷子容易造成油漆堆积，选择偏小的，导致工作量增大。涂刷过程中，应控制油漆涂刷均匀，防止部分区域油漆层偏薄或油漆堆积，涂刷的方向应取先上下后左右的方向进行涂装，漆刷蘸漆时不能过多，以防端滴落，涂装重防腐涂料时，漆刷距离不能拉的太大，以防漆膜过薄；用滚筒涂装时，滚筒上所蘸的油漆应分布均匀，涂装时，滚动的速度要保持一定，不可太快，不能过分用力压滚筒。

（4）干燥。在常温 15℃以上条件下至少自然干燥 6～8h 后才进行下一道工序。在低温或温度较大条件下干燥时间要相应延长，有条件时最好采用烘烤干燥。

2.3.2.3　面漆喷涂或涂刷

最后进行面漆处理，方法与底漆操作方法相同。建议喷涂 2 道底漆、2 道面漆。

油漆应存放在温度较低，通风和干燥的仓库中，应远离热源，避免阳光直射并隔绝火种，严禁吸烟和使用明火。

2.3.3　施工安全及注意事项

施工过程需注意以下措施，保证现场施工的安全、技术质量。

（1）进行涂装前，必须检查所需的照明、通风、脚手架等设备是否完备可靠，所有的焊接是否结束；油漆施工处，严禁焊接、切割、吸烟或点火，也应避免金属摩擦或电器因火花引起爆炸或燃烧。

（2）施工环境温度宜为 5～38℃，相对湿度不宜大于 85%；金属表面温度应高于露点 3℃以上，在大风、雨、雾、雪天、有较大灰尘或阳光照射时，不宜在室外施工。在进行涂装作业时，必须采取各种预防措施，以防止意外发生和对施工人员进行必要的个人保护；当油漆在通风条件较差的环境中施工，应采取强制通风，以保证施工人员的安全和漆膜厚度；照明航灯应用 36V 安全灯。

（3）在使用手动或风动工具除锈时，为了避免眼睛受伤和吸入灰尘，应佩戴防护眼镜和防护口罩；为了防止油漆溅在皮肤上或眼睛内，施工时，必须穿戴工作服、手套、防护眼镜；为了防止溶剂气体和喷涂时的漆雾的吸入，在通风良好的地方涂装，可使用防毒口罩，在通风不良的条件下施工，必须戴上供气式头罩。

（4）漆膜在没完全干燥或固化前，应采取保护措施，避免受雨水和其他液体的冲洗或操作人员的践踏。

2.3.4　质量验收及处理

金属构件表面不应误涂、漏涂，涂层不应脱皮和返锈，油漆表面无起泡、不开裂、涂层均匀。不出现露底材、流挂和桔纹等现象。

如出现露出底材，主要是喷涂厚度不够或喷涂不均匀。增加喷涂厚度或均匀喷涂可克服。针对流挂现象，主要是黏度太小或操作时不慎。调漆时少加些稀料，或严格操作可克服。

油漆面有桔纹、缩孔、针孔、气泡等现象。主要是漆膜流平性受影响；喷漆前处理不很彻底；底材残留油污等异物；施工环境温度太高；喷度黏度太大。加强前处理，水膜实验应无挂水珠现象，或避免在高温环境施工，或调漆时多加点稀料可克服。

2.3.5　检测工艺及仪器

应用涂层测厚仪等仪器测量金属表面附着的油漆层厚度，油漆附着力可以通过划圈法、划格法、拉开法进行评定。拉开法测定附着力是指在规定的速率下，在试样的胶结面

上施加垂直、均匀的拉力，以测定涂层或涂层与底材间的附着破坏时所需的力，以 MPa
表示。此方法不仅可检验涂层与底材的黏接程度，也可检测涂层之间的层间附着力，考察
涂料的配套性是否合理，全面评价涂层的整体附着效果。

2.4　示例图

2.4.1　不同锈蚀表面

不同锈蚀表面如图 4-2-2～图 4-2-5 所示。

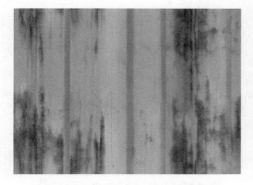

图 4-2-2　小面积的轻度锈蚀

图 4-2-3　大面积的轻度锈蚀

图 4-2-4　大面积的严重锈蚀

图 4-2-5　已经锈穿的金属件

2.4.2　处理过程

处理过程如图 4-2-6～图 4-2-8 所示。

2.4.3　处理示范

处理示范效果如图 4-2-9 和图 4-2-10 所示。

图 4-2-6　打磨处理后的锈蚀金属面

图 4-2-7　底漆处理后的锈蚀金属面

图 4-2-8　面漆处理后的锈蚀金属面

图 4-2-9　现场处理的示范效果

图 4-2-10　现场处理的示范效果

2.5　引用标准

（1）GB 7692《涂装作业安全规程　涂漆前处理工艺安全及其通风净化》

（2）GB/T 13912《金属覆盖层　钢铁制件热浸镀锌层　技术要求及实验方法》

（3）GB/T 14165《金属和合金　大气腐蚀试验　现场试验的一般要求》

（4）GB 14444《涂装作业安全规程　喷涂室安全技术规定》

（5）DL/T 1425《变电站金属材料腐蚀防护技术导则》

（6）HG/T 4077《防腐蚀涂层涂装技术规范》

红 外 测 温

3.1 适用范围

本典型作业法适用于用红外热像仪对电气设备进行大面积检测，主要用于检测电压致热型和部分电流致热型设备的内部缺陷，以便对设备的故障进行精确判断。

3.2 施工流程

红外测温流程如图 4-3-1 所示。

图 4-3-1 红外测温流程图

20000

3.3　工艺流程说明及工艺控制点

红外测温法一般采用红外热像仪用于诊断具有电流、电压制热型效应或者其他制热型效应引起表面温度分布特点的各种电气设备，及以 SF_6 气体为绝缘介质的电气设备泄漏现象，主要通过转换变电设备的辐射功率信号来得到变电设备温度及温度变化。红外热像仪如图 4-3-2 所示。

图 4-3-2　红外热像仪

3.3.1　准备工作

3.3.1.1　人员要求

红外检测属于设备带电检测，检测人员应具备如下条件：

（1）熟悉红外诊断技术的基本原理和诊断程序，了解红外热像仪的工作原理、技术参数和性能，掌握热像仪的操作程序和使用方法。

（2）了解被检测设备的结构特点、工作原理、运行状况和导致设备故障的基本因素。

（3）熟悉红外测温相关标准，接受过红外热像检测技术培训，并经相关机构培训合格。

（4）具有一定的现场工作经验，熟悉并能严格遵守电力生产和工作现场的有关安全管理规定。

3.3.1.2　安全管理

红外检测属于设备带电检测，检测人员在检测过程中应注意：

（1）应严格执行安全工作规程。

（2）应严格执行发电厂、变（配）电站及线路巡视的要求。

（3）应有专人监护，监护人在检测期间应始终行使监护职责，不得擅离岗位或兼任其他工作。

（4）夜间测温时，应加强现场安全管理。测温人员应密切关注现场情况（沟洞），防止跌倒造成人员伤害或仪器损毁，必须穿统一配置的长筒套鞋，尽量行走在变电站水泥主干道上。如因测量需要，必须在草地或围墙附近进行，应先用木棒敲打，做好防蛇咬伤的安全措施。

（5）配备经校验合格的温湿度仪、夜间照明用手电或其他照明灯具、长度为 1.2～1.5m 的木棒、长筒套鞋、防中暑药品等。

274

3.3.1.3　环境要求

为了更精确地检测出设备的真实温差，红外测温应充分考虑当前的检测环境：

（1）进行红外测温前，必须记录现场环境温、湿度，如夜间温度变化较大，应在测温前后各记录一次。测温时环境温度一般不低于 5℃，相对湿度一般不大于 85%。

（2）红外测温工作必须选择夜间无风、无尘的环境进行，原则上以晚上七点后到早上七点前为宜，进行室内检测必须采取闭灯措施。

（3）红外测温时应充分考虑带电运行设备、天气风速（避免阳光直射反射、风速一般不大于 0.5m/s）、运行时长及负荷要求、避免热辐射源干扰及强电磁场等影响因素。

3.3.1.4　仪器设置

由于各红外测温仪器的参数设置各有不同，在进行测温前应对仪器进行检查：

（1）仪器必须电量充足，正确输入或修改大气温度、相对湿度、测量距离等补偿参数，并根据需要适时进行必要修正，选择合适的测温范围。

（2）被测设备的辐射率应参照材料发射率近似值进行准确选择，特别应考虑金属表面氧化对辐射率的影响，瓷套类选 0.92，金属导线及金属连接 0.9。

3.3.2　技术要点

3.3.2.1　拍摄

（1）拍摄应选择合适的拍摄距离和角度，聚焦清晰，画面完整，设备四周留有适当空间，保证设备正立。

（2）拍摄红外及可见光照片，提高互比性与工作效率，方便后期检修。

（3）环境温度参考体应尽可能选择与被测设备类似且处于同一方向或同一视场中的物体，拉近距离保证测温的准确性。

（4）拍摄对象为主设备、母线软连接、母线支撑绝缘子，无功设备电缆头、铜排，10kV 开关柜前后柜、进线，母联间隔，380V 设备，串抗室，间隔进出线，母线桥及母线软连接、母线支撑绝缘子。

3.3.2.2　记录

（1）详细记录运行电压、实际负荷电流、设备额定电流、被测物体温度、正常相温度环境参照体的温度值及历史最高运行电流等重要信息；

（2）详细记录好缺陷部位、发热点温度、负荷电流、停运设备等重要数据，做好测温记录，提交一站三表即缺陷记录表、设备带电情况记录表、设备负荷情况记录表，原始记录应一直保留至缺陷彻底消除。

3.3.2.3　对比分析

温升异常设备需与其他普通温升设备进行对比，包括：

（1）相应部位特写对比。

（2）环境参照体对比。

（3）同环境未通流设备相应部位对比。

3.3.2.4　精确测温

（1）精确测温要求拍设备全景，应囊括绝缘子、法兰结合部位、引线桩头，确保无遮挡，可从不同角度拍摄多张。

（2）精确测温完善红外测温照片的命名，确保红外测温图片命名与设备一致。

3.3.3　缺陷类型

红外检测发现的设备过热缺陷应纳入设备缺陷管理制度的范围，按照设备缺陷管理流程进行处理。根据过热缺陷类型对电气设备运行的影响程度可分为一般缺陷、严重缺陷、危急缺陷三大类。

3.3.3.1　一般缺陷

一般缺陷指设备存在过热，有一定的温差，温度场有一定梯度，但不会引起事故的缺陷。这类缺陷一般要求记录在案，注意观察其缺陷的发展，利用停电机会检修，有计划地安排试验检修消除缺陷。如发热温升值很小，且负荷率小、温升小但相对温差大的设备，如果有条件或机会改变时，可在增大负荷电流后进行复测，以确定设备缺陷的性质，当无法改变时，可暂定为一般缺陷，加强监视。

3.3.3.2　严重缺陷

严重缺陷指设备存在过热，程度较重，温度场分布梯度较大，温度较大的缺陷。这类缺陷应尽快安排处理。对电流致热型设备，应采取必要的措施，如加强检测等，必要时降低负荷电流。发现严重缺陷应立即上报；根据负荷预测预判可导致为严重缺陷，采取必要的技术措施。

3.3.3.3　危急缺陷

危急缺陷指设备最高温度超过规定的最高允许温度的缺陷。这类缺陷应立即安排处理。对电流致热型设备，应立即降低负荷电流或立即消缺；对电压致热型设备，当缺陷明显时，应立即消缺或退出运行，如有必要，可安排其他试验手段，进一步确定缺陷性质，电压致热型设备的缺陷一定为严重及以上缺陷。发现危急缺陷应立即上报；根据负荷预测预判可导致为危急缺陷，采取必要的技术措施并上报。

3.3.4　判断方法

3.3.4.1　表面温度判断法

主要适用于电流制热型和电磁效应制热型设备。根据测得的设备表面温度值，结合检测时环境气候条件和设备的实际电流（负荷）、正常运行中可能出现的最大电流（负荷）以及设备的额定电流（负荷）等进行分析判断。

3.3.4.2　相对温差判断法

主要适用于电流制热型设备，特别是对于检测时电流（负荷）较小，且按照表面温度判断法未能确定设备缺陷类型的电流型设备，采用相对温度判断法，可提高对设备缺陷类型判断的准确性，降低当运行电流（负荷）较小时设备缺陷的漏判率。

3.3.4.3　图像特征判断法

主要适用于电压制热型设备。根据同类设备的正常状态和异常状态的热像图，判断设备是否正常。注意尽量排除各种干扰因素对图像的影响，必要时结合电气试验或化学分析的结果，进行综合判断。

3.3.4.4　同类比较判断法

根据同类设备之间对应部位的表面温差进行比较分析判断。对于电压制热型设备，应结合图像特征判断法判断；对于电流制热型设备，应先按照表面温度判断法进行判断。如未确定设备的缺陷类型时，再按照相对温差判断法进行判断，最后才按照同类比较判断法判断。

3.3.4.5　综合分析判断法

主要适用于综合型制热设备。油浸式套管、电流互感器等综合制热型设备，当缺陷由两种或两种以上因素引起的，应根据运行电流、发热部位和性质，结合上述几种方法进行综合分析判断，对于因漏磁和磁场引起的过热，可依据电流制热型设备的判据进行判断。

3.3.5　检测周期及仪器保管

3.3.5.1　检测周期

检测周期应根据电气设备在电力系统中的作用及重要性，并参照设备的电压等级、负荷电流、投运时间、设备状况等决定。规定按"500kV 站基准周期为 1 个月，220kV 站基准周期为 3 个月"的周期要求及时进行红外测温工作，季节性检查和高温、高负荷期应按生产技术部要求增加测温频次（如 7、8、9 月），精确测温按 1 季度、3 季度安排，即春安检查、迎峰度夏。

3.3.5.2　仪器保管

仪器应有专人负责保管，有完善的使用管理规定。仪器档案资料完整，具有出厂校验报告、合格证、使用说明书、质保书和操作手册等。仪器存放应有防湿措施和干燥措施，使用环境条件、运输中的冲击和震动应符合厂家技术条件的要求。仪器不得擅自拆卸，有故障时须到仪器厂家或厂家指定的维修点进行维修。仪器应定期进行保养，包括通电检查、电池充放电、存储卡存储处理、镜头的检查等，以保证仪器及附件处于完好状态。

3.4　示例图

红外检测示例如图 4－3－3～图 4－3－6 所示。

图 4－3－3　断路器红外图

图 4－3－4　电流互感器红外图

 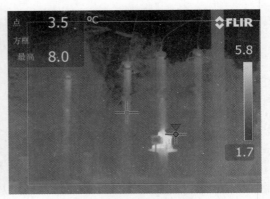

图 4-3-5　隔离开关红外图　　　　　　图 4-3-6　电压互感器红外图

3.5　引用标准

（1）DL/T 664《带电设备红外诊断应用规范》

（2）T/CEC 113《电力检测型红外成像仪校准规范》

（3）DL/T 1791《电力巡检用头戴式红外成像测温仪技术规范》

（4）国家电网设备〔2018〕979 号《国家电网有限公司十八项电网重大反事故措施（修订版）》

防 污 治 理

4.1 适用范围

本典型作业法适用于变电工程设备外绝缘用常温固化硅橡胶防污闪 RTV 涂料和防污闪辅助伞裙的制作施工，可供变电工程施工、安装、验收、监理等技术人员和管理人员使用。

4.2 施工流程

防污闪 RTV 涂料和防污闪辅助伞裙施工流程图如图 4-4-1 和图 4-4-2 所示。

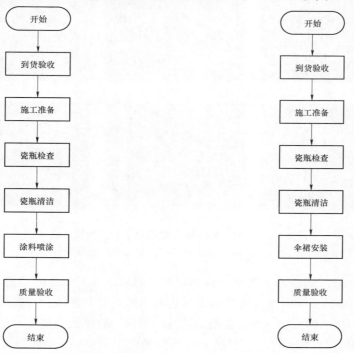

图 4-4-1　防污闪 RTV 涂料施工流程图　　　　图 4-4-2　防污闪辅助伞裙施工流程图

4.3 工艺流程说明及工艺控制点

4.3.1 准备工作

4.3.1.1 现场查勘

在工前由工作负责人组织对检修现场进行查勘，确定设备外绝缘治理的总体需求。主要包括：

（1）对于瓷外绝缘设备（未喷涂防污闪涂料和/或加装增爬裙），应校核设备实际测量的爬电比距/统一爬电比距与变电站现场污秽等级的关系。

（2）对于复合外绝缘设备（含已喷涂防污闪涂料和/或加装增爬裙），防污闪涂料应检查有无起皮、龟裂、憎水性丧失（大于 HC4 级）等现象，如发现上述现象应清洁后复涂或加装增爬裙；增爬裙应检查有无脱胶、脆化、粉化、破裂、漏电起痕、蚀损、憎水性丧失（大于 HC4 级）等现象，如发现上述现象应更换增爬裙；复合伞裙应检查有无脆化、粉化、破裂、漏电起痕（大于爬距的 10%）、蚀损（大于材料厚度的 30%）、电弧灼伤、憎水性丧失（大于 HC4 级）等现象，如发现上述现象应修复或更换相关的绝缘子、设备。HC1～HC6 在试品表面对应的聚水状态如图 4-4-3 所示。

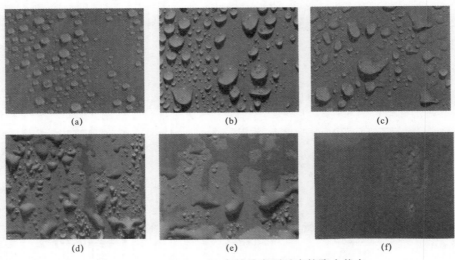

图 4-4-3 HC1～HC6 在试品表面对应的聚水状态
（a）HC1；（b）HC2；（c）HC3；（d）HC4；（e）HC5；（f）HC6

（3）特别注意：断路器灭弧室、合闸电阻和并联电容不加装增爬裙、不喷涂 RTV；主变压器（高压电抗器）中性点需要同步加装增爬裙或喷涂 RTV，增爬裙数量需要核对瓷套额定电压增加相应的片数；避雷器喷涂防污闪涂料，对爬距严重不合格者可考虑喷涂防污闪涂料的同时加装增爬裙，但严禁单独加装增爬裙；35kV 熔断器支撑绝缘建议喷涂 RTV。

4.3.1.2　到货验收

（1）硅橡胶增爬裙。增爬裙采用硅橡胶为材料，通过模压或剪裁制成伞裙，厚度一般应要保证边缘不变形，硅橡胶伞裙不宜过小，过小达不到增爬、阻泄、防雨的作用，不宜过大，过大容易发生伞裙软挂、塌边、形状歪变。

硅橡胶增爬裙应满足的技术要求：

1）体积电阻率：$\geqslant 1.0 \times 10^{12}\Omega \cdot m$；

2）击穿场强：$\geqslant 20kV/m$（厚度：2mm）；

3）抗撕裂强度：$\geqslant 10kN/m$；

4）可燃性为 FV-0 级；

5）伞裙套表面上水滴的接触角：$>90°$。

（2）黏合剂。硅橡胶伞裙与瓷伞裙界面间胶合的黏合剂作为组合绝缘的一部分，与硅橡胶伞裙一起在污湿状态下起主绝缘的作用，承受相当高的分布电压。因此，要求有很高的绝缘性能、黏结强度和抗老化性能。

黏合剂应满足的技术要求：

1）体积电阻率：$\geqslant 1.0 \times 10^{12}\Omega \cdot m$；

2）击穿场强：$\geqslant 20kV/m$（试样厚度：2mm）；

3）硫化表干时间：$\leqslant 45min$ [（25±2）℃，相对湿度为40%～70%]；

4）硫化实干时间：$\leqslant 72h$ [（25±2）℃，相对湿度为40%～70%]。

（3）RTV 涂料。涂料外观应为色泽均匀的黏稠性液体，无明显机械杂质和絮状物。储存 RTV 涂料的容器上应标出产品型号、名称、生产单位、生产时间、有效期、检验合格标记及数量，并附有使用说明书，涂料到期后禁止使用。即将用于施工的 RTV 防污闪涂料应按产品批次进行现场抽样，进行外观检查、表干时间试验、介电强度试验、附着力试验、憎水性试验、可燃性试验、自洁性试验。

1）体积电阻率：$\geqslant 1.0 \times 10^{12}\Omega \cdot m$；

2）外观试验：涂层平整、光滑且无气泡；

3）表干时间：25～45min [（25±2）℃，相对湿度为40%～70%]；

4）表干时间：$\leqslant 72h$ [（25±2）℃，相对湿度为40%～70%]。

详见 DL/T 627《绝缘子用常温固化硅橡胶防污闪涂料》。

4.3.1.3　施工准备

（1）技术准备。包括施工方案、作业指导书、施工安全技术交底。

（2）材料准备。材料清单见表4-4-1。

表 4-4-1　　　　　　　　　材 料 清 单

序号	种类（名称）	数量	备注
1	增爬裙	若干	检验合格
2	RTV涂料	若干	检验合格
3	黏合剂	若干	检验合格
4	喷枪	若干	符合使用要求

续表

序号	种类（名称）	数量	备注
5	挤胶枪	若干	符合使用要求
6	安全防护带	若干	检验合格
7	安全工作帽	若干	检验合格
8	工具包	若干	符合使用要求
9	绝缘梯具	若干	检验合格
10	干净毛巾	若干	用于绝缘子清扫

4.3.2 具体施工步骤及质量控制

4.3.2.1 硅橡胶增爬裙加装

（1）绝缘子检查：绝缘子表面无裂纹、无闪络痕迹，法兰螺栓无松动、无锈蚀；绝缘子缺损面积不应大于 $40mm^2$。

（2）绝缘子清洁：对绝缘子进行清抹，要求表面无水分、无油污、无污垢。

（3）伞裙安装（如图 4-4-4 所示）：

1）硅橡胶防污伞裙安装必须在晴朗天气下进行，雨天禁止作业。

2）将绝缘子瓷伞裙表面擦拭干净。瓷伞裙表面不能留有水分和油垢。在瓷裙和伞裙套黏接的部位均应用丙酮或乙醇擦拭，然后将黏合剂分别均匀涂抹在两者的黏接面和伞裙套的搭接边上。

3）伞裙套套在被安装绝缘于的瓷裙上，应结合到位，反复来回转动，使结合界面黏紧，不留气隙，并用硅胶尽量将结合界面涂抹均匀、填平。以防进水、积灰，出现漏洞，伞裙套搭接处可用夹子夹紧，帮助固定。

4）在一瓷棒上所戴的几片硅橡胶伞裙开口接缝位置应分别错开 90°的角度，这里是绝缘的弱点，避免在一条直线上。

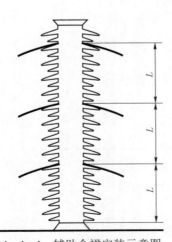

图 4-4-4 辅助伞裙安装示意图

5）安装在支柱绝缘子或变电设备套管表面上的位置要求沿轴向作等距离平均分布，在每隔一定片数的瓷伞裙上安装 1 片。不宜在支柱绝缘子两端的第 1 个伞裙上安装。建议在安装设备的上、下两端留出 2～3 个瓷裙后再按均匀分布安装伞裙套。

6）防污伞裙安装完成后，要保证伞裙有一定的倾角，以利泄水；表面光滑，以利自洁；整体外观要整齐划一，单片伞裙要完整、舒展，结合界面严密牢靠，不留气隙。伞裙接口要黏接牢固，避免黏合剂拉丝流挂现象。

7）RTV 失效涂层加装伞裙：

a. 若涂层黏结性好，将失效涂层表面浮灰清洗净，在原涂层表面均匀涂覆起偶联作用的专用处理剂，然后加装伞裙；否则必须清除干净，然后加装伞裙。

b. 对于漏油设备，应将漏油缺陷处理完毕，并清洗掉失效涂层表面的油污，再按"a步骤"处理加装伞裙。

8）伞裙套黏紧后，清除异物即可投入运行，无需待黏胶固化。

站用设备绝缘子的防污伞裙安装数量见表 4-4-2。

表 4-4-2　　　　　　　站用设备绝缘子的防污伞裙安装数量

电压等级（kV）	35	66	110	220	330	500	750	1000
片数	1	2	2~3	4~6	6~8	9~12	12~16	20~25

4.3.2.2　RTV 涂料喷涂

（1）绝缘子检查：绝缘子表面无裂纹、无闪络痕迹。绝缘子缺损面积不应大于 40mm²。

（2）绝缘子清洁：要求表面无水分、无油污、无污垢。

（3）喷涂施工：

1）RTV 涂料应避免在起雾、凝露、降水、降雪等潮湿气象条件及风沙气象条件下（4级风及以上）施工。

2）绝缘子至少进行两遍清扫，首先用粗抹布自上至下清扫一遍，喷涂前再用细抹布认真清扫一遍。在清扫过程中发现设备漏油或缺损等情况应立即报告工作负责人，等候处理。某些新设备在出厂时绝缘子表面涂覆了一层保护性油膏（特戊酯）等，应确保在施工前清除掉该保护膜。对于油渍等可能影响 RTV 附着力的污物应采用合适的清洗剂（无水酒精等）或清洗程序进行处理，严禁使用表面活性剂等具有脱模作用的清洗剂。禁止使用强氧化性清洗剂，以避免损坏设备表面。

3）施工前应确保绝缘子表面已清洗干净（无水酒精等）且处于干燥状态，且应经过现场工作负责人或质检员检验合格后方可进行喷涂施工。

4）喷涂施工时，应将设备两端及中部法兰，设备底座、隔离开关触头及相邻端子箱、标识牌等所有可能被沾染的部位、设备用专用包布包裹保护。

5）喷涂时要正确使用喷枪，喷嘴与所喷设备要保持在 30cm 左右距离（风大时适当缩小距离），以确保所喷设备表面光滑、均匀、达到涂料最佳利用率。喷涂时应把设备分为 3~4 个扇面喷涂（避雷器、隔离开关、母线支持绝缘子等直径较小的设备分为 3 个扇面，TA、TV 等直径较大的设备分为 4 个扇面）。每个扇面一次喷涂至少要走枪 6 遍以上，以免造成流挂或涂层厚度不均。每个设备至少整体喷涂两次，每次间隔 30min。

6）RTV 失效涂层的复涂：

a. 若涂层黏结性好，将失效涂层表面浮灰清洗净，在原涂层复涂；否则必须清除干净后复涂。

b. 对于漏油设备，应将漏油缺陷处理完毕，再按"a步骤"处理后复涂。

7）应严格按照涂料的使用说明书施工，涂层应均匀、平整、光滑、不堆积、不流淌、无气泡、无拉丝、无缺损、无漏涂。

8）支柱绝缘子的下伞裙以下和上伞裙以上接近法兰 5~7cm 处不喷涂防污闪涂料，用于支柱绝缘子超声波探伤。在喷涂前应设置保护，喷涂后必须将保护拆除。

9）涂敷防污闪涂料后，在完全固化前（一般 72h），不允许用力踩踏、碰撞、撕扯涂层。

4.3.2.3 质量验收

4.3.2.3.1 伞裙

（1）伞裙套尺寸（即伞裙套的内径）应根据被安装设备瓷裙实际的外径来选择，伞裙套的伞伸尺寸可按以下规定执行：

1）平均直径 $\phi300$ 以下的设备绝缘子（含支柱绝缘子、瓷套管，下同），要求伞裙伸出量（超出瓷伞裙以外的部分）为 80～100mm。

2）平均直径 $\phi300$ 及以上的设备绝缘子，要求伞裙伸出量（超出瓷伞裙以外的部分）为 100～120mm。

（2）伞裙安装后整齐划一，保证不变形、不塌边，伞裙与瓷裙表面结合面黏紧，不脱胶、不开裂，伞裙搭口接缝处黏接牢固。

（3）安装后的硅橡胶伞裙应通过辅助伞裙形变测试检查，方法如下：

1）平均直径小于 300mm 的绝缘子（含支柱绝缘子、瓷套管）：在硅橡胶伞裙边缘的一点集中放置 50g 砝码，该点的形变位移量不大于 10mm（伞裙两侧各取一点进行测试，取 2 次结果的平均值）。

2）平均直径大于 300mm 的绝缘子（含支柱绝缘子、瓷套管）：在硅橡胶伞裙边缘的一点集中放置 50g 砝码，该点的形变位移量不大于 15mm（伞裙两侧各取一点进行测试，取 2 次结果的平均值）。

4.3.2.3.2 RTV 涂料

（1）防污闪涂料的厚度达到 0.4～0.5mm，涂层不堆积、不缺损、不流淌、无拉丝、无漏涂，固化后的涂层均匀、平整、光滑、无气泡。

（2）涂层抽样试验项目。

1）按 3%的件数抽取样本，在每个样本上分别取 3 个伞裙，每个伞裙上下表面各取 1 个点，样本最小数量不低于 3 支。

2）施工后的涂料验收试验应在涂料完全固化后（一般应在涂敷结束 72h 内）进行，验收项目及要求见表 4-4-3。如现场恢复送电时间短不能满足时，表中试验项目 3、4、5 的验收可采取现场另做样品进行。

表 4-4-3　　　　验收项目及要求

序号	试验项目	技术要求	试验方法
1	外观检查	DL/T 627《绝缘子用常温固化硅橡胶防污闪涂料》	目测
2	涂层厚度	上表面不小于 0.4mm；下表面不小于 0.3mm	DL/T 627《绝缘子用常温固化硅橡胶防污闪涂料》
3	附着性试验	外力下涂层不产生片状剥离	在切片测量厚度时，可同时对涂层的附着力进行剥离检测。以手工剥离的方式加载外力，外力的方向平行于涂层表面推动切口
4	憎水性试验	HC1～HC2	DL/T 1000.3《标称电压高于 1000V 架空线路用绝缘子使用导则　第 3 部分：交流系统用棒形悬式复合绝缘子》
5	自洁性试验	与薄膜不吸附	DL/T 627《绝缘子用常温固化硅橡胶防污闪涂料》

注　项 5 仅适用于 RTV-II 型涂料。

4.4　示例图

防污闪效果如图 4-4-5 和图 4-4-6 所示。

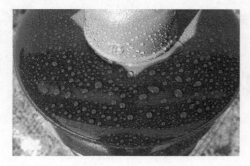 

图 4-4-5　防污闪 RTV 涂料喷涂效果图　　　　图 4-4-6　防污闪辅助伞裙安装效果图

4.5　引用标准

（1）DL/T 627《绝缘子用常温固化硅橡胶防污闪涂料》
（2）Q/GDW 673《变电设备外绝缘用防污闪辅助伞裙技术条件及使用导则》

5 充 气 气 体 补 充

5.1 适用范围

本典型作业法适用于变电工程 SF_6 充气气体补充施工,可供变电工程施工、安装、验收、监理等技术人员和管理人员使用,也可供相关人员参考。

5.2 施工流程

充气气体补充作业流程如图 4−5−1 所示。

图 4−5−1 充气气体补充作业流程

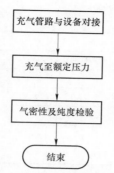

图 4-5-1 充气气体补充作业流程（续）

5.3 工艺流程说明及工艺控制点

5.3.1 准备工作

5.3.1.1 检验气体质量标准

检验气体的质量标准，尤其是含水量，要符合标准（含水量不大于 40μL/L、纯度不小于 99.8%）。

5.3.1.2 准备专用充气设备

（1）使用吸湿率低的专用管道，管道要保管良好，务必使内部经常保持清洁干燥，严禁随便使用不合格的管道，以防水分杂质带入设备。

（2）减压阀保管良好，务必使其内部保持清洁干燥。

5.3.1.3 测量周围环境适度

周围环境湿度应小于 80%。

5.3.2 检验气体纯度

SF_6 气体可从密度监视器处取样，测量结果应满足表 4-5-1 和表 4-5-2 的要求。

表 4-5-1　　　　　　　　　　SF_6 气体湿度检测说明

试验项目	基准周期	技术要求		
		隔室类型	新投运	运行中
湿度 （20℃、0.1013MPa）	3 年	有电弧分解物隔室（GIS 开关设备）	≤150μL/L	≤300μL/L（注意值）
		无电弧分解物隔室（GIS 开关设备）	≤250μL/L	≤500μL/L（注意值）
		箱体及开关（SF_6 绝缘变压器）	≤125μL/L	≤220μL/L（注意值）
		电缆箱及其他（SF_6 绝缘变压器）	≤220μL/L	≤375μL/L（注意值）

表 4-5-2　　　　　　　　　　SF_6 气体成分检测说明

试验项目	技术要求
CF_4	增加超过≤0.1%（新投运≤0.05%）（注意值）
空气（O_2+N_2）	≤0.2%（新投运 0.05%）（注意值）
可水解氟化物	≤1.0μg/g（注意值）

试验项目	技术要求
矿物油	≤10μg/g（注意值）
毒性（生物试验）	无毒（注意值）
密度（20℃、0.1013MPa）	6.17g/L
SF_6 气体纯度	≥99.8%（质量分数）
酸度	≤0.3μg/g（注意值）
杂质组分（CO、CO_2、HF、SO_2、SF_4、SOF_2、SO_2F_2）	监督增长情况

5.3.3　排出管道内空气

5.3.3.1　气瓶放置

气瓶放置采用液相补气法，使气瓶端部低于尾部（水的密度低于液态 SF_6，这样可以减少瓶中水分进入设备）。

5.3.3.2　充气管路对接

将减压阀与气瓶对接，充气管道与减压阀相连，确保各连接处密封紧固，防止漏气。

5.3.3.3　排出管道空气及水分

（1）开启气瓶阀门→开启减压阀，充气管口朝上，用 SF_6 气体驱除减压阀及充气管道内的空气及水分（SF_6 气体密度近 5 倍于空气密度）。

（2）关闭减压阀。

5.3.4　充气

5.3.4.1　充气管路与设备对接

（1）取下断路器充气阀口封盖，将充气管阀嘴与其对接，紧固密封件，确保连接可靠、密封良好。

（2）观察减压阀管道压力表示数，调整气瓶阀门，使减压阀气瓶压力表示数高于管道压力表（不超过 0.03MPa，防止充气过快）；充气速率不宜过快，以气瓶底部（充气管）不结霜为宜。环境温度较低时，液态 SF_6 气体不易气化，可对钢瓶加热（不能超过 40℃），提高充气速度。

5.3.4.2　充气至额定压力

打开截止阀进行充气，充至额定压力后，关闭充气阀→关闭气瓶阀门→关闭减压阀→拆除管道→装上封盖。

5.3.5　检验

5.3.5.1　静置 24h 后进行气密性及纯度检验

（1）当气瓶内压力降至 0.1MPa 时，应停止充气。充气完毕后，应称钢瓶的质量，以计算断路器内气体的质量，瓶内剩余气体质量应标出。

（2）充气 24h 之后应进行密封性试验。

（3）充气完毕静置 24h 后进行 SF$_6$ 湿度检测、纯度检测，必要时进行 SF$_6$ 气体分解产物检测。

5.4　示例图

5.4.1　设备充气接口

设备充气接口如图 4-5-2～图 4-5-12 所示。

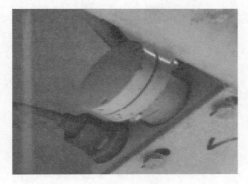

图 4-5-2　GLW2-126 平高

图 4-5-3　GLW2-252 平高

图 4-5-4　LW46-126/T3150-40 湖南天鹰

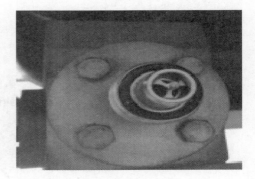

图 4-5-5　3AP1-FG 西门子

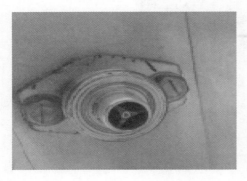

图 4-5-6　GL314 阿尔斯通

图 4-5-7　LWG2-126 西电

图 4-5-8　LW25-252 西开

图 4-5-9　LW15-252 西电

图 4-5-10　LW30-126 泰开

图 4-5-11　ZF16-252 泰开

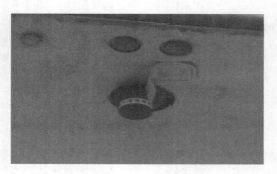

图 4-5-12　LW36-126 如高

5.4.2　充气管道接头

充气管道接头如图 4-5-13 所示。

5.4.3　SF$_6$气瓶

SF$_6$气瓶如图 4-5-14 所示。

5.4.4　充气管道及减压阀

充气管道及减压阀如图 4－5－15 所示。

图 4－5－13　充气管道街头

图 4－5－14　SF$_6$气瓶

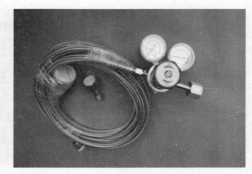

图 4－5－15　LW36－126 如高

5.5　引用标准

（1）GB/T 8905《六氟化硫电气设备中气体管理和检测导则》

（2）DL/T 596《电力设备预防性试验规程》

（3）国家电网设备〔2018〕979 号《国家电网公司十八项电网重大反事故措施（修订版）》

（4）《关于加强气体绝缘金属封闭开关设备全过程管理规定》

6

金 属 检 测

6.1 适用范围

　　本典型作业法适用于设备采购、设备验收、竣工验收、运维检修阶段；适用于国家电网有限公司系统各电压等级电网设备金属（材料）技术监督工作。

6.2 施工流程

　　金属检测流程图如图 4-6-1 所示。

图 4-6-1　金属检测流程图

6.3 工艺流程说明及工艺控制点

6.3.1 检测内容、要求

检测方式、要求及依据见表 4-6-1。

表 4-6-1   检测方式、要求及依据

序号	设备名称	部件名	检测部位	检测方式、要求及依据			
				检测方式	检测仪器	要求	依据
1	隔离开关	静、动触头	镀层部位	外观检查	肉眼	镀银层应为银白色，呈无光泽或半光泽，不应为高光亮镀层，镀层应结晶细致、平滑、均匀、连续；表面无裂纹、起泡、脱落、缺边、掉角、毛刺、针孔、色斑、腐蚀锈斑和划伤、碰伤等缺陷	DL/T 1424《电网金属技术监督规程》
				镀层厚度检测	合金分析仪	触头、导电杆等接触部位应镀银，镀银层厚度不应小于 20μm	DL/T 1424《电网金属技术监督规程》
			基材	材质检测	合金分析仪、导电率测试仪	触头的材质应为牌号不低于 T2 的纯铜，导电率不应低 97%IACS	DL/T 1424《电网金属技术监督规程》
		传动部件	轴销	材质检测	合金分析仪	传动连接应采用万向轴承和具有自润滑功能的轴套连接，轴销应采用不锈钢或铝青铜等防锈材料，万向轴承应带有防尘结构	DL/T 486《高压交流隔离开关和接地开关》
		防雨罩、操动机构箱	不锈钢体	材质检测	合金分析仪	材质宜为锰（Mn）含量不大于 2%的奥氏体型不锈钢或铝合金	DL/T 1424《电网金属技术监督规程》
		操动机构箱	箱体	厚度检测	超声波测厚仪	箱体厚度不小于 2mm	DL/T 1424《电网金属技术监督规程》
		镀锌部件	镀锌部位	外观检查	肉眼	镀锌层应平滑，无滴瘤、粗糙和锌刺，无起皮，无漏镀，无残留的溶剂渣，在可能影响热浸镀锌工件的使用或耐腐蚀性能的部位不应有锌瘤和锌灰	GB/T 13912《金属覆盖层 钢铁制件热浸镀锌层 技术要求及试验方法》
				镀层厚度检查	覆层测厚仪	（1）镀件厚度不小于 5mm，厚度最小值不小于 70μm，厚度最小平均值不小于 86μm；（2）镀件厚度小于 5mm，厚度最小值不小于 55μm，厚度最小平均值不小于 65μm	GB/T 2694《输电线路铁塔制造技术条件》
		接线板、导电臂、静触头横担铝板	接线板、导电臂、静触头横担铝板中央部位	材质检测	合金分析仪	不应采用 2 系和 7 系铝合金，应采用 5 系或 6 系铝合金	Q/GDW 11717《电网设备金属技术监督导则》

序号	设备名称	部件名	检测部位	检测方式、要求及依据			
				检测方式	检测仪器	要求	依据
2	变压器	本体、散热片（本体、散热片、油箱、储油柜等外露部件）	涂漆部位	外观检查	肉眼	涂层表面应平整、均匀一致，无漏涂、起泡、裂纹、气孔和返锈等现象	DL/T 1424《电网金属技术监督规程》
				漆膜厚度检查	覆层测厚仪	涂层厚度不应小于 120μm，附着力不应小于 5MPa	DL/T 1424《电网金属技术监督规程》
		套管抱箍线夹	线夹中央部位	材质检测	合金分析仪	铜含量不应低于 90%	Q/GDW 11717《电网设备金属技术监督导则》
		套管、升高座、纸包铜扁线等	中央部位	材质检测	合金分析仪	铜含量不应低于 99.9%	Q/GDW 11717《电网设备金属技术监督导则》
		母线桥铜排	中央部位	材质检测	合金分析仪、导电率测试仪	铜排应采用 T2 铜，导电率不低于 97%IACS	GB/T 5585.1《电工用铜、铝及其合金母线 第 1 部分：铜和铜合金母线》
3	断路器	主触头	本体	外观检查	肉眼	符合设计要求	设计文件
				材质检测	合金分析仪	符合设计要求	设计文件
		铜钨弧触头	本体	外观检查	肉眼	表面无裂纹、起泡、毛刺、色斑、划伤等缺陷，厚度符合设计要求，硬度不小于 120HV	DL/T 1424《电网金属技术监督规程》
				材质检测	合金分析仪	符合 GB/T 8320《铜钨及银钨电触头》的相关要求	GB/T 8320《铜钨及银钨电触头》
		操动机构	拐臂连杆传动轴凸轮	外观检查	肉眼	表面不应有划痕、锈蚀、变形等缺陷	DL/T 1424《电网金属技术监督规程》
				镀锌层检查	覆层测厚仪	（1）镀件厚度不小于 5mm，厚度最小值不小于 70μm，厚度最小平均值不小于 86μm；（2）镀件厚度小于 5mm，厚度最小值不小于 55μm，厚度最小平均值不小于 65μm	GB/T 2694《输电线路铁塔制造技术条件》
4	避雷针	托盘、本体	连接部位	结构检查	肉眼、游标卡尺、卷尺	采用法兰式、格构式或锥形外插式结构。法兰结构针体应插入法兰内焊接，法兰焊接部位应有加强筋，针尖部分长度不应大于 5m。锥形外插式结构针体应确保插接处加工精度，连接可靠，且纵向焊缝应焊透	Q/GDW 183 《110kV～1000kV 变电（换流）站土建工程施工质量验收及评定规程》、国家电网运检〔2015〕63 号《国家电网关于防范变电站避雷针掉落风险的通知》
		螺栓	镀锌部位	镀层厚度检查	覆层测厚仪	局部厚度不小于 40μm，平均厚度不小于 50μm	DL/T 284 《输电线路杆塔及电力金具用热浸镀锌螺栓与螺母》
		本体	尖端、中央、尾端部位	外观检查	肉眼	镀锌层应平滑，无滴瘤、粗糙和锌刺，无起皮，无漏镀，无残留的溶剂渣，在可能影响热浸镀锌工件的使用或耐腐性能的部位不应有锌瘤和锌灰	GB/T 13912《金属覆盖层 钢铁制件热浸镀锌层 技术要求及试验方法》
			镀锌部位	镀层厚度检查	覆层测厚仪	（1）镀件厚度不小于 5mm，厚度最小值不小于 70μm，厚度最小平均值不小于 86μm；（2）镀件厚度小于 5mm，厚度最小值不小于 55μm，厚度最小平均值不小于 65μm	GB/T 2694《输电线路铁塔制造技术条件》

序号	设备名称	部件名	检测部位	检测方式、要求及依据			
				检测方式	检测仪器	要求	依据
5	开关柜	柜体	柜体表面	厚度检测	超声波测厚仪	公称厚度不应小于 2mm，如采用双层设计，其单层公称厚度不得小于 1mm	Q/GDW 11717《电网设备金属技术监督导则》
		梅花触头、静触头	接触部位	材质检测	合金分析仪	不低于 T2 的纯铜，且接触部位应镀银	DL/T 1424《电网金属技术监督规程》
			镀银部位	镀层厚度检查	合金分析仪	镀银层厚度不应小于 8μm	DL/T 1424《电网金属技术监督规程》
				外观检查	肉眼	镀银层应为银白色，呈无光泽或半光泽，不应为高光亮镀层，镀层应结晶细致、平滑、均匀、连续；表面无裂纹、起泡、脱落、缺边、掉角、毛刺、针孔、色斑、腐蚀锈斑和划伤、碰伤等缺陷	DL/T 1424《电网金属技术监督规程》
		触指弹簧	弹簧	材质检测	合金分析仪	材质应为 06Cr19Ni9、12Cr18Mn9Ni5N 不锈钢	DL/T 1424《电网金属技术监督规程》、GB/T 24588《不锈弹簧钢丝》
				结构检查	肉眼	结构应均匀、无变色及局部变形	DL/T 1424《电网金属技术监督规程》
		母排	本体	结构检查	游标卡尺、钢尺、卷尺	应符合设计资料要求	设计文件
			中央部位	导电率检测	导电率测试仪	T2 铜排导电率不应低于 97%IACS，铝排导电率不应低于 59.5%IACS	GB/T 5585.1《电工用铜、铝及其合金母线　第 1 部分：铜和铜合金母线》、GB/T 5585.2《电工用铜、铝及其合金母线　第 2 部分：铝和铝合金母线》
		接地紧固螺栓	螺杆	尺寸检查	游标卡尺	紧固接地螺栓直径不得小于 12mm。接地点应有接地符号	Q/GDW 13088.1《12kV～40.5kV 高压开关柜采购标准　第 1 部分：通用技术规范》
		接地导体	导体	尺寸检查	游标卡尺	接地母线应为扁铜排，最小截面积为 240mm²	Q/GDW 13088.1《12kV～40.5kV 高压开关柜采购标准　第 1 部分：通用技术规范》
6	电抗器/电容器	电抗器	钢结构支架	镀层厚度检查	覆层测厚仪	（1）镀件厚度不小于 5mm，厚度最小值不小于 70μm，厚度最小平均值不小于 86μm；（2）镀件厚度小于 5mm，厚度最小值不小于 55μm，厚度最小平均值不小于 65μm	GB/T 2694《输电线路铁塔制造技术条件》
		电容器	汇流铝排	材质检测	导电率测试仪	铝含量应不小于 99.50%，导电率应不小于 59.5%IACS	GB/T 5585.2《电工用铜、铝及其合金母线　第 2 部分：铝和铝合金母线》
7	输电钢管	钢管本体	焊接部位	焊缝质量检查	A 型脉冲反射超声波探伤仪、焊缝检验尺	输电钢管结构一级焊缝的内部质量采用 A 型脉冲反射超声波检测	DL/T 646《输变电钢管结构制造技术条件》、GB/T 11345《焊缝无损检测　超声检测　技术、检测等级和评定》、DL/T 1611《输电线路铁塔钢管对接焊缝超声波检测与质量评定》

续表

序号	设备名称	部件名	检测部位	检测方式、要求及依据			
				检测方式	检测仪器	要求	依据
8	GIS设备	壳体	本体	材质检测	合金分析仪	应满足质量控制文件要求	质控文件
			涂漆部位	外观检查	肉眼	漆膜应平整光滑，漆色均匀光亮，附着牢固，表面无明显凹凸不平；不允许有流痕、气泡、起皱、针孔、露底、严重橘皮等影响外观质量的缺陷。壳体外焊缝应无气孔、虚焊等现象，无尖角、毛刺；内焊缝应打磨光滑；焊缝严禁交叉布置	DL/T 1424《电网金属技术监督规程》
			涂漆部位	涂层厚度检查	覆层测厚仪	防腐涂层厚度不应小于120μm	DL/T 1424《电网金属技术监督规程》
			焊接部位	焊缝质量检查	A型脉冲反射超声波探伤仪	GIS壳体圆筒部分的纵向焊接接头属A类焊接接头，环向焊接接头属B类焊接接头，超声检测不低于Ⅱ级合格	NB/T 47013.3《承压设备无损检测 第3部分：超声检测》
		传动部件	轴销	材质检测	合金分析仪	传动连接应采用万向轴承和具有自润滑功能的轴套连接，轴轴销应采用不锈钢或铝青铜等防锈材料，万向轴承应带有防尘结构	DL/T 486《高压交流隔离开关和接地开关》
		膨胀节	波纹管	材质检测	合金分析仪	波纹管用材料应按工作介质、外部环境和工作温度等工作条件选用，应符合设计文件要求。一般采用304不锈钢，无磁性	GB/T 30092《高压组合电器用金属波纹管补偿器》
9	接地网	铜排	中央部位	导电率检测	导电率测试仪	铜排导电率不应低于96%IACS	DL/T 1342《电气接地工程用材料及连接件》
		铜绞线	本体	材质检测	合金分析仪	材质采用T2铜，铜含量不应低于99.9%	DL/T 1342《电气接地工程用材料及连接件》
		扁钢及角钢	镀层部位	镀层厚度检查	覆层测厚仪	热浸镀层厚度最小值70μm，最小平均值85μm	DL/T 1342《电气接地工程用材料及连接件》
		钢接地体	焊接部位	焊接工艺检查	肉眼、游标卡尺、卷尺	接地体（线）的焊接应采用搭接焊，扁钢搭接长度为其宽度的2倍，且至少3个棱边焊接。圆钢搭接长度圆钢为其直径的6倍，扁钢与圆钢搭接时，接地引出线的垂直部分和接地装置焊接部位外侧100mm范围内应防腐处理	DL/T 1424《电网金属技术监督规程》
10	户外密闭箱体	箱体钢板	箱体表面	材质检测	合金分析仪	Mn含量不大于2%的奥氏体型不锈钢或铝合金	DL/T 1424《电网金属技术监督规程》
				厚度检测	超声波测厚仪	厚度不小于2mm	DL/T 1424《电网金属技术监督规程》
11	构支架	本体	镀锌部位	镀层厚度检查	覆层测厚仪	（1）镀件厚度不小于5mm，厚度最小值不小于70μm，厚度最小平均值不小于86μm；（2）镀件厚度小于5mm，厚度最小值不小于55μm，厚度最小平均值不小于65μm	GB/T 2694《输电线路铁塔制造技术条件》
		连接螺栓	螺杆	尺寸检查	游标卡尺	主要受力构件连接螺栓的直径不宜小于16mm	DL/T 1424《电网金属技术监督规程》

序号	设备名称	部件名	检测部位	检测方式、要求及依据			
				检测方式	检测仪器	要求	依据
12	设备线夹、耐张线夹及引流板	本体	表面、焊接部位	外观检查	肉眼	铝制件表面应光洁、平整，不使用铜铝对接式过渡线夹，焊缝外观应为比较均匀的鱼鳞形，不允许存在裂纹等缺陷	GB/T 2314《电力金具通用技术条件》
13	变电钢管	本体	焊接部位	焊缝质量检查	A 型脉冲反射超声波探伤仪、焊缝检验尺	一级焊缝的内部质量采用 A 型脉冲反射超声波检测，二、三级焊缝采用放大镜和焊缝检验尺进行外观质量检查	DL/T 646《输变电钢管结构制造技术条件》、GB/T 11345《焊缝无损检测　超声检测　技术、检测等级和评定》、DL/T 1611《输电线路铁塔钢管对接焊缝超声波检测与质量评定》
14	铝合金接线板	本体	中央部位	材质检测	合金分析仪	不应采用 2 系和 7 系铝合金，应采用 5 系或 6 系铝合金	Q/GDW 11717《电网设备金属技术监督导则》
15	铁塔	主材、横担、塔头、连板、脚踏钉	镀层部位	镀层厚度检测	覆层测厚仪	（1）镀件厚度不小于 5mm，厚度最小值不小于 70μm，厚度最小平均值不小于 86μm；（2）镀件厚度小于 5mm，厚度最小值不小于 55μm，厚度最小平均值不小于 65μm	GB/T 2694《输电线路铁塔制造技术条件》
			塔材表面	外观检查	肉眼	外观完好，无锈蚀、变形等缺陷；镀锌层表面应连续完整，并具有实用性光滑，不应有过酸洗、起皮、漏镀、结瘤、积锌和锐点等使用上有害的缺陷。镀锌颜色一般呈灰色或暗灰色	DL/T 1424《电网金属技术监督规程》、GB/T 2694《输电线路铁塔制造技术条件》
16	钢管杆	本体	镀层部位	镀层外观检查	肉眼	镀锌层表面应连续完整，并具有实用性光滑，不应有过酸洗、起皮、漏镀、结瘤、积锌和锐点等使用上有害的缺陷。镀锌颜色一般呈灰色或暗灰色	DL/T 1424《电网金属技术监督规程》、GB/T 2694《输电线路铁塔制造技术条件》
				镀层厚度检查	覆层测厚仪	（1）镀件厚度不小于 5mm，厚度最小值不小于 70μm，厚度最小平均值不小于 86μm；（2）镀件厚度小于 5mm，厚度最小值不小于 55μm，厚度最小平均值不小于 65μm	GB/T 2694《输电线路铁塔制造技术条件》
			中央部位、两端部位	壁厚检查	超声波测厚仪、游标卡尺	符合设计要求	设计文件
17	紧固件	螺栓、螺母	螺栓、螺母	螺栓楔负载和螺母保证载荷试验	拉力试验机	抽取 4 套完整的样品，选取其中优质的 3 套样本进行检测，检测的 3 个样本中任何一个样本不满足标准要求，则认为该批次不合格	DL/T 284《输电线路杆塔及电力金具用热浸镀锌螺栓与螺母》

序号	设备名称	部件名	检测部位	检测方式、要求及依据			
				检测方式	检测仪器	要求	依据
18	跌落式熔断器	导电片	中央部位	导电率、镀银层	导电率测试仪、合金分析仪	（1）导电片应采用材质 T2 及以上纯铜；T2 纯铜导电率应不低于 96%IACS。（2）跌落式熔断器的导电片触头导电接触部分均要求镀银，且厚度不小于 3μm	（1）Q/GDW 11257《10kV 户外跌落式熔断器选型技术原则和检测技术规范》和 GB/T 2529《导电用铜板和条》。（2）Q/GDW 11257《10kV 户外跌落式熔断器选型技术原则和检测技术规范》
		铁件	中央部位	镀锌层	覆层测厚仪	跌落式熔断器各铁件均应热镀锌，锌层厚度不小于 80μm	Q/GDW 11257《10kV 户外跌落式熔断器选型技术原则和检测技术规范》
		弹簧	表面	材质	合金分析仪	应选用不锈钢丝（S304）弹簧	Q/GDW 11257《10kV 户外跌落式熔断器选型技术原则和检测技术规范》

6.3.2 仪器使用

金属检测常用设备有合金光谱分析仪、涂层测厚仪、导电率测试仪、超声波测厚仪等，相应用途详见表 4-6-2。

表 4-6-2　　　　　　　金 属 检 测 常 用 设 备

序号	名　称	单位	数量	用途
1	合金光谱分析仪	台	1	镀银层厚度和合金元素成分
2	涂层测厚仪	台	1	构件厚度测量、压接定位检测
3	导电率测试仪	台	1	镀锌层和油漆厚度测量
4	超声波测厚仪	台	1	测量铜、铝材质电导率

6.3.2.1 手持式合金光谱分析仪

6.3.2.1.1 工作原理

X 射线荧光光谱法：它是由 X 射线管发出的一次 X 射线激发样品，使样品所含元素辐射特征荧光 X 射线。由于能量差完全由该元素原子的壳层电子能级决定，故称之为该元素的特征 X 射线，也称荧光 X 射线或 X 荧光。可根据谱线的波长和强度对被测样品中的元素进行分析。

X 射线荧光光谱定量分析指的是把测得的样品中分析元素特征谱线的强度转换成含量。

X 射线荧光测厚法是依据镀层中目标分析元素的特征谱线的荧光 X 射线强度来确定厚度。

手持式合金光谱分析仪工作原理如图 4-6-2 所示，X 射线荧光光谱法如图 4-6-3 所示。

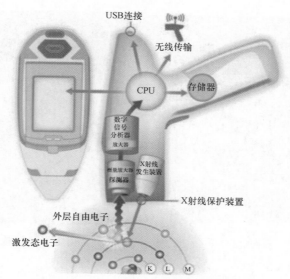

图 4-6-2　手持式合金光谱分析仪工作原理

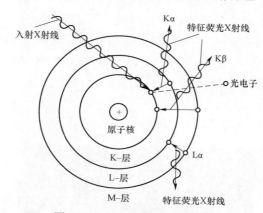

图 4-6-3　X 射线荧光光谱法

6.3.2.1.2　检测步骤

（1）开机，输入密码，进入软件操作界面，操作员应检查电池电源是否正常，电量是否充足。

（2）开机预热：开机进入系统后，合金分析仪应进行预热准备工作，一般情况下须预热 5min 以上，保证探头冷却温度符合合金分析仪使用说明书的要求。

（3）取样部位：保证探头正对取样部位，分析时探头不能移动，尽量垂直贴近试样表面。若取样部位直径小于 5mm，应开启合金分析仪的小点模式。垂直检测如图 4-6-4所示。

（4）合金分析：在应用程序中选择金属测量模块，扣动扳机，开启合金分析仪测试，探测时间不应超过仪器设置时间，同时读取数值，读数时需等主要成分元素含量趋于稳定时进行，若 $\pm 2\sigma > 10\%$ 该读数视为无效。检测结果显示如图 4-6-5 所示。

（5）开填写检测报告。

图4-6-4 垂直检测

图4-6-5 检测结果显示

6.3.2.1.3 注意事项

（1）合金分析仪使用过程中，探头严禁对人。

（2）仪器每年应由专业人员开展曲线校准或送厂家检测。

（3）无论清洁还是测试操作，都要避免异物进入测试窗口，不能使用硬物直接接触测试窗口，如有异物进入应小心取样，防止损伤探测器窗口和X光管窗口。探测窗口处的塑料保护膜应保护好，避免被硬物划伤，保持完整。

6.3.2.2 涂层测厚仪

涂层测厚仪如图4-6-6所示。

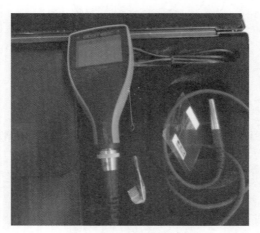

图4-6-6 涂层测厚仪

6.3.2.2.1 适用范围

涂层测厚仪可无损地测量磁性金属基体（如钢、铁、合金和硬磁性钢等）上非磁性涂层的厚度（如镀锌层、铝、铬、铜、珐琅、橡胶、油漆等）。

6.3.2.2.2　检测步骤

（1）测量前，应清除表面上的附着物，如尘土、油脂及腐蚀产物等，但不能除去涂覆物质。

（2）应先调零，再用两点校准法校准。调零采用仪器自带的基体标样，覆层厚度为零，探头对正基体，若显示为零可无需调整，若不为零，则在探头不动的情况下，按下调零按键，使仪器显示为零。两点法校准，根据被测物的厚度范围，选择厚度不一的两种标准片，尽量覆盖被测范围。

（3）覆层测厚仪经过校验且合格，参比面的选取具有代表性，能代表部件覆层厚度最小的状况。

（4）数据处理：选择散布于主要表面上的 3～5 个参比面，在每个参比面上均进行 1 次以上测量，同一个测量部件应测 5 个点以上，并对各自测得的局部厚度取平均值，作为最终测量结果。检测结果显示如图 4-6-7 所示。

图 4-6-7　检测结果显示

（5）填写检测报告。

6.3.2.2.3　注意事项

试件的表面粗糙度：粗糙表面会引起系统误差和偶然误差，粗糙程度增大，影响增大。每次测量时，不同位置增加测量次数以克服这种偶然误差。

边缘效应：对试件表面形状的陡变敏感，在靠近试件边缘或内转角处进行测量是不可靠的。

曲率：试样的曲率影响测量。曲率的影响因仪器制造和类型的不同而有很大差异，但总是随曲率半径的减小而更为明显。因此，在弯曲试样上进行测量可能是不可靠的。

6.3.2.3　导电率测试仪

6.3.2.3.1　仪器参数

（1）应用范围：测量非铁磁金属（铝、铜）的电导率。

（2）测量范围：1～112%IACS，或 0.5～65MS/m。

（3）测量精度：≤1%。

（4）工作温度：5～50℃。

图 4-6-8　导电率测试仪

（5）可离开被测金属表面的最大距离：0.5mm。

（6）探头：ES40（带温度探头）。

导电率测试仪如图 4-6-8 所示。

6.3.2.3.2　试样

（1）试样材质应均匀、无铁磁性。

（2）检测面应为平面，表面粗糙度 Ra 不大于 6.3μm。检测面应光滑、清洁。

（3）试样尺寸必须大于探头直径的 2 倍。

（4）试样厚度不应小于有效渗透深度。当小于时，可多层叠加，但叠加层数不多于三层，各层间必须紧密贴合。

（5）曲面试件的凹面曲率半径不应小于 250mm，凸面曲率半径不应小于 75mm。否则须采用修正测量方法进行电导率的测试。

（6）试件表面的非导电覆盖层（如阳极氧化膜、油漆层等）厚度一般不应大于 75μm。试样和探头如图 4−6−9 和图 4−6−10 所示。

图 4−6−9　试样

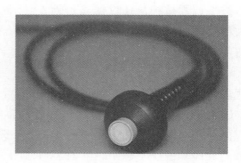

图 4−6−10　探头

6.3.2.3.3　测试条件

（1）标块、探头表面应保持清洁，如有油脂、灰尘等污物，应使用棉布或软纸蘸不会产生化学腐蚀的液体擦拭干净。

（2）仪器、探头要防止受振动、碰撞，标块表面切忌划伤。

（3）测试时应远离热源，避免阳光直射。

（4）电导仪、标块应在无腐蚀、无电磁场干扰的环境中保存和使用，且避免存放在太热或温度变化大的地方。

（5）测试尽可能在室温（20℃±5℃）下进行，探头、仪器、标块及被测试件之间的温度差不大于 3℃。

6.3.2.3.4　温度补偿

在测量和校正前，应进行温度补偿（如图 4−6−11 所示）。方法为：点击进入温度补偿界面，将探头与被测物体接触，待传感器温度不变时，点击下方温度按钮，之后点击"确认"。

6.3.2.3.5　仪器校准

点击校正按钮。材料选择"铜"，将探头垂直平放在标块的中心位置上，待屏幕中出现一个值后保持探头与标块接触，一声提示音后该值应与屏幕上方的值一致；拿起探头测量标块，测量值与标块值误差应不超过 0.35%，否则再操作一次直至符合要求，拿起探头按确认校准完成。仪器校准如图 4−6−12 所示。

6.3.2.3.6　检测步骤

校正完成后，即可开始测量。测量前也要注意"温度"和"材料"两个属性。在测量界面，探头从空气中（距离试件大于 5cm）垂直平放在被测试件平整表面约 2s，仪器一声提示音后测量完成，并且该测量值会一直保持到下次测量。检测如图 4−6−13 所示。

图 4-6-11　温度补偿

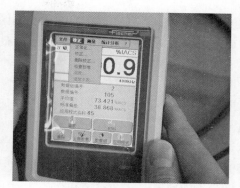

图 4-6-12　仪器校准

6.3.2.4　超声波测厚仪

适用厚度测量工作，包括：压力容器、压力管道及户外密闭箱等其他金属部件的厚度测量，以及导线压接质量检查。超声波测厚仪如图 4-6-14 所示。

图 4-6-13　某主变压器抱箍线
夹为黄铜，导电率为 20.77% IACS

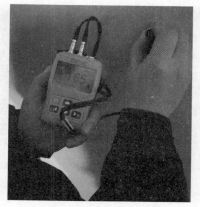

图 4-6-14　超声波测厚仪

6.3.2.4.1　检测要求

被测金属部件表面应光滑无氧化膜，必要时应打磨。检测使用的仪器须经校验合格。

6.3.2.4.2　检测步骤

（1）开机。将探头插头插入仪器探头插座中，按下开关机键，仪器屏幕显示开机画面后自动进入测量界面，并显示当前仪器中设置的声速值。以下以济宁鲁科 LK300 为例简述操作过程。

（2）校准。在每次更换探头、改变声速、更换电池、环境温度变化较大或测量出现偏差时应进行探头校准。如有必要，可重复多次。步骤如下：将耦合剂均匀涂于探头上，将探头与仪器上提供的标准试块表面紧密耦合，仪器显示校准测量值（5.00mm±0.01mm，当声速为 5920m/s 时），校准过程完毕。

（3）声速设置。当已知材料的声速时，可利用仪器提供的声速调节功能，调整仪器的内置声速值。

（4）厚度测量。将耦合剂均匀涂于被测区域，将探头与被测材料表面紧密耦合，屏幕将显示被测区域的测量厚度。当探头与被测材料良好耦合时，屏幕将显示耦合标志，如果耦合标志闪烁或无耦合标志则表示耦合状况不好。移开探头后，耦合标志消失，厚度值保持，读取数据。

管壁测量时，探头分割面可分别沿管材的轴线或垂直管材的轴线测量。若管径大时，应在垂直轴线的方向测量；管径小时，应在两个方向测量，取其中最小值。

测试完毕，再次对仪器进行校准，以确定检测过程中仪器是否处于正常状态。

（5）质量控制点。超声测厚仪经过校验且合格，测量部位的选取具有代表性，能代表部件厚度最小的状况。

6.4　示例图

仪器使用检测示例如图 4-6-15～图 4-6-18 所示。

图 4-6-15　手持式合金光谱分析仪检测波纹管材质

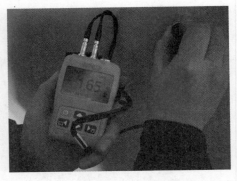

图 4-6-16　超声波测厚仪检测机构箱厚度

图 4-6-17　涂层测厚仪检测设备漆膜厚度

图 4-6-18　导电率测试仪检测铜排导电率

6.5　引用标准

（1）GB/T 3098.1《紧固件机械性能　螺栓、螺钉和螺柱》

（2）GB/T 3098.2《紧固件机械性能　螺母》

（3）GB/T 3190《变形铝及铝合金化学成分》

（4）GB/T 5585.1《电工用铜、铝及其合金母线　第 1 部分：铜和铜合金母线》

（5）GB/T 5585.2《电工用铜、铝及其合金母线　第 2 部分：铝和铝合金母线》

（6）GB/T 11344《无损检测　超声测厚》

（7）DL/T 486《高压交流隔离开关和接地开关》

（8）DL/T 1424《电网金属技术监督规程》

（9）DL/T 1425《变电站金属材料腐蚀防护技术导则》

（10）NB/T 47013《承压设备无损检测》

（11）Q/GDW 11717《电网设备金属技术监督导则》

7 SF₆ 检 漏

7.1 适用范围

本典型作业法适用于 35～500kV 变电设备 SF₆ 泄漏检测办法，主要进行 SF₆ 充气设备不停电情况及停电情况下的 SF₆ 泄漏定性检漏办法及定量检漏办法，介绍了检漏方法的应用场合及作业方法流程。

7.2 施工流程

SF₆ 检漏流程如图 4-7-1～图 4-7-6 所示。

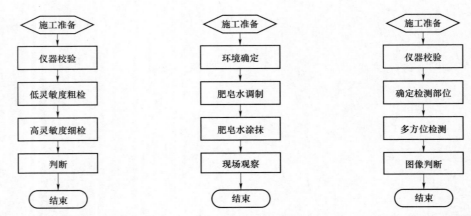

图 4-7-1 检漏仪法施工流程　图 4-7-2 肥皂气泡法施工流程　图 4-7-3 红外成像法施工流程

图 4-7-4　抽真空法施工流程　　图 4-7-5　局部包扎法施工流程　　图 4-7-6　挂瓶法施工流程

7.3　工艺流程说明及质量关键点控制

7.3.1　施工准备

7.3.1.1　资料搜集

　　SF_6 泄漏缺陷判断:两次补气间隔小于半年确定该气室漏气,气室年漏气率应小于1%。

　　搜集设备漏气率:补气频率×次/年。

　　易发生漏气的部位:各检漏口、焊缝、SF_6 气体充气嘴、法兰连接面、密度继电器连接管道、滑动密封座等密封面。

7.3.1.2　材料准备

　　材料明细表见表 4-7-1。

表 4-7-1　　　　　　　　　　　　　材 料 明 细 表

序号	名称	型号	单位	数量	备注
1	毛刷		把	2	
2	肥皂		包	1	
3	塑料薄膜	0.1mm 厚的	m	10	
4	细扎带		包	1	

7.3.1.3　仪器准备

　　仪器明细表见表 4-7-2。

表 4-7-2　　　　　　　　　　　　　仪 器 明 细 表

序号	名称型号	单位	数量	备注
1	SF_6 检漏仪	个	1	TIF 型,应经过校验
2	红外成像检漏仪	个	1	GF306

7.3.1.4 环境要求

现场检测环境应满足如下要求：

（1）环境温度不宜低于 +5℃。

（2）环境相对湿度不宜大于 80%。

（3）检测时风速一般不大于 5m/s。

（4）若在室外，不应在有雷、雨、雾、雪的环境下进行检测，宜在晴朗天气下进行。

7.3.2 检漏法分类

SF_6 检漏方法从设备是否停电可以分为不停电检漏和停电检漏，从检测方法可以分为定性检漏和定量检漏。定性检漏方法只能确定 SF_6 电气设备是否漏气，不能判断漏气量，也不能判断年漏气率是否合格，一般用于日常维护，目前主要在变电检修工作中使用比较多。定量检漏方法可以测量 SF_6 气体的含量，通过测量和相应的计算可以确定年漏气率的大小从而判断产品是否合格，主要用于设备制造、安装、大修和验收，一般 SF_6 设备是先进行定性检漏后再进行定量检漏。

7.3.2.1 不停电检漏

不停电检漏的位置在 SF_6 充气设备的不带电部位或离带电部位有足够的安全距离内进行检测，如 GIS 设备及 SF_6 断路器机构部分等，检测方法分为定性检漏方法和定量检漏方法，定性检漏方法分为检漏仪法、肥皂气泡法、红外成像法、局部包扎法，定量检漏方法主要有局部包扎法。

（1）检漏仪法。该方法出现微风时就会影响检漏结果，同时也不支持远距离检漏，宜在天气晴朗、无风的情况下近距离检测。

1）在检测前应当用风扇吹周围被测物，以防止被测处外面空间存有 SF_6 气体。

2）采用校验过的 SF_6 气体定性检漏仪，沿被测面以大约 25mm/s 的速度移动检测。

3）使用时先用低灵敏度进行粗检，找出大致范围，并进行标记，然后用高灵敏度进行细检。

4）检漏仪自带报警装置，检漏过程中，如果检漏仪报警声频率加快，声音变得尖锐，就说明该处为对应灵敏度可识别的漏点。

（2）肥皂气泡法。此法对于泄漏较大时或运行中的产品可以使用。天气较冷时，该检漏方法无法使用，宜在晴朗天气、温度较高的情况下使用。

将肥皂水用刷子涂在疑似泄漏点处，观察是否明显向外鼓泡，出现向外鼓泡的地方就是漏点。

（3）红外成像法。红外成像法检漏原理是利用 SF_6 对特定波长的光吸收特性较空气而言较强，致使两者反映的红外影像不同，将通常可见光下看不到的气体泄漏，以红外视频图像的形式直观地反映出来。该方法可以远距离检漏，准确度高。同时，仪器重量轻、体积小、功耗低、测量时间短，不需要特定背景便可清晰检测泄漏点并成像，其实际运用价值较高。

1）根据 SF_6 电气设备情况，确定检测部位，重点检测部位为各密封面及接口部位。

2）至少选择三个不同方位对设备进行检测，以保证对设备的全面检测。

3）检漏仪若显示烟雾状气体冒出，则该部位存在泄漏点。记录泄漏部位的视频和图片。

（4）局部包扎法。当气室微量漏气无法定性检测出漏点时，可分区域进行局部包扎法进行检漏，确定该区域内是否漏气，可同时作为定性检漏方法及定量检漏方法开展检测。但是检测结果受包扎效果的影响较大。

1）用约 0.1mm 厚的塑料薄膜按被试品的几何形状围一圈半，使接缝向上，尽可能构成圆形或方形，经整形后边缘用白布带扎紧或用胶带沿边缘粘贴密封。

2）塑料薄膜与试品应保持一定的空隙，一般为 5mm 左右，过一定时间后用检漏仪检测，根据公式计算漏气率。

7.3.2.2　停电检漏

SF_6 充气设备停电情况下进行检漏，可对设备整体的部位进行 SF_6 泄漏检测。检测方法分为定性检漏方法和定量检漏方法，定性检漏方法分为检漏仪法、肥皂气泡法、红外成像法、抽真空法、局部包扎法，定量检漏方法分为局部包扎法、扣罩法、挂瓶法。

（1）检漏仪法。该方法出现微风时就会影响检漏结果，同时也不支持远距离检漏，宜在天气晴朗、无风的情况下近距离检测。

1）在检测前应当用风扇吹周围被测物，以防止被测处外面空间存有 SF_6 气体。

2）采用校验过的 SF_6 气体定性检漏仪，沿被测面以大约 25mm/s 的速度移动检测。

3）使用时先用低灵敏度进行粗检，找出大致范围，并进行标记，然后用高灵敏度进行细检。

4）检漏仪自带报警装置，检漏过程中，如果检漏仪报警声频率加快，声音变得尖锐，就说明该处为对应灵敏度可识别的漏点。

（2）肥皂气泡法。此法对于泄漏较大时或运行中的产品可以使用。天气较冷时，该检漏方法无法使用，宜在晴朗天气、温度较高的情况下使用。

将肥皂水用刷子涂在疑似泄漏点处，观察是否明显向外鼓泡，出现向外鼓泡的地方就是漏点。

（3）红外成像法。利用 SF_6 对特定波长的光吸收特性较空气而言较强，致使两者反映的红外影像不同，将通常可见光下看不到的气体泄漏，以红外视频图像的形式直观地反映出来。该方法可以远距离检漏，准确度高。同时，仪器重量轻、体积小、功耗低、测量时间短，不需要特定背景便可清晰检测泄漏点并成像，其实际运用价值较高。

1）根据 SF_6 电气设备情况，确定检测部位，重点检测部位为各密封面及接口部位。

2）至少选择三个不同方位对设备进行检测，以保证对设备的全面检测。

3）检漏仪若显示烟雾状气体冒出，则该部位存在泄漏点。记录泄漏部位的视频和图片。

（4）抽真空法。该方法常用于判断设备整体是否存在泄漏问题，仅用于出厂或大修设备投运前检漏，适用范围较小。

1）先检漏连接管道和接头。先关闭开关的进气阀门，将充放气装置及连接管路抽真空至133Pa 或压力表 −0.1MPa，观察 20min，确认无泄漏后才能使用。否则，必须先修好再装配上。

2）确认充放气装置可用之后，再打开开关的阀门，对开关抽真空至 133Pa 或压力表 −0.1MPa，再维持真空泵运转 30min，30min 后读取真空度 A，保持真空度观察 5～8h 后，读取真空度 B。如果真空度 $B-A$ 不超过 133Pa 则认为产品无泄漏，密封性能良好，可以充注 SF_6 气体。

（5）局部包扎法。当气室微量漏气无法定性检测出漏点时，可分区域进行局部包扎法进行检漏，确定该区域内是否漏气，可同时作为定性检漏方法及定量检漏方法开展检测。但是检测结果受包扎效果的影响较大，一般用于组装单元和大型产品的场合。

1）用约 0.1mm 厚的塑料薄膜按被试品的几何形状围一圈半，使接缝向上，尽可能构成圆形或方形，经整形后边缘用白布带扎紧或用胶带沿边缘粘贴密封。

2）塑料薄膜与试品应保持一定的空隙，一般为 5mm 左右，过一定时间后用检漏仪检测，根据公式计算漏气率。

（6）扣罩法。适用于中、小型设备适合做罩的场合。扣罩时间不少于 24h，用经校验合格的 SF$_6$ 气体检漏仪检漏，分上、下、左、右、前、后 6 点测量 SF$_6$ 气体的浓度，并求取其平均值，根据公式计算漏气率。

（7）挂瓶法。适用于法兰面有双道密封槽的场合。在双道密封圈之间有一个检测孔，充至额定压力后，取掉检测孔的螺塞，经 24h 后，用软胶管分别连接检测孔和挂瓶，经一短时间后取下挂瓶，经校验合格的 SF$_6$ 气体检漏仪测量挂瓶内 SF$_6$ 气体的浓度，根据公式计算出密封面的漏气率。

7.4 示例图

肥皂气泡法、检漏仪法、红外成像法、局部包扎法如图 4-7-7～图 4-7-10 所示。

图 4-7-7 肥皂气泡法

图 4-7-8 检漏仪法

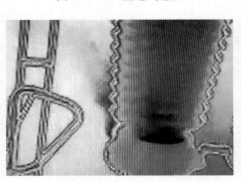

图 4-7-9 红外成像法

图 4-7-10 局部包扎法

7.5　引用标准

（1）GB/T 11023《高压开关设备六氟化硫气体密封试验方法》

（2）Q/GDW 1168《输变电设备状态检修试验规程》

（3）《国家电网公司变电检测管理规定（试行）　第 13 分册　红外成像检漏细则》

（4）《国家电网公司变电检测通用管理规定（试行）　第 40 分册　气体密封性检测细则》

第5篇　典型作业法变电检测

1

开关柜带电检测

1.1 适用范围

本典型作业法适用于国家电网有限公司所属各单位的 12～40.5kV 交流金属封闭开关设备（简称高压开关柜，本章无特殊说明时开关柜均指高压开关柜）的暂态地电压局部放电检测和超声波局部放电检测。

1.2 试验条件

1.2.1 技术要求

1.2.1.1 暂态地电压检测性能要求

（1）检测频率范围：3～100MHz。

（2）测量量程：0～60dBmV。

（3）分辨率：1dBmV。

（4）误差：不超过±2dBmV。

1.2.1.2 超声波局部放电检测性能要求

（1）检测频率范围：20～200kHz。

（2）测量量程：0～60dBmV。

（3）分辨率：1dBmV。

（4）误差：不超过±2dBmV。

1.2.1.3 检测环境要求

（1）环境温度 –10～+55℃，环境相对湿度不大于 85%，大气压力 80～110kPa。

（2）被检测开关柜设备上无其他作业。

（3）开关柜金属外壳应清洁并可靠接地。

（4）应尽量避免干扰源（如气体放射灯、排风系统电机）等带来的影响。

（5）进行室外检测应避免天气条件对检测设备的影响。

（6）雷电时禁止进行检测。

1.2.2 人员要求

（1）了解开关柜设备的结构特点、工作原理、运行状况和导致设备故障的因素等基本知识。

（2）熟悉暂态地电压局部放电检测的基本原理、诊断程序和缺陷定性的方法，了解暂态地电压局部放电检测仪的工作原理、技术参数和性能，掌握暂态地电压局部放电检测仪的操作程序和使用方法。

（3）熟悉 Q/GDW 11060《交流金属封闭开关设备暂态地电压局部放电带电测试技术现场应用导则》，接受过金属封闭开关设备暂态地电压局部放电带电测试的培训，取得相应资质，具备现场测试能力。

（4）具有一定的现场工作经验，熟悉并能严格遵守电力生产和工作现场的相关安全管理规定。

（5）进行室外检测应避免天气条件对检测设备的影响。

1.3 测试原理

开关柜局部放电会产生电磁波，电磁波在金属壁形成趋肤效应，并沿着金属表面进行传播，同时在金属表面产生暂态地电压，暂态地电压信号的大小与局部放电的严重程度及放电点的位置直接相关，利用专用的传感器对暂态地电压信号进行检测，从而判断开关柜内部的局部放电故障，也可根据暂态地电压信号到达不同传感器的时间差或幅值对比进行局部放电源定位。暂态地电压检测原理如图 5-1-1 所示。

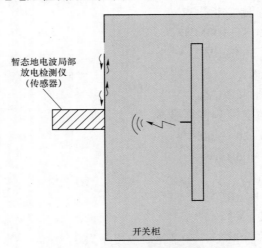

图 5-1-1 暂态地电压检测原理图

电力设备绝缘内部发生局部放电时，同时伴随着超声波信号的产生，超声波信号由局部放电源沿着绝缘介质和金属件传递到电力设备外壳，并向周围空气传播。通过在电力设备表面安装的超声波传感器可耦合到局部放电发生的超声波信号，进而判断电力设备的绝缘状况。超声波局部放电检测原理如图 5-1-2 所示。

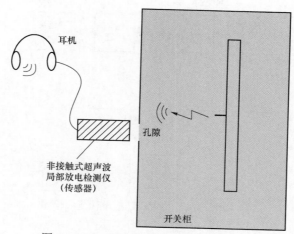

图 5-1-2　超声波局部放电检测原理图

1.4　现场测试

1.4.1　检测周期

（1）新投运和解体检修后的设备，应在投运后一个月内进行一次运行电压下的检测，记录开关柜每一面的测试数据作为初始数据，以后测试中作为参考。

（2）暂态地电压及超声波检测至少一年一次。

（3）对存在异常的开关柜设备，在该异常不能完全判定时，可根据开关柜设备的运行工况缩短检测周期。

1.4.2　试验前准备

按下述步骤进行检测准备：

（1）检查仪器完整性，确认仪器能正常工作，保证仪器电量充足或现场交流电源满足仪器使用要求。

（2）对于高压开关柜设备，在每面开关柜的前面、后面均应设置测试点，具备条件时，在侧面设置测试点。

（3）开关柜历次局部放电检测数据、开关柜运行工况、开关柜内部结构等技术资料。

1.4.3　检测流程图

开关柜局部放电检测流程图如图 5-1-3 所示。

1.4.4　环境参数记录

进入高压室内，查看高压室内的温、湿度控制器，将现场温度、湿度、测试时间、测试仪器型号、测试人员记录在带电检测记录本上。

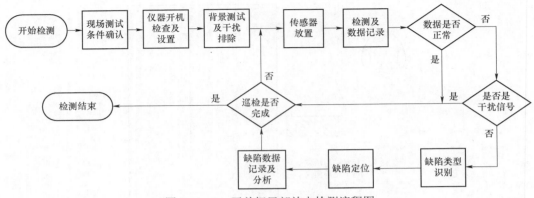

图 5 − 1 − 3　开关柜局部放电检测流程图

1.4.5　背景值测量及干扰排除

1.4.5.1　暂态地电压测试背景测量

在进行开关柜暂态地电压测试前，需测试环境（空气和金属）中的背景值并记录，一般情况下，测试金属背景值时可选择开关室内远离开关柜的金属门窗；测试空气背景时，可在开关室内远离开关柜的位置，放置一块 20cm×20cm 的金属板，将传感器贴紧金属板进行测试，所测数值可作为开关柜暂态地电位测试背景值。

1.4.5.2　超声波局部放电背景测量

在设备运行状态下将传感器悬浮于空气中，测量背景噪声值并记录；背景噪声仅来自环境、仪器和放大器自身，幅值一般较小且数值稳定。

1.4.5.3　干扰排除

暂态地电压及超声波背景测试值一般均较小且数值稳定。现场测试背景值时，可能会因为各种干扰而出现暂态地电压或超声波背景测试值异常增大，不同位置的背景测试值变化较大等情况。

现场的干扰可能来源有高压室内的灯光、人员走动、驱鼠器、除湿机、通风设备、开关柜振动噪声等，高压室外的电磁辐射、施工声音、振动噪声等。在正式进行局部放电检测前，应尽量关闭、排除上述信号干扰源，确认检测背景值正常后方可进行检测。若有较大干扰无法排除，应尽量查明干扰信号的来源，做好记录，用于分析对比。

1.4.6　检测点位置选取

1.4.6.1　暂态地电压测试位置选取

（1）一般按照前面、后面、侧面进行选择布点，前面选 2 点，后面、侧面选 3 点，后面、侧面的选点应根据设备安装布置的情况确定，如图 5 − 1 − 4 所示。

（2）暂态地电压测试点选择在金属柜体表面。

（3）如果存在异常信号，则应在该开关柜进行多次、多点检测，查找信号最大的位置。

（4）应尽可能保持每次测试点的位置一致，以便于进行比较分析。

（5）根据现场需要设置相应的检测位置。

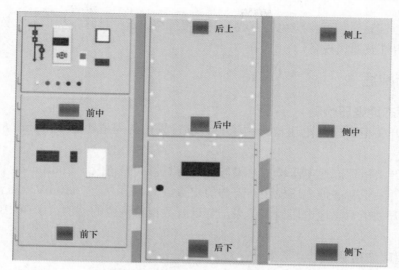

图 5−1−4　开关柜暂态地电压检测位置图

1.4.6.2　超声波测试位置选取

（1）一般按照前面、后面、侧面进行选择布点，在开关柜前面、后面的面板缝隙处均应进行测试，沿着缝隙检测超声波信号，侧面的选点应根据设备具体的面板缝隙情况确定。如图 5−1−5 所示的前、后、侧柜的面板缝隙处均应进行测试。

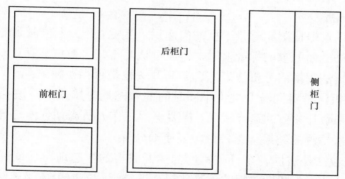

图 5−1−5　开关柜超声波局部放电检测位置图

（2）在开关柜存有透气孔、操作把手、风扇孔等非完全封闭部位进行检测。

1.4.7　检测及数据记录

（1）进行开关柜暂态地电压检测，检测时传感器应与高压开关柜柜面紧贴并保持相对静止，待读数稳定后记录结果，如有异常再进行多次测量。

（2）进行开关柜超声波检测，检测时传感器应与置于高压开关柜柜门缝隙处并保持相对静止，待读数稳定后记录结果，如有异常再进行多次测量。

（3）一般可先常规检测，若常规检测发现异常，再采用定位检测进一步排查。

（4）对于异常数据应及时记录保存，同时记录缺陷位置。

（5）填写设备检测数据记录表，进行检测结果分析。

（6）注意测试过程中应避免信号线、电源线缠绕一起。排除干扰信号，必要时可关闭开关室内照明灯及通风设备。

1.4.8　判断标准

1.4.8.1　暂态地电压检测

（1）若开关柜暂态地电压检测结果与环境背景值的差值小于 20dBmV，则判断检测合格。

（2）若开关柜暂态地电压检测结果与环境背景值的差值大于 20dBmV，需查明原因。

（3）若开关柜暂态地电压检测结果与历史数据的差值大于 20dBmV，需查明原因。

（4）若开关柜暂态地电压检测结果与邻近开关柜检测值的差值大于 20dBmV，需查明原因。

1.4.8.2　超声波检测

（1）若开关柜超声波检测结果小于 8dBmV，没有声音信号，则判断为正常，本次检测合格。

（2）若开关柜超声波检测结果位于 8～15dBmV 之间，有轻微声音信号，则判断为异常，需缩短检测周期。

（3）若开关柜超声波检测结果大于 15dBmV，有明显声音信号，则判断存在放电缺陷，需对设备采取相应的措施。

1.4.8.3　分析判断

在排除了现场仪器检测和背景干扰的问题后，当某个开关柜检测到的暂态地电压或超声波信号结果超过上面要求的标准值时，一般可认为该开关柜可能存在缺陷。此外，现场还应通过纵向分析法和横向分析法来综合判断开关柜是否存在缺陷：

（1）纵向分析法是对同一开关柜不同时间的暂态地电压或超声波局部放电测试结果进行比较，从而判断开关柜的运行状况。需要电力工作人员周期性的对开关室内开关柜进行检测，并将每次检测的结果存档备份，以便于分析。

（2）横向比较法是对同一个开关室内同类开关柜的暂态地电压或超声波局部放电测试结果进行比较，从而判断开关柜的运行状况。当某一开关柜个体测试结果大于其他同类开关柜的测试结果和环境背景值时，推断该设备有存在缺陷的可能。

1.4.8.4　综合确诊

对怀疑有缺陷的开关柜，应综合特高频局部放电检测、红外热像检测等其他带电检测手段进行分析确定。必要时可利用多个局部放电探头结合示波器进行局部放电缺陷定位，以确定开关柜内局部放电缺陷的具体位置。

1.4.9　给出缺陷原因分析及检修建议

对已经确定有局部放电缺陷的开关柜，应结合缺陷处开关柜的内部结构，元器件分布的情况综合分析缺陷原因。本章以某变电站高压室的一排开关柜典型结构作为示例，进行分析。

首先给出高压室内的几种典型开关柜结构，见表 5－1－1。

表 5-1-1　　　　　　　　　　　　　　　高压室内典型开关柜结构

开关柜	1 号主变压器 3103 间隔	1 号主变压器 310 间隔	10kV I 母 3×14 间隔	东方线 302 间隔	1-1C 304 间隔	1-1L 306 间隔	1 号站用变压器 308 间隔
前中	隔离开关	断路器	熔断器、避雷器、手车	断路器	断路器	断路器	断路器
后上	母排	母排	母排	母排	母排	母排	母排
后下	导流排	电流互感器、导流排、避雷器	电压互感器、避雷器	电流互感器、电缆、零序电流互感器、避雷器	电流互感器、电缆、零序电流互感器、避雷器	电流互感器、电缆、零序电流互感器、避雷器	电流互感器、电缆、零序电流互感器、避雷器
备注	前上柜均为二次元件、前下柜均无设备						

根据缺陷位置的设备分布情况，给出原因分析，一些典型的缺陷可能见表 5-1-2。

表 5-1-2　　　　　　　　　　　　　高压室内典型缺陷类型

设备类型	缺陷类型
绝缘支撑	通用缺陷
穿屏套管	通用缺陷
母排、一次导体	表面存在毛刺、螺栓等紧固件或连接松动
避雷器	通用缺陷、接地点接地不良存在悬浮电位
电流互感器	通用缺陷、接地点接地不良存在悬浮电位
电压互感器	通用缺陷、励磁电流过大、接地点接地不良存在悬浮电位
断路器	通用缺陷、触头接触不良或触指松动
隔离开关	通用缺陷、触头接触不良或触指松动
电缆	通用缺陷、与零序电流互感器之间绝缘不够、屏蔽层或铠甲层接地不良
零序电流互感器	与电缆之间绝缘不够
无设备处（前下）	接地点接地不良存在悬浮电位、紧固松动导致振动产生超声信号
备注	通用缺陷是指：设备表面凝露、脏污、破损，内部存在气隙，螺栓等紧固件或连接松动

根据缺陷的严重程度，确定停电检修时间。最终的缺陷确诊及处理应在停电检修时，结合外观检查及高压试验确定。

1.5　主要引用标准

（1）DL/T 417《电力设备局部放电现场测量导则》

（2）Q/GDW 1168《输变电设备状态检修试验规程》

（3）Q/GDW 11060《交流金属封闭开关设备暂态地电压局部放电带电测试技术现场应用导则》

（4）国网（运检/3）829—2017《国家电网公司变电检测管理规定（试行）》

2

GIS 设备带电检测

2.1 适用范围

本典型作业法适用于国家电网有限公司所属各单位的 35kV 及以上气体绝缘金属封闭开关设备（简称 GIS 设备）的特高频局部放电现场带电检测，罐式断路器和 HGIS 可参考应用。

2.2 试验条件

（1）环境温度 −10～ + 55℃，环境相对湿度不大于 85%，大气压力 80～110kPa。
（2）被检测设备应处于运行状态。
（3）GIS 设备为额定气体压力，在 GIS 设备上无各种外部作业。
（4）金属外壳应清洁、无覆冰等。
（5）进行检测时应避免干扰源、大型设备振动及人员频繁走动带来的影响。
（6）进行室外检测时，应避免雨、雪、雾、露等湿度大于 85%的天气条件对 GIS 设备外壳表面的影响，并记录背景噪声。

2.3 测试原理

2.3.1 特高频局部放电检测

当局部放电在 GIS 内部很小的范围内发生时，击穿过程很快，将产生很陡的脉冲电流，其上升时间小于 1ns，并将激发频率高达数百兆赫兹的电磁波，沿气室间隔之间的盆式绝缘子缝隙传出。

通过特高频传感器（UHF 传感器）检测 GIS 内部特高频信号特征，映射出局部放电的类型特性。通常 UHF 传感器有安装在设备内部的 UHF 内置传感器和安装在设备外部的 UHF 外置传感器两种。

2.3.2　超声波局部放电检测

GIS 设备内部常见的电晕放电、悬浮放电、金属颗粒放电及机械振动等缺陷会激发超声波信号，通过超声波传感器检测 GIS 设备中发生局部放电或机械振动时产生的超声波信号，从而获得局部放电的相关信息，实现 GIS 设备局部放电检测。通常用 dBmV、mV 等单位来表征超声波信号强度。

超声波定位的原理是利用不同检测位置上的超声波信号强度、超声信号之间的时延、超声信号和特高频信号之间的时延等方法来进行定位。

2.4　现场测试

2.4.1　资料准备

收集 GIS 历次局部放电检测数据、GIS 运行工况、GIS 内部结构图纸、GIS 安装尺寸等信息。

2.4.2　试验接线（以华乘 PDS – T90 局部放电测试仪为例）

第一步：将超声波传感器与主机连接。

第二步：将特高频传感器与特高频调理器连接，打开特高频调理器电源，此时电源信号灯为绿色。

第三步：将外部同步器连接到电源盘上，此时外部同步器的状态灯显示为绿色并闪烁。

第四步：负责人检查试验接线正确，接通电源，准备参数设置。

2.4.3　参数设置

2.4.3.1　特高频局部放电检测

匹配特高频调理器。将仪器开机，在界面菜单里选择"系统设置"→"外设匹配"→"特高频调理器选择"，系统将自动搜索空间中特高频调理器的无线信号并在搜索显示出来，选择本仪器的特高频调理器编号，按 OK 键确定。

匹配外部同步器。在首界面菜单里选择"系统设置"→"外设匹配"→"外部同步器选择"，系统将自动搜索空间中外部同步器的无线信号并在搜索显示出来，选择本仪器的外部同步器编号，按 OK 键确定。

在首界面菜单里选择"特高频检测"→"UHF PRPD2D&PRPS3D"，进入特高频检测界面。界面下拉菜单中常用的子菜单有带宽、前置增益、同步方式、相位偏移、保存数据及载入数据等。

带宽：共有"全、低、高"三种带宽选项，其中"全"带宽表示检测频带范围为 300～1200MHz，"低"带宽表示检测频带范围为 300～500MHz，"高"带宽表示检测频带范围为 900～1200MHz。

前置增益：共有"开、关"两个选项，其中"开"表示对特高频调理器的信号进行放大，主要用于信号较小的情况；"关"表示对特高频调理器的信号不进行放大，主要用于信号较大的情况。

同步方式：共有"电源、光"两个选项，一般情况下使用电源同步，即外部同步器插在电源盘上，信号与电源相位进行同步。

相位偏移：0~360°可选，按5°的步长按左右键进行选择，用于消除信号相位与外部同步器相位差。

保存数据：对当前的 PRPD&PRPS 图谱进行保存，保存编号为当前仪器的时间，按年月日时分秒进行编号，如"20160416160804"。

载入数据：对仪器里保存的数据进行查看，仪器默认的文件夹路径为"年"→"月"→"日"，在"日"文件夹下按照编号进行查看。

2.4.3.2 超声波局部放电检测

在首界面菜单里选择"超声波检测"→"幅值检测"，进入超声波检测界面。界面下拉菜单中常用的子菜单有增益、模式、触发值、音量及单位等。

增益：共有"×1、×10、×100"三个选项。

模式：共有"连续、触发"两个选项，一般选用连续模式。

触发值：选用"触发"模式时选择触发值，视现场情况而定。

音量：调节耳机音量大小。

单位：共有"dB、mV"两个选项，一般采用 mV。

除"幅值检测"模式外，还可选择"相位图谱检测""脉冲图谱检测""波形图谱检测"等模式对信号进行多方面的分析。

2.4.4 数据记录

2.4.4.1 特高频局部放电检测

要求记录检测位置、图谱文件、负荷电流（A）、特征分析、仪器等信息。

2.4.4.2 超声波局部放电检测

按要求记录背景噪声、检测位置、检测数值、图谱文件、负荷电流（A）、特征分析、仪器等信息。

2.4.5 试验判断

2.4.5.1 特高频局部放电检测

若检测到的特高频特征图谱与该点背景图谱有明显差异或与典型缺陷图谱相似，则可认为该点数据异常。特高频典型缺陷特征如图 5-2-1 所示。

2.4.5.2 超声波局部放电检测

GIS 内部常见的局部放电类型大体归为五类：悬浮放电、电晕放电、自由颗粒放电、沿面放电、气隙放电。其中，超声波局部放电检测对沿面放电、气隙放电不敏感。

悬浮放电是指由于装配工艺不良或运行中的振动等导致设备内部某一金属部件和导体（或接地体）失去电位连接，存在较小间隙，产生的接触不良放电。通常在产生悬浮放电时，由于电场力的影响，悬浮部件时常伴随着振动，并反复的充放电，长时间的悬浮放

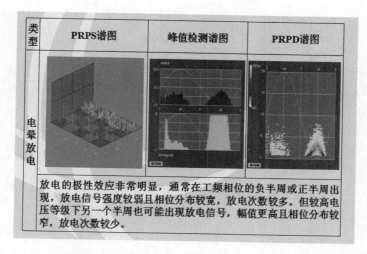

类型	PRPS谱图	峰值检测谱图	PRPD谱图
电晕放电			

放电的极性效应非常明显，通常在工频相位的负半周或正半周出现，放电信号强度较弱且相位分布较宽，放电次数较多。但较高电压等级下另一个半周也可能出现放电信号，幅值更高且相位分布较窄，放电次数较少。

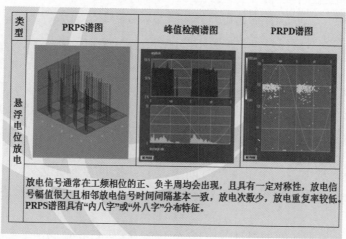

类型	PRPS谱图	峰值检测谱图	PRPD谱图
悬浮电位放电			

放电信号通常在工频相位的正、负半周均会出现，且具有一定对称性，放电信号幅值很大且相邻放电信号时间间隔基本一致，放电次数少，放电重复率较低。PRPS谱图具有"内八字"或"外八字"分布特征。

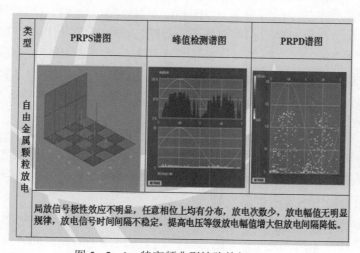

类型	PRPS谱图	峰值检测谱图	PRPD谱图
自由金属颗粒放电			

局放信号极性效应不明显，任意相位上均有分布，放电次数少，放电幅值无明显规律，放电信号时间间隔不稳定。提高电压等级放电幅值增大但放电间隔降低。

图 5-2-1　特高频典型缺陷特征（一）

323

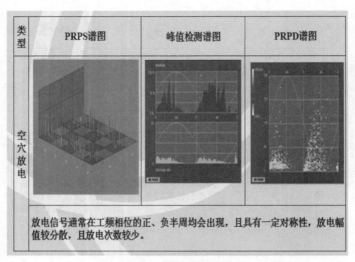

类型	PRPS谱图	峰值检测谱图	PRPD谱图
空穴放电			
放电信号通常在工频相位的正、负半周均会出现，且具有一定对称性，放电幅值较分散，且放电次数较少。			

图 5-2-1　特高频典型缺陷特征（二）

电将烧蚀金属部件并产生金属粉尘。例如电流互感器内屏蔽筒因其固定螺栓松动，导致悬浮放电。

　　电晕放电是处于高电位或低电位的金属尖端或毛刺，由于电场集中而产生的。金属尖端包括导体和外壳内表面上的金属凸起，通常是由于制造、安装和运行过程中在导体和外壳上形成了毛刺造成的。在工频电压作用下，金属尖端缺陷附近将产生大量空间电荷，并形成与外加电场相反的电场，因此金属尖端对工频耐压水平影响较小。对于雷电冲击或操作产生的快速瞬态过电压，由于持续时间短，来不及形成空间电荷，因此这类缺陷将使过电压冲击耐受水平大大降低。例如 GIS 母线导体或外壳上的金属粉尘形成尖端产生电晕放电。

　　金属颗粒和金属颗粒间的局部放电以及金属颗粒和 GIS 金属部件之间的局部放电。这些自由金属颗粒主要产生于 GIS 制造、装配和运行过程中。其形状有细长线形、螺旋线形、球形、粉末状等。该类金属颗粒在内部电场的周期性变化和重力的联合作用下，其表现形式为随机性移动或跳动现象。当颗粒在高压导体和低压外壳之间跳动幅度加大时，则存在设备击穿危险。颗粒越大且越接近高压导体，则发生故障的风险越大。如果颗粒移动到绝缘子上，则可能会导致绝缘子表面闪络受损，造成更大的威胁。例如 GIS 壳体底部存在的金属碎屑导致放电。

　　沿面放电是绝缘表面金属颗粒或绝缘表面脏污导致的局部放电。在电压的作用下，绝缘子表面脏污周围局部场强畸变，产生局部放电，长时间局部放电作用下，绝缘子表面绝缘性能下降，并可能最终导致绝缘子沿面闪络，严重威胁设备的安全运行。例如支柱绝缘子表面脏污引起绝缘下降发生沿面放电。

　　绝缘件内部气隙放电是由固体绝缘件内部裂纹、气隙等缺陷引起的放电。该类缺陷主要有 GIS 内部绝缘件如盆式绝缘子、绝缘拉杆、支撑绝缘子等绝缘介质内部存在裂纹、气隙等引起的放电现象，是引起设备绝缘击穿的主要威胁。气隙将导致局部电场畸变，产生局部放电，在局部放电的长时间作用下，气隙将进一步发展，导致绝缘部件的绝缘性能严重下降，最终导致故障的发生。例如盆式绝缘子因制造工艺不到位导致内部存在气隙导致放电。

超声波局部放电缺陷类型特征见表 5-2-1。

表 5-2-1   超声波局部放电缺陷类型特征

检测模式		自由颗粒放电缺陷	电晕放电缺陷	悬浮放电缺陷
连续检测模式	有效值	高	低	高
	周期峰值	高	低	高
	50Hz 相关性	无	高	低
	100Hz 相关性	无	低	高
相位检测模式		无规律	（1）放电强度较小时，一周波有一簇幅值较小信号；（2）放电强度较大时，一周波有一簇幅值较大信号和一簇幅值较小信号	有规律，一周波两簇信号，且幅值相当
时域波形检测模式		有一定规律，存在周期不等的脉冲信号	有规律，存在周期性脉冲信号	有规律，存在周期性脉冲信号
脉冲检测模式		有规律，图谱呈"三角驼峰"状	无规律	无规律
特征指数检测模式		无明显规律，峰值未聚集在整数特征值处	有规律，波峰位于整数特征值处，且特征指数 2＞特征指数 1	有规律，波峰位于整数特征值处，且特征指数 1＞特征指数 2

超声波典型缺陷图谱如图 5-2-2 所示。

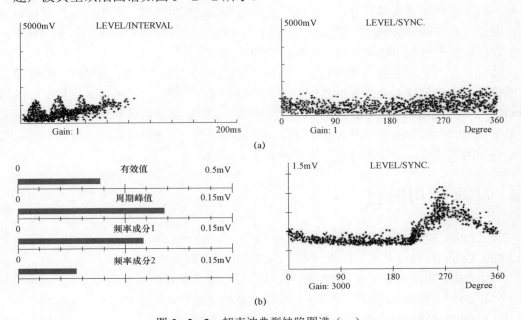

图 5-2-2 超声波典型缺陷图谱（一）

（a）自由颗粒放电的典型图谱；（b）电晕放电的典型图谱

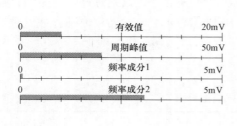
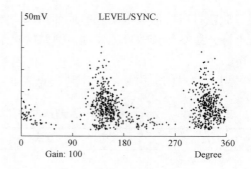

(c)

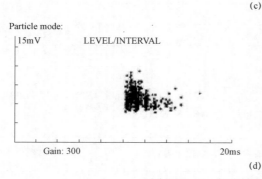
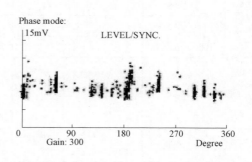

(d)

图 5-2-2　超声波典型缺陷图谱（二）

（c）悬浮放电的典型图谱；（d）机械振动的典型图谱

2.4.6　试验注意事项

（1）开展特高频局部放电检测时，传感器应与绝缘盆子紧密贴合，避开绝缘盆子紧固螺栓，以防螺栓对特高频信号产生干扰。正常检测测试时间不少于 30s，如有异常再进行多次测量，异常测量时间不少于 60s。发现信号异常时用判断信号来源，可采用屏蔽、幅值比较、典型干扰信号图谱比对、空间定位等方法。

（2）开展超声波局部放电检测时，检测前应将测试点擦拭干净，测量时在传感器与测点部位间应均匀涂抹专用耦合剂并适当施加压力，减小检测信号的衰减。测量时传感器应与 GIS 壳体保持相对静止，避免人手碰触传感器。巡检时每个测试点测试时间不少于 15s，避免干扰源和大型设备振动及人员频繁走动带来的影响。发现信号异常时应测量附近基座和空气中的超声波信号作为背景，用于判断信号来源。

2.5　主要引用标准

（1）GB/T 1984《高压交流断路器》

（2）GB/T 7354《高电压试验技术　局部放电测量》

（3）GB/T 7674《额定电压 72.5kV 及以上气体绝缘金属封闭开关设备》

（4）GB/T 11022《高压开关设备和控制设备标准的共用技术要求》

（5）DL/T 417《电力设备局部放电现场测量导则》

（6）DL/T 1250《气体绝缘金属封闭开关设备带电超声局部放电检测应用导则》

（7）Q/GDW 1168《输变电设备状态检修试验规程》

（8）Q/GDW 11059.1《气体绝缘金属封闭开关设备局部放电带电测试技术现场应用导则　第 1 部分：超声波法》

（9）Q/GDW 11059.2《气体绝缘金属封闭开关设备局部放电带电测试技术现场应用导则　第 2 部分：特高频法》

（10）国家电网生〔2008〕269 号《国家电网公司设备状态检修管理规定》

（11）国家电网生变电〔2010〕11 号《电力设备带电检测技术规范（试行）》

（12）国家电网运检一〔2014〕108 号《国网运检部关于印发变电设备带电检测工作指导意见的通知》

3

电流互感器励磁特性测试

3.1 适用范围

本典型作业法适用于电力系统供电气测量仪器和电气保护装置用电流互感器二次绕组现场测量励磁特性的试验方法。本典型作业法不适用于铁芯为非导磁材料的电流系统用电流互感器。

3.2 一般试验条件

（1）试验时要求环境温度为 5～40℃，相对湿度不大于 80%。

（2）试验应在装配完整的产品上进行。

（3）试品二次接线端子无腐蚀，防锈镀层完好。

（4）各二次绕组绝缘（工频耐压和匝间绝缘强度）满足相关标准要求。

（5）被试电流互感器应与高压带电线路隔离，且一次绕组（P1、P2）应为开路并将其中一端有效接地。

（6）在常温下测量二次绕组直流电阻，并将其修正至 75℃，修正后的值为 R_{ct}（额定值）。

$$R_{ct}=R_{meas}(234.5+75)/(234.5+T_{meas})$$

式中　R_{meas}——实测电阻；

　　　T_{meas}——实测时的环境温度。

（7）试验时试品外壳、铁芯及电容屏蔽可靠接地。

3.3 测试原理

3.3.1 基本原理

如图 5－3－1 所示，在电流互感器二次端子上施加实际正弦波交流电压，测量相应的励磁电流，当某一绕组进行试验时，其他二次绕组均应处于开路状态，且一次绕组（P1、

P2）应为开路并将其中一端有效接地。如此依次对每一绕组进行试验，当电流互感器为多抽头时，可在使用抽头或最大抽头测量。当计算极限感应电势 E_{al} 电压值大于二次绕组工频耐压值或匝间绝缘有效值（备注：二次绕组工频耐压值 2000V，匝间绝缘有效值 $4500/\sqrt{2}=3182V$，取两者中的低值 2000V），降低施加电压的频率，以确保 E_{al} 电压值不超过 2000V。在测取电压值与电流值及实测频率后，将电压值折算到工频 50Hz 电源时的数值，折算方法按式（5-3-1）计算。试验过程中不能瞬间断电降压，应缓慢将电压降至零后切断试验电源，防止瞬间断电过电压造成二次绕组绝缘损坏。

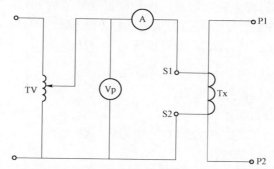

图 5-3-1　电流互感器励磁特性曲线测量接线

TV—调压器；Vp—平均值交流电压表；A—电流表；Tx—被试互感器

$$U = \frac{f_n}{f_x} U_x$$

（5-3-1）

式中　U——折算到 50Hz 时的电压值，V；

　　　f_n——额定频率 50Hz；

　　　f_x——实测频率，Hz；

　　　U_x——实测电压值，V。

TPY 级绕组用电压提升 10%，其励磁电流增加不小于 50% 且不大于 100% 来确定实际极限感应电势 E'_{al}；P 级绕组用电压提升 10%，其励磁电流增加不大于 50% 来确定实际极限感应电势 E'_{al}；测量点应分别为 $0.1E'_{al}$、$0.2E'_{al}$、$0.3E'_{al}$、$0.4E'_{al}$、$0.5E'_{al}$、$0.6E'_{al}$、$0.7E'_{al}$、$0.8E'_{al}$、$0.9E'_{al}$、$1.0E'_{al}$、$1.1E'_{al}$，测量上限应达到 $1.1E'_{al}$。实际测量时，按 $0.1E_{al}$、$0.2E_{al}$、$0.3E_{al}$、$0.4E_{al}$、$0.5E_{al}$、$0.6E_{al}$、$0.7E_{al}$、$0.8E_{al}$、$0.9E_{al}$、$1.0E_{al}$、$1.1E_{al}$ 取点，测量上限应达到 $1.1E_{al}$。

施加于电流互感器二次绕组上的正弦波电势方均根值与励磁电流方均根值之间的关系，用曲线来表示，即为励磁特性曲线。一般只对电流互感器的保护级（P 级、TPY 级）绕组进行伏安特性（励磁特性）测量。

3.3.2　二次绕组极限感应电势（俗称额定拐点电压）

（1）电流互感器保护级绕组（P 级）极限感应电势计算方法按式（5-3-2）计算。

$$E_{al} = ALF \cdot I_{2N} \sqrt{(R_{ct} + R_2)^2 + (X_0 + X_2)^2}$$

（5-3-2）

式中　E_{al}——极限感应电势，V；

　　　ALF——准确限值系数（5P20 绕组，ALF 为 20；10P15 绕组，ALF 为 15）；

　　　I_{2N}——额定二次电流，A；

　　　R_{ct}——修正至 75℃的二次绕组直流电阻值，Ω；

　　　R_2——额定输出对应负荷的有功分量（绕组额定容量/$I_{2N}^2 \times \cos\varphi$），Ω；

　　　X_0——二次绕组漏电抗，电流比 $K \leqslant 120$ 时，按 0.2Ω 估算，电流比 $K > 120$，按 0.5Ω 估算；

　　　X_2——额定输出对应负荷的无功分量（绕组额定容量/$I_{2N}^2 \times \sqrt{1-\cos^2\varphi}$），Ω，$\cos\varphi$ 为二次绕组额定功率因素，保护绕组设计值为 0.8。

（2）电流互感器 TPY 绕组极限感应电势计算方法按式（5−3−3）计算。根据 TPY 绕组产品技术参数 K_{ssc}、K_{td}、R_b、I_{2N}，计算出 E_{al}（有效值）

$$E_{al} = K_{ssc} K_{td} (R_{ct} + R_b) I_{2N} \qquad (5-3-3)$$

式中　K_{ssc}——额定对称短路电流倍数；

　　　K_{td}——额定暂态面积系数；

　　　R_{ct}——修正至 75℃的二次绕组直流电阻值，Ω；

　　　R_b——额定电阻性负载，Ω；

　　　I_{2N}——额定二次电流，A。

3.4　现场测试

3.4.1　资料准备

收集电流互感器铭牌参数信息（绕组变比、准确级、二次绕组容量、额定功率因数 $\cos\varphi$、额定对称短路电流倍数 K_{ssc}、额定暂态面积系数 K_{td}、二次绕组直流电阻值 R_{ct}）、出厂说明书或出厂试验报告、历年试验报告。根据电流互感器参数计算出被测二次绕组极限感应电势 E_{al}，计算出电压测试点。

以某 220kV 电流互感器为例，其 3S1−3S2 二次绕组变比为 1200/5，准确级为 5P30，二次绕组容量为 100VA，额定功率因数为 0.8，25℃时测试 3S1−3S2 绕组直流电阻为 3.6Ω，计算其极限感应电势 E_{al}。

3S1−3S2 保护绕组（5P30 绕组）额定负载：$R =$ 二次容量/$I_{2N}^2 = 100/5^2 = 4Ω$，

额定输出对应负荷的有功分量：$R_2 = R \times$ 额定功率因数 $= 4 \times 0.8 = 3.2Ω$，

额定输出对应负荷的无功分量：$X_2 = \sqrt{R^2 - R_2^2} = 2.4Ω$，

计算变比为 1200/5=240＞120，二次绕组漏电抗 X_0 按经验值 0.5Ω 计算，

极限感应电势

$$
\begin{aligned}
E_{al} &= ALF \cdot I_{2N}[(R_{ct} + R_2) + \mathrm{j}(X_0 + X_2)] \\
&= 30 \times 5 \times \sqrt{(R_{ct} + R_2)^2 + (X_0 + X_2)^2} \\
&= 150 \times \sqrt{\left(\frac{234.5+75}{234.5+25} \times 3.6 + 3.2\right)^2 + (2.4+0.5)^2} = 1205\text{V}
\end{aligned}
$$

3.4.2 试验接线（以武汉豪迈 CTP−120P 互感器综合测试仪为例）

（1）按图 5−3−2 进行正确试验接线，注意试验仪器应可靠接地。

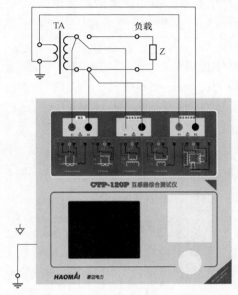

图 5−3−2 电流互感器励磁特性试验接线方式

（2）被试电流互感器其他二次绕组开路，一次绕组（P1、P2）应为开路并将其中一端有效接地。

（3）负责人检查试验接线正确，接通电源，准备参数设置。

3.4.3 参数设置

试验参数设置界面如图 5−3−3 所示。

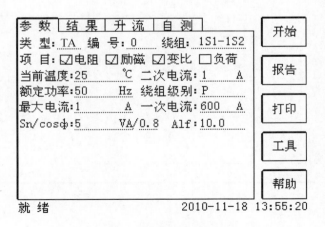

图 5−3−3 试验参数设置界面

用旋转鼠标切换光标到要设置的参数位置。参数设置步骤如下：

（1）编号、绕组号：可输入字母和数字，默认保存的报告文件名为"TA_编号_绕组号.ctp"。

（2）额定二次电流 I_{2N}：电流互感器二次侧的额定电流，一般为1A和5A。

（3）级别：被测绕组的级别，一般要求测量的是电流互感器的保护绕组或 TPY 绕组，此时选择"P"选项。

（4）当前温度：测试时绕组温度，一般可输入测试时的气温。

（5）额定频率：可选值为：50Hz 或 60Hz，一般选择 50Hz。

（6）最大测试电流（只针对武汉豪迈 CTP-120P 互感器综合测试仪）：一般可设为额定二次电流值，对于 TPY 级 TA，一般可设为 2 倍的额定二次电流值。对于 P 级 TA，假设其为 5P40，额定二次电流为 1A，那么最大测试电流应设 5%×40×1A=2A；假设其为 10P15，额定二次电流为 5A，那么最大测试电流应设 10%×15×5A=7.5A。

3.4.4 数据记录

按表 5-3-1 执行。要求记录测试励磁曲线的拐点电压、电流值和足够数量并能准确反映完整励磁曲线的励磁电压和励磁电流值，测量上限应达到 1.1 倍拐点电压值，并绘制励磁特性曲线（具备打印功能的测试仪器应打印并保存测试励磁特性曲线）。

表 5-3-1　　　　　　　　　　　　电流互感器励磁特性记录表

测试拐点电压 U_0（V）	励磁电压（V）	10%E_{al}	20%E_{al}	30%E_{al}	40%E_{al}	50%E_{al}	60%E_{al}	70%E_{al}	80%E_{al}	90%E_{al}	100%E_{al}	110%E_{al}
测试拐点电流 I_0（mA）	励磁电流（mA）											

说明：（1）E_{al} 为额定拐点电压（即极限感应电势）；

　　　（2）试验频率为　 Hz；

　　　（3）试验电压按式（5-3-1）计算（折算后为额定频率施加电压）

励磁特性曲线

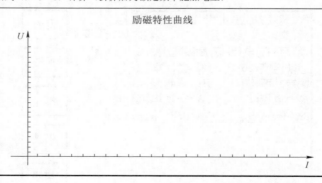

3.4.5 试验判断

（1）实测的伏安特性曲线与历年试验或出厂试验的伏安特性曲线比较，电压不应有显著降低，饱和的拐点电压值不应有显著的变化。

（2）实测的拐点电压 E'_{al} 应不小于额定拐点电压 E_{al}，将额定频率、数值为极限感应电势的正弦电压施加到完整二次被试绕组上，且所有其他二次绕组均开路测量其励磁电流值。然后将此电压提升 10%，其励磁电流增加不应大于 50%。

（3）在极限感应电势和其某一指定百分数下的励磁电流值应不大于其额定值。

3.4.6　试验注意事项

（1）电流互感器在大电流下切断电源或在运行中发生二次开路时，通过短路电流以及在采取直流电源的各种试验后，都有可能在电流互感器的铁芯中留下剩磁，剩磁可能会影响励磁电流，试验前应对被试绕组退磁。

退磁方法：对被试绕组施加工频电流（电压），其他二次绕组和一次绕组均应处于开路状态（一次绕组可一侧接地），使电流由零增至 20%～50% 额定二次电流，然后均匀缓慢地将电流降至零。重复这一过程 2～3 次，施加电流逐次递减（时间不少于 10s），并在切断电流电源之前将被试二次绕组短路，使电流互感器退磁。若在 20%～50% 额定二次电流下，被试绕组两端工频电压峰值大于二次绕组工频耐压值 2000V 时，则应在较小的电流值下进行退磁。

（2）当某一绕组进行试验时，其他二次绕组应处于开路状态，一次绕组（P1、P2）应为开路并将其中一端有效接地。如此依次对每一绕组进行试验，电流互感器为多抽头时，可在使用抽头或最大抽头测量。

（3）一般只对电流互感器保护用绕组（TPY、P 级）进行此项试验。

（4）在实际工作中，当对测量用的电流互感器产生怀疑时，也可测量该电流互感器的励磁特性，以供分析。

（5）当电流互感器被测绕组有匝间短路时，其励磁特性曲线在开始部分电压较正常的略低。

3.5　主要引用标准

（1）GB/T 20840.2　《互感器　第 2 部分：电流互感器的补充技术要求》

（2）GB/T 22071.1　《互感器试验导则　第 1 部分：电流互感器》

（3）GB 50150　《电气装置安装工程　电气设备交接试验标准》

（4）DL/T 1332　《电流互感器励磁特性现场低频试验方法测量导则》

（5）Q/GDW 1168　《输变电设备状态检修试验规程》

（6）国家电网设备〔2018〕979 号《国家电网公司十八项电网重大反事故措施（修订版）》

大型变压器消除剩磁测试

4.1 适用范围

本典型作业法适用于电力系统 220kV 及以上大型电力变压器投运前消除剩磁。

4.2 试验条件

（1）试验时要求环境温度 5～40℃，相对湿度不大于 80%。
（2）必须在变压器停电时进行试验。
（3）必须在变压器常规项目试验合格后进行。
（4）测试前，变压器高、中、低压套管引出线开路，不带负载，一定不能短路。
（5）YD－6105E 变压器消磁分析仪一台，仪器使用交流 220V 电源。

4.3 测试原理

4.3.1 消磁原理

4.3.1.1 交流消磁

交流剩磁，微处理器控制电动调压器从零位缓慢升压，电压经隔离变压器升高一倍，通过交流电压电流测试模块输出给被试变压器绕组，升压过程中连续测试输出的电压电流，自动记录电压电流数据；当升高到设定电压（不同的变压器设定电压不同）后，微处理器控制电动调压器降压，降压过程中连续测试输出的电压电流，自动记录电压电流数据。测试完成后通过显示模块降升压、降压过程中的电流曲线显示出来。通过比较升压、降压的电流曲线，判断被测试变压器是否有剩磁。

4.3.1.2 直流消磁

消磁仪自动判断剩磁方向以及剩磁量，并在被试变压器高压侧正反向通入直流电流，并逐渐减小，每次电流值降低 5%～10%，直至电流为 5mA，从而达到缩小铁芯的磁滞回环目的。同时利用正反向充电电流的曲线的比较来检测是否消磁完成。

4.3.2　仪器操作

4.3.2.1　智能消磁 5A

（1）消磁仪器接地良好后，开机进入欢迎界面。

（2）待系统内部自动完成初始化过程，过几秒钟后，仪器进入主菜单操作界面，用"↑""↓"键选择菜单，选择智能消磁 5A（如图 5－4－1 所示）。

（3）在图 5－4－1 界面选择"智能消磁 5A"菜单后，按面板上的 F3 进入智能消磁程序界面（如图 5－4－2 所示）。

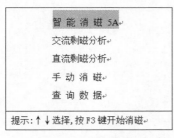

图 5－4－1　主菜单操作界面

图 5－4－2　智能消磁程序界面

（4）智能消磁 5A 适用于 110kV 及以上大型变压器的快速消磁。智能消磁开始后，仪器显示"正在分析"（如图 5－4－2 所示），消磁器自动测试分析变压器的剩磁，然后显示正在消磁，并提示消磁进度，自动记录快速消磁的时间及电流。消磁结束后仪器提示消磁结束，220kV 及以上大型变压器一相消磁时间为 3～5min。

（5）单相变压器消磁时，将仪器的高压消磁线接到单相变压器的高压侧两只套管上；三相变压器消磁时，分三次消磁，分别消 AO、BO、CO 相即可。

4.3.2.2　交流剩磁分析

（1）在图 5－4－1 界面用"↑""↓"键选择"交流剩磁分析"菜单，按 F3 进入交流剩磁分析设置界面（如图 5－4－3 所示）。

（2）消磁器内部可以永久存储 20 组剩磁分析数据，在图 5－4－3 界面设置本次试验的编号和存储区，就可以将试验的数据自动存储到仪器的存储器中，方便日后查询。按方向键和选择键可以修改试验编号、试验电压和数据存储区的内容，按返回键可以返回图 5－4－1 的界面。按测试键进入交流剩磁分析测试界面如图 5－4－4 所示。

图 5－4－3　交流剩磁分析设置界面

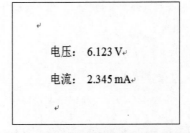

图 5－4－4　交流剩磁分析测试界面

（3）消磁器自动进行升压到 200V 或 400V，并自动降压，仪器自动记录升压和降压过程中的电压、电流，试验完成后，进入剩磁分析显示界面如图 5-4-5 所示。

（4）升降压过程中，若电压超过设定电压的 10%或电流超过 0.5A，应立即关闭电源，检查仪器或试品接线是否正常。仪器自动计算并得出是否需要消磁的结论，按打印键可以将液晶显示的图形打印出来保存，按返回键返回图 5-4-1 的界面。

4.3.2.3 直流剩磁分析

（1）在图 5-4-1 界面选择"直流剩磁分析"菜单，进入直流剩磁分析试验界面如图 5-4-6 所示。

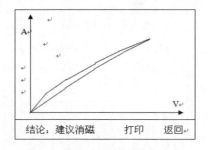
图 5-4-5　剩磁分析显示界面

图 5-4-6　直流剩磁分析试验界面

（2）仪器自动对变压器高压侧线圈加电，并快速记录分析电压电流波形。如果外部接线电流开路，则 5min 后提示"电流开路"，此时需要检查外表接线。保证高压侧接线正确后重新操作。

（3）高压侧接线正确后消磁仪自动进行消磁分析并通过消磁分析结果判断是否进行消磁。如果剩磁率小于 5%，仪器结束测试，直接显示出试验记录的时间-电流波形，如图 5-4-7 所示。若剩磁率大于 5%，则仪器自动进行消磁，直到剩磁率小于 5%为止。220kV 及以上大型变压器一相消磁时间为 3～5min。

（4）厂家推荐使用直流剩磁分析。

4.3.2.4 手动消磁

（1）在图 5-4-1 界面选择"手动消磁"，进入手动消磁设置界面如图 5-4-8 所示。

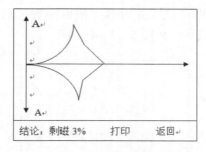
图 5-4-7　试验记录波形图

图 5-4-8　手动消磁设置界面

（2）选择需要的消磁电流开始消磁。

（3）消磁仪开始对试品消磁，仪器显示正在消磁，并提示进度和记录消磁时间。等消磁结束后，可以消磁其他相或变压器。并重复以上过程。

（4）手动消磁时间估计在 30min 左右。

4.3.3　接线及拆线方式

4.3.3.1　全站停电情况进行的操作

（1）三相分体式变压器。

1）全站停电的情况下，可以采取拆除部分引线或不拆引线，如图 5-4-9 所示；

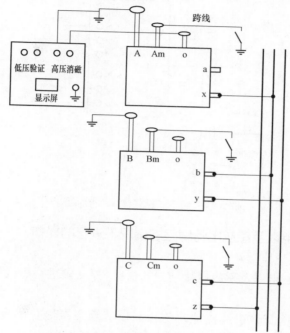

图 5-4-9　三相分体变压器示意图

2）保持高压套管引线接地，拆除中性点引线；

3）由于低压绕组是通过外部形成三角形接线，将低压绕组接地线及接地开关全部断开后，解开任意一相低压绕组一端，形成开口三角即可；

4）中压绕组无需拆除引线，必须将中压绕组跨线端的隔离开关及接地线全部断开，并留人把守；

5）将测试线接到高压套管及中性点套管，从高压绕组进行消磁；

6）试验人员选择直流剩磁分析进行消磁，记录开始消磁时间、结束时间并打印消磁仪试验结果；

7）依此对 A、B、C 三相进行消磁，并打印消磁结果；

8）试验完毕后通知检修人员恢复引线以及接地线。

（2）三相共体变压器。

1）全站停电的情况下，可以采取拆除部分引线或不拆引线，如图 5-4-10 所示；

2）高压跨线端的隔离开关及接地开关全部断开，保持高压中性点接地；

3）中压跨线端的隔离开关及接地开关全部断开，保持中压中性点接地；

4）串联电抗器室内与限流电抗器之间的隔离开关断开，低压母排的接地线取掉，如果没有串联电抗器室必须将低压进线柜隔离开关或断路器断开保持低压绕组悬空；

5）试验人员选择直流剩磁分析进行消磁，记录开始消磁时间、结束时间并打印消磁仪试验结果；

6）依此对高压 AO、BO、CO 进行三次消磁即可，并打印消磁结果；

7）试验完毕后通知检修人员恢复接地线。

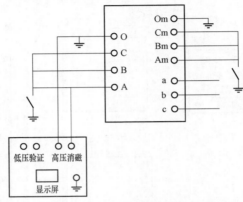

图 5−4−10　三相共体变压器示意图

4.3.3.2　全站未停电以及感应电特别强的情况下进行的操作

（1）三相分体式变压器。

1）对于未全站停电以及感应电特别强的情况下，必须进行引线的拆除，如图 5−4−11 所示；

2）保持三相高压套管引线接地，防止高压套管未接地时感应电特别大，影响测试结果；

3）拆除三相中性点引线；

4）拆除三相中压套管引线；

5）由于低压绕组是通过外部形成三角形接线，将低压绕组接地线及接地开关全部断开后，解开任意一相低压绕组一端，形成开口三角即可；

6）将测试线接到高压套管及中性点套管，从高压绕组进行消磁；

7）试验人员选择直流剩磁分析进行消磁，记录开始消磁时间、结束时间并打印消磁仪试验结果；

8）依此对 A、B、C 三相进行消磁，并打印消磁结果；

9）试验完毕后通知检修人员恢复引线以及接地线。

（2）三相共体变压器。

1）对于未全站停电以及感应电特别强的情况下，必须进行引线的拆除；

2）拆除三相高、中压套管引线，防止高、中压端感应电影响测试结果；

3）高、中压中性点保持接地状态，如图 5−4−12 所示；

4）串联电抗器室内与限流电抗器之间的隔离开关断开，低压母排的接地线取掉，如果没有串联电抗器室必须将低压进线柜隔离开关或断路器断开保持低压绕组悬空；

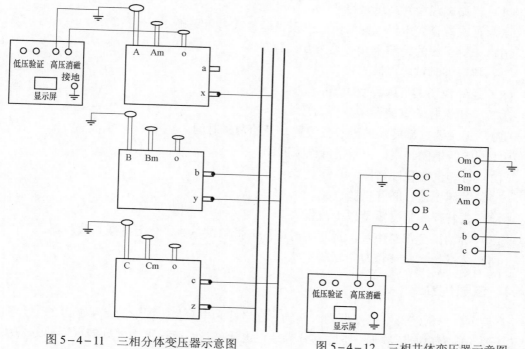

图 5-4-11 三相分体变压器示意图   图 5-4-12 三相共体变压器示意图

5）试验人员选择直流剩磁分析进行消磁，记录开始消磁时间、结束时间并打印消磁仪试验结果；

6）依此对高压 AO、BO、CO 进行三次消磁即可，并打印消磁结果；

7）试验完毕后通知检修人员恢复接地线。

4.4 现场测试

4.4.1 资料准备

收集变压器铭牌参数信息（型号、电流、电压等级）、编写消磁试验方案，执行三级审批制度。同时确认现场变压器其他常规试验已全部完成并合格。

4.4.2 试验接线

根据现场停电情况及变压器类型选择 4.3.3.1、4.3.3.2 的接线方式。

4.4.3 操作流程（以"直流剩磁分析法"为例）

（1）试验前首先检查变压器高、中、低三侧引线状态是否满足试验要求，绕组是否已悬空或一端接地。

（2）将消磁仪可靠接地。

（3）将测试线接入消磁仪高压消磁端。

（4）将测试线接到高压绕组两端。

（5）再次检查变压器三侧绕组状态及试验接线是否正确。

（6）未拆引线的跨线末端必须派专人看守。

（7）接取临时试验电源。

（8）通知现场人员远离变压器。

（9）开机选择"直流消磁分析"。

（10）记录温、湿度，消磁参数设置，开始消磁时间。

（11）等待消磁结束，记录消除结束时间。

（12）打印消磁仪波形图。

（13）关闭仪器、断开试验电源。

（14）进行换相消磁重复以上流程。

（15）等消磁全部结束后，拆除临时电源，拆除测量线、仪器地线，收仪器。

（16）将变压器接线恢复至试验前状态。

4.4.4　试验判断

直流剩磁分析波形中横坐标为时间轴，纵坐标为电流值。图形的上半部分的上升部分为变压器正向充电电流波形，下降部分为放电电流波形。波形下半部分的下降部分为反向充电电流波形，上升部分为反向放电波形。

如果变压器没有剩磁，上下两部分的图形将接近对称，如果变压器具有较大剩磁，上下两部分波形将有明显区别。

4.4.5　试验注意事项

（1）电气试验工作必须严格遵守电力安全工作规程，电力建设安全施工管理规定等有关制度。

（2）试验前必须在变压器常规试验已经完成后或局部放电试验完成后进行。

（3）对于中、高、低压套管未拆引线，必须在跨线的另一头派专人看守，防止伤人。

（4）消磁仪必须良好接地。

（5）试验完毕后变压器必须恢复到试验前状态，不得进行其他高压试验。

4.5　主要引用标准

（1）GB 50150《电气装置安装工程　电气设备交接试验标准》

（2）Q/GDW 1168《输变电设备状态检修试验规程》

（3）国家电网设备〔2018〕979号《国家电网公司十八项电网重大反事故措施（修订版）》

5

SA10 断路器动作特性仪

5.1　适用范围

本典型作业法主要针对 ABB 公司的交流 500kV 断路器，也适用于 500kV 及以下电压等级的其他类型交流断路器。

5.2　试验条件

（1）试验时环境问题不低于 5℃，相对湿度不高于 80%。

（2）断路器外观无异常，压力值正常。

（3）试验应在装配完整的产品上进行。

（4）断路器两侧接地开关应处于一侧合闸、一侧分闸位置。

（5）测试前，断路器分、合闸线圈直流电阻及绝缘电阻测试合格，分、合闸电磁铁动作电压正常。

5.3　测试原理

通过在断路器端子箱内控制线连接分、合闸线圈对应的端子，并施加触发信号（一般为 DC 110V 或 220V）使断路器分、合闸，动作过程中传感器对断路器断口进行高频率扫描，获取触头位置。断口两侧的信号线检测到断口信号发生改变时，记录当前时间和触头状态，自动计算分、合闸时间，并根据速度定义计算分、合闸速度。

分、合闸速度通过行程曲线和速度定义计算，开关行程和速度定义的具体参数需查阅厂家资料，常用速度定义为合前分后 10ms、合前分后 8ms、10% 到断口等，取定义区间内的平均速度。SA10 断路器动作特性仪配套有直线传感器和旋转型传感器两种，采用旋转型传感器时，需设置旋转角度与触头行程的转换比。

当断路器有两个及以上断口时（比如 500kV 断路器常为双断口），可以选择对两个断口分别进行测试，也能通过单侧断口接地并增加公共极信号线的方法构建两个回路分别测量各断口的分、合闸时间，取二者中较短的分闸时间和较长的分闸时间作为最后测试结果，合－分动作的金属短接时间则独立测量。

5.4 现场测试

SA10 断路器动作特性仪自带有不同型号 ABB 断路器数据库，因此在进行 ABB 断路器测量时可直接选择对应开关型号进行测试，而进行其他断路器测试时需重新定义开关类型和参数再进行测试，本节以某±800kV 换流站 500kV ABB 断路器为例，重点介绍 ABB 断路器的分合闸时间、分合闸速度以及旋转角度的现场测量方法，然后给出一般断路器的开关型号和速度定义设置方法。

5.4.1 作业准备

为合理安排断路器特性试验工作，做到人员及时间的充分利用，作业人员按表 5－5－1 配置（不少于表中人数）。

表 5－5－1　　　　　　　　作 业 人 员 配 置 要 求

岗位分工	作业负责人	作业人员
人数配备	1	3（拆装机构箱、拆装传感器、仪器接线各 1 人）

主要工具应按表 5－5－2 配置。

表 5－5－2　　　　　　　　作 业 工 具 配 置 需 求

工具名称	数量
14mm 扳手	1 把
内六角扳手	1 把

作业前负责人需对作业人员进行安全、技术交底，确保作业人员对规程规范、作业措施充分理解，并在交底记录上签字确认。

5.4.2 作业步骤

SA10 断路器动作特性仪安装与测量作业的具体步骤如下：

（1）拆除断路器机构箱盖板螺钉，打开盖板，然后拆下机构箱内的分合闸指示牌，可见旋转传感器的安装接口，拆装过程中注意防止螺钉掉入机构箱内。

（2）安装旋转传感器底盘，如图 5－5－1（a）所示；然后利用机构箱内的预留孔安装支架并固定，如图 5－5－1（b）所示；将传感器插入插孔中，紧固传感器及其支架，接上传感器信号线，如图 5－5－1（c）所示。

(a)　　　　　　　　　　　(b)　　　　　　　　　　　(c)

图 5－5－1　传感器安装

(a) 第一步传感器底盘安装；(b) 第二步固定支架安装；(c) 第三步传感器安装及紧固

（3）布置测量仪、直流电源和笔记本电脑（如图 5－5－2 所示），选择离机构箱较近的位置，以免接断口的信号线不够长；检查并确认断路器单侧接地开关处于合闸位置。

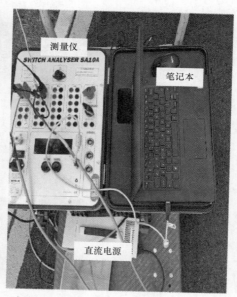

图 5－5－2　试验仪器布置

（4）连接试验仪器接线（接地线、电源线、直流电源线、控制线、断口信号线、传感器信号线、笔记本 USB 线），如图 5－5－3 所示；根据设备动作电压，选择直流电源电压（某±800kV 换流站 ABB 断路器为 110V），打开测量仪开关，等待笔记本软件连接。

（5）打开笔记本桌面软件 BTS11.exe，如图 5－5－4 所示，已开启特性仪的条件下会自动跳过进入软件主界面；点击左侧导航栏"New Substation"新建变电站，输入变电站名称［英文最佳，如 shaoshan（大小写均可）］，设置电机和分合闸线圈的动作电压为 DC 110V，如图 5－5－5 和图 5－5－6 所示，点击 Save 保存。

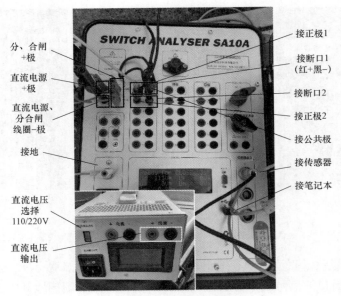

分、合闸
+极

直流电源
+极

直流电源、
分合闸
线圈−极

接地

直流电压
选择
110/220V

直流电压
输出

接正极1

接断口1
（红+黑−）

接断口2

接正极2

接公共极

接传感器

接笔记本

图 5−5−3　试验仪器接线

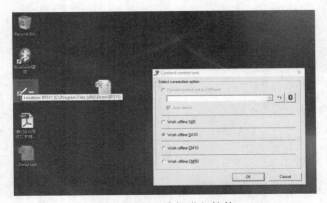

图 5−5−4　选择进入软件

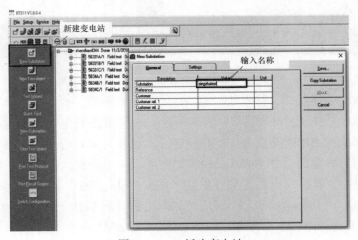

图 5−5−5　新建变电站

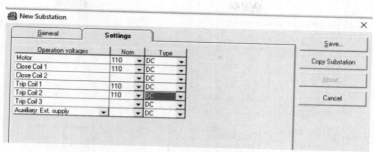

图 5-5-6　设置动作电压

（6）点击左侧新建测试项，选择开关类型、开关相数、气体压力、测试类型、测试标准和试验相数，然后输入试验项目名称，回车生成目录，点击 Save 保存，如图 5-5-7和图 5-5-8 所示。

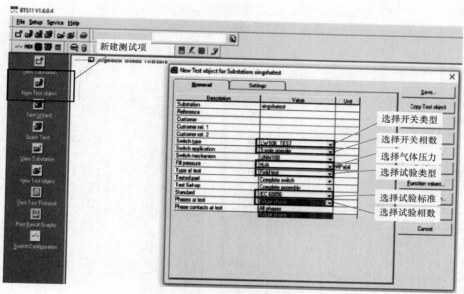

图 5-5-7　新建测试项

某±800kV 换流站 500kV ABB 断路器类型选择"HPL550B2_63"，断路器相数选择"1-pole operate"单相开关操作，气体压力选择与铭牌最接近的"0.8MPa"，测试类型选择"Field test"现场测试，标准选择"IEC 60056"，测量相数选择"单相"，测试项名称输入"SHAOSHAN_26011"。

（7）点击图 5-5-8 右侧"Input Connection"输入选项，进入"Transducers"传感器分页，勾选使用 T1 传感器，类型选择"2500"旋转型传感器，用于默认选择"Travel curve"行程曲线，点击 OK 保存，如图 5-5-9 所示；然后在新建项界面再次点击 Save 保存，关闭对话框。

（8）点击展开 shaoshan4344 变电站文件夹，选择某个测试项，如图 5-5-10 中的5631C/1；双击进入测试界面，左侧可确认图 5-5-7 中设置的各项数值，右侧可选择动作类型；确认当前断路器的状态，分闸状态时在右侧栏中选择"Close"合闸测试，或

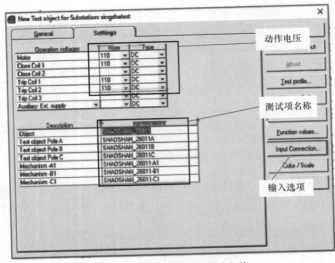

图 5-5-8　输入测试项名称

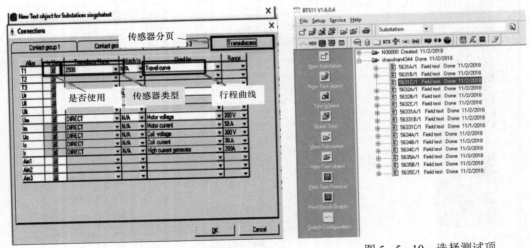

图 5-5-9　选择传感器类型　　　　　　　图 5-5-10　选择测试项

"Close-Open"合-分测试，合闸状态时选择"Open"合闸测试，以合闸测试为例，点击"Close1"按钮后，屏幕中弹出操作对话框，点击"Operation"进行操作，如图 5-5-11 所示。

（9）点击操作后，等待数据处理，出现如图 5-5-12 所示测试结果界面；右侧可见断口 1 和断口 2 的合闸时间、实际测量行程、超程、弹跳、合闸速度等结果，然后点击左下角 Save 保存测量结果（关键步骤）。已存储结果可在图 5-5-10 界面中选择查看。

（10）同理进行分闸和合-分测试，分别记录并保存试验结果，如图 5-5-13 所示。在图 5-5-11 右上方"Selections"中将"Trip coil 1"分闸线圈 1 变更为"Trip coil 2"分闸线圈 2，改变控制线，如图 5-5-14 所示，再次进行副线圈分闸试验。

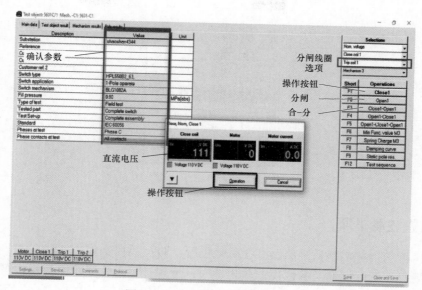

图 5-5-11　分、合闸测试界面

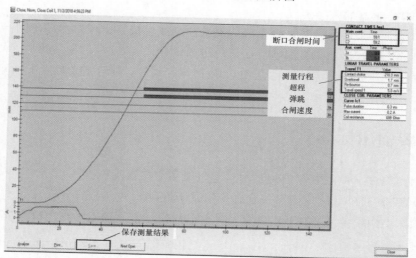

图 5-5-12　合闸测试结果

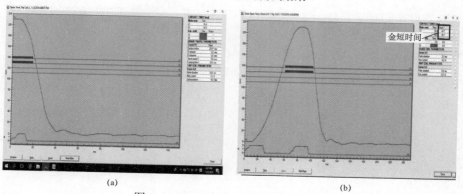

图 5-5-13　分闸及合-分测试结果

（a）分闸测试结果；（b）合-分测试结果

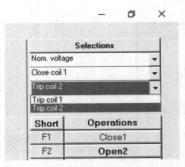

图 5-5-14　分闸副线圈选择

5.4.3　试验注意事项

（1）机构箱拆解前确认断路器打在就地位置，防止遥控操作。

（2）妥善保管好螺丝及各部件，防止遗失，特别是要防止螺丝掉入机构箱内。

（3）传感器插入图 5-5-1（b）所示的孔中后，最好往外拉出 1～2mm 距离，防止机构动作时磨损传感器插入接头。

（4）动作前检查试验接线是否正确，确认控制线已接好，传感器已紧固。

（5）必须先打开仪器、直流电源后，再进入软件。

（6）每次设置数据后点击对话框 Save 按钮保存设置，测量完成时点击 Save 保存测量数据。

5.5　主要引用标准

（1）GB 50150《电气装置安装工程　电气设备交接试验标准》

（2）Q/GDW 1168《输变电设备状态检修试验规程》

（3）国家电网设备〔2018〕979 号《国家电网公司十八项电网重大反事故措施（修订版）》

6

套管（末屏安装在线监测装置）的常规试验

6.1 适用范围

本典型作业法仅适用于末屏安装在线监测装置套管的常规试验。

6.2 一般试验条件

（1）环境温度不宜低于5℃，相对湿度不大于80%。
（2）待试设备处于检修状态。
（3）在线监测装置应外观完好。
（4）各二次线应无破损，且满足相关标准要求。
（5）套管应处于检修状态，且已有效接地。
（6）在线监测装置外壳应可靠接地。
（7）现场区域满足试验安全距离要求，设备上无其他外部作业。

6.3 在线监测装置原理与结构

当套管末屏处安装了在线监测装置，则套管常规试验需在对其进行拆除后方可进行。

6.3.1 在线监测装置基本原理

在线监测装置的安装示意图如图5-6-1所示。电压在线监测装置主要由变压器电容式套管、电压传感器、二次分压器、信号传输系统及采集装置等组成。其中变压器套管末屏连接专用电压传感器，与套管电容共同组成电压分压系统，实现对电压的采样，并将输出的低压信号通过传输系统传输至采集装置以提供给后端主控室的测量保护装置使用。

套管末屏分压系统的电路原理如图5-6-2所示。

图5-6-2中C_1、C_2为套管等效电容，C_3为分压器电容。一次末屏电压信号为U_1，经分压器分压后额定二次输出电压信号为U_2，根据电路原理图可得

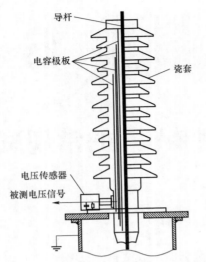

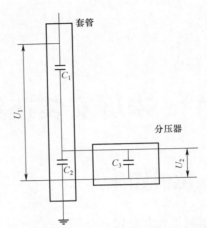

图 5-6-1　电压在线监测装置安装示意图　　　　图 5-6-2　套管末屏分压系统的电路原理图

$$U_2 = U_1 \times \frac{C_1}{C_1 + C_2 + C_3}$$

　　由以上原理可知，为防止信号串入保护系统引起误动，保护二次回路工作人员的人身安全，在进行高压试验时，需解开与末屏相连的电压传感器。

6.3.2　在线监测装置结构

　　以××换流变阀厅内套管的在线监测装置为例，目前换流站所使用的在线监测装置生产厂家包括 ABB 与特变电工两种，拆除方法均一致。如图 5-6-3 所示，在线监测装置主要由三部分构成：固定杆、密封件以及分压箱，在试验过程中需逐一拆除。

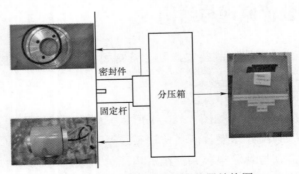

图 5-6-3　电压在线监测装置结构图

　　分压箱体内部结构如图 5-6-4 所示，其中图 5-6-4（a）为 ABB 生产的在线监测装置，图 5-6-4（b）为特变电工生产在线监测装置。如图所示，分压箱内部包含信号线、接地线、接线柱以及分压电容等器件。

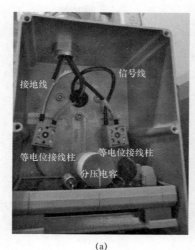

(a)　　　　　　　　　　　　　(b)

图 5-6-4　分压箱内部结构
（a）ABB 产品；（b）特变电工产品

6.4　现场测试

6.4.1　试验准备

6.4.1.1　技术准备

试验前应详细了解设备情况，制定相应的技术措施。负责人需对试验人员进行安全、技术交底，确保试验人员对工作流程、安全措施充分理解，并在交底记录上签字确认。

6.4.1.2　人员准备

为合理安排拆除工作，做到人员及时间的充分利用，试验人员配备按表 5-6-1 配置（不少于表中人数）。试验负责人及试验人员应是有经验的人员，并通过安全考核。

表 5-6-1　　　　　　　　　　人 员 配 置

岗位分工	试验负责人	试验人员
人数配备	1	2

6.4.1.3　仪器及工器具准备

仪器及工器具准备见表 5-6-2。

表 5-6-2　　　　　　　仪 器 及 工 器 具 准 备

序号	工具名称	单位	数量
1	一字起	把	1
2	内六角扳手	把	1
3	楼梯	架	1
4	万用表	个	1

序号	工具名称	单位	数量
5	安全带	个	1
6	安全围栏	个	1
7	接地线	捆	若干
8	放电棒	根	1
9	抗干扰介损仪	台	1
10	绝缘电阻表	台	1
11	220V 电源盘	个	1

6.4.2 试验流程

带在线监测装置的套管试验的流程如图 5-6-5 所示。

套管试验的具体步骤如下：

（1）做好现场安全措施，记录设备铭牌数据及环境温湿度。

（2）拆除在线监测装置的分压箱盖板螺钉，打开盖板并拍照记录内部接线情况。

（3）拆除在线监测装置中与末屏相连的信号线以及接地线（从接线柱上拆除即可）。

（4）将在线监测装置分压箱取下，在此过程中注意防止固定密封件掉落。

（5）拧开固定件并妥善放置。

（6）对套管进行常规的介质损耗与电容量测量及末屏绝缘电阻试验。

（7）试验完毕后，对在线监测装置进行恢复，恢复流程按拆除步骤的倒序即可。

（8）检查设备恢复情况，办理工作终结相关手续。

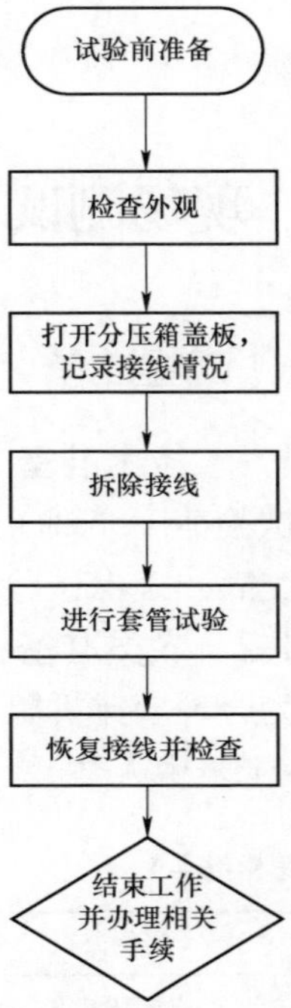

6.4.3 设备状态及试验数据记录

要求保存在线监测装置拆除前后照片，记录套管的介质损耗与电容量、套管末屏绝缘电阻值。

6.4.4 设备恢复情况及试验结果判断

（1）在线监测恢复后，应与拆除前进行相对比，防止接错线。

（2）套管电容量与初值相比，偏差不超过 $\pm5\%$（警示值），主绝缘对末屏 $\tan\delta$ 应符合规程规定。末屏绝缘电阻不小于 1000MΩ，若末屏绝缘电阻小于 1000MΩ，应采用反接线测量末屏对地介质损耗 $\tan\delta$，测量时主绝缘接屏蔽，测量电压为 2kV，介质损耗 $\tan\delta \leqslant$ 1.5%。

图 5-6-5 带在线监测装置的套管的试验流程图

6.4.5　试验注意事项

在线监测装置的拆除、恢复以及套管试验过程中需注意以下事项：

（1）试验前确保被拆除设备处于检修状态并已加装接地线，接地线必须可靠接地。

（2）高处作业必须正确使用安全带，安全带必须系在牢固的构件上，不得低挂高用。作业过程中应随时检查安全带是否系牢。

（3）妥善保管好螺钉及各部件，防止遗失。

（4）仔细观察各线走向，特别注意不可拆除连至后台的信号线与接地线。

（5）拆除前确认各线功能，防止恢复错误。肉眼观察无法区分接地线与信号线时，需用万用表进行确认，做好标记并拍照保存。

（6）拆除中采取措施防止密封件上密封圈掉落遗失。

（7）套管试验前应做好相应安全措施，试验区域需设置围栏，试验前应派人在可能发生触电危险的区域进行监护。

（8）接地线与信号线恢复过程中，需固定好接线柱以防止转动，且不可过于用力而导致其损坏。

（9）恢复完毕后，需要万用表确认各线接触情况，确保接触良好，并拍照保存。

6.5　主要引用标准

（1）国网（运检/3）913—2018《国家电网公司直流换流站检测管理规定》

（2）《国家电网公司电力安全工作规程（变电部分）》

（3）国网（运检/3）829—2017《国家电网公司变电检测管理规定（试行）》

（4）国家电网设备〔2018〕979 号《国家电网公司十八项电网重大反事故措施（修订版）》

（5）Q/GDW 1168《输变电设备状态检修试验规程》

（6）设备直流〔2022〕16 号《国网设备部关于印发直流换流站精益化检修指导意见（试行）的通知》

7

电磁式电压互感器励磁特性测试

7.1 适用范围

本典型作业法适用于额定频率为 50Hz（或 60Hz），供电气测量仪表和电气保护装置用的单相电磁式电压互感器通过二次绕组现场测量励磁特性的试验。本方法不适用于三相共体式的电力系统用电磁式电压互感器。

7.2 试验条件

（1）试验时要求环境温度为 5~40℃，相对湿度不大于 80%。

（2）试品的温度与环境温度应无明显差异。

（3）试验场所应具有单独的工作接地和保护接地，并设置临时保护围栏。

（4）试验场所不得有明显的交流或直流外来磁场影响。

（5）试验用电源应为额定频率 50Hz，电源电压的波形应近似于正弦波，其波形中总的谐波含量不大于 3%。

（6）试验应在装配完毕的产品上进行。

（7）被试品与接地体或邻近物体的距离，一般应大于试品高压部分与接地部分的最小空气距离的 1.5 倍。

7.3 测试原理

电磁式电压互感器励磁特性曲线测量接线如图 5-7-1 所示。

在电压互感器其中一个二次端子上施加实际正弦波交流电压，测量相应的励磁电流，当被试二次绕组进行试验时，一次绕组及其他二次绕组均应处于开路状态且尾端接地。

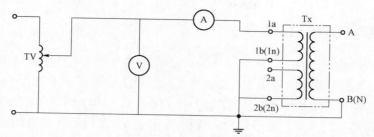

图 5-7-1　电磁式电压互感器励磁特性曲线测量接线

TV—自耦调压器；A—电流表；V—电压表；Tx—被试互感器

7.4　现场测试

7.4.1　资料准备

收集电压互感器铭牌参数信息（绕组变比、准确级、二次绕组容量、极限输出容量）、出厂说明书或出厂试验报告、历年试验报告。

7.4.2　试验接线

第一步：按图 5-7-2 进行正确试验接线，注意调压器应可靠接地。

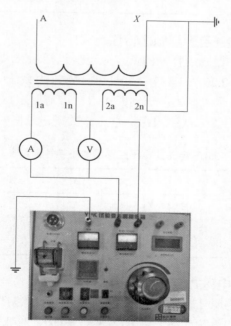

图 5-7-2　电压互感器励磁特性试验接线方式

第二步：被试电压互感器一次及其他二次绕组开路且尾端接地。

第三步：负责人检查试验接线正确，接通电源，按照要求记录测试点电压、电流值。

7.4.3 测量要求（以 1a1n 为例）

根据国家电网设备〔2018〕979 号《国家电网公司十八项电网重大反事故措施（修订版）》的要求，中性点不接地系统 TV 励磁特性拐点电压应不低于 $1.9U_m/\sqrt{3}$，中性点接地系统 TV 励磁特性拐点电压应不低于 $1.5U_m/\sqrt{3}$。结合 GB 50150《电气装置安装工程 电气设备交接试验标准》的要求，对于中性点直接接地的电压互感器，最高测量点应为额定电压的 150%，对于中性点非直接接地系统，半绝缘结构电磁式电压互感器最高测量点应为 190%，全绝缘结构电磁式电压互感器最高测量点应为 120%。

7.4.3.1 10kV 电磁式电压互感器励磁特性

10kV 电磁式电压互感器励磁特性测量点应至少包括 $0.2U_n$、$0.5U_n$、$0.8U_n$、$1.0U_n$、$1.2U_n$、$1.5U_n$、$1.9U_n$、$2.07U_n$（即 $2.28U_n/1.1$）、$2.28U_n$（因 10kV 系统 U_m 为 12kV，故 $1.9U_m=12/10\times1.9U_n=2.28U_n$）9 个点。为便于判断拐点，可增加 $1.73U_n$（$1.9U_n/1.1$）、$2.51U_n$（$2.28U_n\times1.1$），其中 U_n 为二次绕组标称电压。数据记录格式见表 5-7-1。

表 5-7-1　　　　　　　　10kV 电磁式电压互感器励磁特性记录表

电压倍数	0.2	0.5	0.8	1.0	1.2	1.5	1.73	1.9	2.07	2.28	2.51
U（V）											
1a1n 绕组电流 I（mA）											

7.4.3.2 35kV 电磁式电压互感器励磁特性

35kV 电磁式电压互感器励磁特性测量点应至少包括 $0.2U_n$、$0.5U_n$、$0.8U_n$、$1.0U_n$、$1.2U_n$、$1.5U_n$、$1.9U_n$、$2.0U_n$（即 $2.20U_n/1.1$）、$2.20U_n$（因 35kV 系统 U_m 为 40.5kV，故 $1.9U_m=40.5/35\times1.9U_n=2.20U_n$）9 个点。为便于判断拐点，可增加 $1.73U_n$（即 $1.9U_n/1.1$）、$2.42U_n$（即 $2.20U_n\times1.1$），其中 U_n 为二次绕组标称电压。数据记录格式见表 5-7-2。

表 5-7-2　　　　　　　　35kV 电磁式电压互感器励磁特性记录表

电压倍数	0.2	0.5	0.8	1.0	1.2	1.5	1.73	1.9	2.0	2.20	2.42
U（V）											
1a1n 绕组电流 I（mA）											

7.4.3.3 110～220kV 电磁式电压互感器励磁特性

110～220kV 电磁式电压互感器励磁特性测量点应至少包括 $0.2U_n$、$0.5U_n$、$0.8U_n$、$1.0U_n$、$1.2U_n$、$1.5U_n$、$1.56U_n$（即 $1.72U_n/1.1$）、$1.72U_n$（因 110、220kV 系统 U_m 为 126、252kV，故 $1.5U_m=126/110\times1.5U_n=1.72U_n$ 或 $252/220\times1.5U_n=1.72U_n$）等 8 个点。为便于判断拐点，可增加 $1.36U_n$（即 $1.5U_n/1.1$）、$1.89U_n$（即 $1.72U_n\times1.1$），其中 U_n 为二次绕组标称电压。数据记录格式见表 5-7-3。

表 5－7－3　　　　　　　　110～220kV 电磁式电压互感器励磁特性记录表

电压倍数	0.2	0.5	0.8	1.0	1.2	1.36	1.5	1.56	1.72	1.89
U（V）										
1a1n 绕组电流 I（mA）										

7.4.4　数据记录

如现场测量时因仪器容量、设备制造工艺等原因无法达到最高测量电压，应按表 5－7－1～表 5－7－3 要求的测量顺序逐点测量，至所能测量的最高点后，再将电压降低 10%，测量所对应的电流值，以判断是否已出现拐点。

7.4.5　试验结果的判断及处理

7.4.5.1　拐点电压的判断

电压加于被测二次绕组两端，其他绕组开路，测量励磁电流，当电压每增加 10%，励磁电流增加 50% 即可认为达到拐点。

7.4.5.2　试验结果的判断

（1）对于新投的电压互感器，交接时必须测量励磁特性，要求拐点电压大于 $1.9U_\mathrm{m}/\sqrt{3}$，拐点电压下的励磁电流应小于 1A。对于额定电压测量点（$1.0U_\mathrm{n}$），励磁电流不宜大于其出厂试验报告和型式试验报告测量值的 30%，同批同型号、同规格电压互感器此点的励磁电流不宜相差 30%。

（2）对于已投运的电压互感器，应在停电时复测励磁特性数据并存档保存；对拐点电压低于 $1.5U_\mathrm{m}/\sqrt{3}$ 时，应争取进行更换处理；对拐点电压高于 $1.5U_\mathrm{m}/\sqrt{3}$ 且低于 $1.9U_\mathrm{m}/\sqrt{3}$ 时，可通过安装相应消谐装置来减少或抑制谐振过电压；对拐点电压高于 $1.9U_\mathrm{m}/\sqrt{3}$ 时，在未发生过高压熔丝熔断或互感器损坏情况下，可暂时不安装消谐装置。

（3）电磁式电压互感器进行诊断性试验时，判断标准按交接试验执行。

7.4.6　试验注意事项

（1）试验前，应将被试电压互感器从各方面断开，并在其周围装设全封闭围栏，防止在试验加压过程中人员靠近而造成感应电压伤人。

（2）当被试二次绕组进行试验时，一次绕组及其他二次绕组均应处于开路状态且尾端接地。

（3）感应耐压前后，应再次测量额定电压下的空载电流，与耐压前比较有无明显变化。

（4）被试绕组应根据出厂、交接试验报告给出的绕组选取，一般为 1a1n，以便于比较。

7.5 主要引用标准

（1）GB/T 20840.3《互感器 第 3 部分：电磁式电压互感器的补充技术要求》

（2）GB/T 22071.2《互感器试验导则 第 2 部分：电磁式电压互感器》

（3）GB 50150《电气装置安装工程 电气设备交接试验标准》

（4）Q/GDW 1168《输变电设备状态检修试验规程》

（5）国家电网设备〔2018〕979 号《国家电网公司十八项电网重大反事故措施（修订版）》

断路器速度测试

8.1 适用范围

本典型作业法适用于电力系统断路器的速度行程曲线测试。

8.2 试验条件

（1）试验时要求环境温度 5～40℃，相对湿度不大于 80%。

（2）试验应在装配完整的产品上进行。

（3）断路器外观无异常，压力值正常。

（4）测试前，断路器分、合闸线圈直流电阻及绝缘电阻测试合格，分、合电磁铁动作电压合格。

8.3 测试原理

8.3.1 测试原理

8.3.1.1 普通金属触头断路器的时间测量

当计算机发出分、合闸控制信号时，启动计算机计时器，持续同时对多路断口信号进行扫描采样、计时，一旦检测到断口信号状态发生改变，即停止计时，为断口的分、合闸时间。

8.3.1.2 石墨触头（非金属触头）断路器的时间测量

在每相断口上加 10A 恒流源，断路器分、合闸过程中，仪器自动记录断口石墨触头接触电阻的动态变化过程，绘制成每相石墨触头的动态电阻的电压变化曲线，由计算机自动判别动静触头的刚分、刚合点，从而准确得到石墨触头的时间、同期值，整个过程皆由计算机自动记录，自动分析完成。

8.3.2 速度定义

目前断路器的设备厂家和型号繁多，各个厂家对于断路器分、合闸速度的定义也不尽相同，一般以断路器分、合闸过程中刚分、刚合点为基准点，计算一定时间、行程区间内的平均速度，作为断路器的分、合闸速度。

根据开关厂家、型号分类，具体归纳为：合前分后 10ms 内的平均速度、合前分后 8ms 的平均速度、合前分后 10mm 行程内的平均速度、10%行程到断口、40%行程到断口、80% 总行程内的平均速度、合前 36mm 行程分后 72mm 行程内的平均速度等。

以上均为厂家定义速度，定义时所用行程是断路器名义行程，与断路器动作时的实测行程不同，名义行程一般根据厂家给出的标准名义行程设定，也可以根据现场实测行程，按照厂家给出的名义行程与实测行程换算关系计算获得。如西开公司 LW15－550 型断路器，机构垂直拉杆实测行程为 140mm，按比例换算到灭弧室后行程为 230mm，速度测试时应按照 230mm 的名义行程设定。

下面介绍几种比较常见的速度定义。

1. 合前分后 10ms

合闸速度定义为合闸点前 10ms 的平均速度，分闸速度定义为分闸点后 10ms 的平均速度。如图 5－8－1 所示，t 取 10ms。刚分（合）点的位置由超行程或分（合）时间 T 决定。$V_{close} = h_{close}/t$，$V_{open} = h_{open}/t$，式中，V_{close} 为合闸速度；h_{close} 为合闸行程；V_{open} 为分闸速度；h_{open} 为分闸行程。

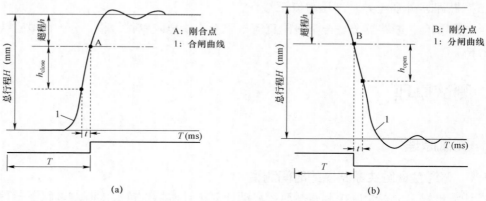

图 5－8－1 合前分后 10ms 及合前分后 10mm 速度定义示意图
（a）断路器合闸速度定义示意图；（b）断路器分闸速度定义示意图

2. 合前分后 10mm

如图 5－8－1（a）所示，合闸速度定义为刚合位置 A 至合闸前 10mm，得到时间 t，由此可以得到平均合闸速度。如图 5－8－1（b）所示，分闸速度定义为刚分位置 B 至分闸后 10mm，得到时间 t，由此可以得到平均分闸速度。刚分（合）点的位置由超行程或分（合）时间 T 决定。$V_{close}=h_{close}/t$，$V_{open}=h_{open}/t$。

3. 10%行程到断口

合闸速度定义为合闸过程中，取曲线上动触头合闸到行程的 10%为 B 点，刚合点为 A

点，两点所作直线斜率为合闸平均速度；分闸速度定义为分闸过程中，取分闸曲线上刚分点 C，动触头分闸到行程 90% 为 D 点，两点所作直线的斜率为分闸平均速度。如图 5-8-2 所示。刚分（合）位置（h'）= 总行程 - 超行程或分（合）闸时间 T 决定。$V_{close}=h_{close}/t$，$V_{open}=h_{open}/t$。

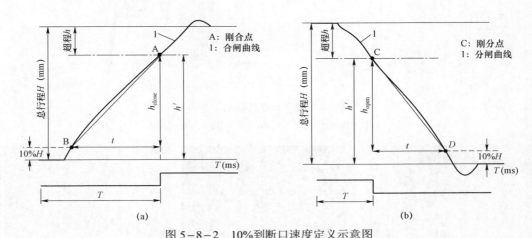

图 5-8-2　10% 到断口速度定义示意图

（a）断路器合闸速度定义示意图；（b）断路器分闸速度定义示意图

4. 其余速度定义

其余速度定义均可参照上述三种定义理解。

8.3.3　速度传感器

8.3.3.1　速度传感器分类

1. 滑线电阻传感器

如图 5-8-3（a）所示，根据断路器总行程值，选配一根适当长度、线性度良好的滑线变阻器。中间滑动端连接到断路器动触头（或提升杆）上，随动触头的运动而滑动，变阻器滑片采样变动的电压值，输入到计算机经 A/D 采样，进行数据处理，绘制成时间 - 电压（即时间 - 行程）特性曲线，经计算机按各厂家关于速度的定义进行数据处理得出速度值。

2. 旋转传感器

如图 5-8-3（b）所示，旋转传感器分为两种，一种是旋转光电编码器；另一种是旋转变阻器，基本电气原理与直线型滑线变阻器相同，就是我们通常所说的角速度传感器。

3. 加速度传感器

这种传感器采集的是动触头运动时的加速度信号，需对其进行一系列数学运算，最终得到所需的时间 - 行程特性曲线。加速度传感器一般安装在操动机构的提升杆或水平拉杆上，只有运动部分，无静止部分，安装和拆卸都很方便，适用于各种工程现场对各类开关的快速测量。

8.3.3.2　速度传感器安装

速度传感器的现场安装示意图如图 5-8-4 所示。

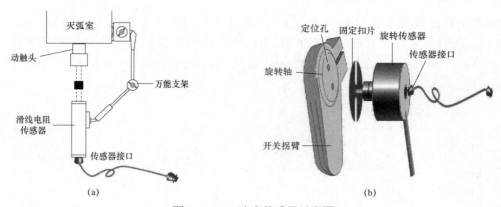

图 5-8-3　速度传感器示意图
（a）滑线电阻传感器示意图；（b）旋转传感器示意图

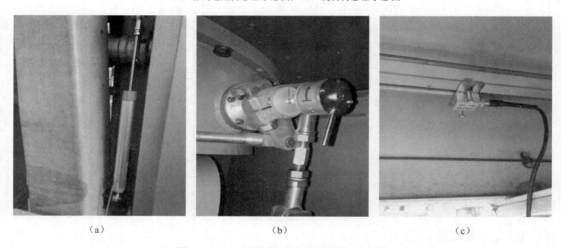

图 5-8-4　速度传感器现场安装示意图
（a）滑线电阻传感器的安装；（b）旋转传感器的安装；（c）加速度传感器的安装

8.3.3.3　速度传感器安装注意事项

（1）安装前，应让断路器分、合一次，对预先安装位置做好标记，观察断路器运动的轨迹和位置，防止测试过程中损坏仪器设备；正式安装传感器前，应检查断路器处于未储能状态，防止在安装传感器过程中，断路器误动作，导致机械伤人。

（2）滑线电阻传感器要保持传感器的拉杆与开关动触头的运动方向平行和同步，现场安装使用需要较丰富的经验。

（3）旋转传感器的安装时，传感器的轴应尽量与开关旋转轴保持同心，否则传感器旋转有阻碍，会干扰测试结果，造成测量曲线不平滑、有毛刺，影响测试数据的准确性。

（4）加速度传感器安装时要根据动杆的粗细选用相应半径的传感器安装牢固，另外传感器的上下、左右要留足够的空间，不致使传感器在运动过程中与周围开关部件相撞，造成损坏。

（5）测试信号线与传感器运动轨迹保持一致，并留有足够的裕度，防止在断路器动作过程中拉扯信号线，影响测试数据的准确性。

8.4　现场测试

8.4.1　资料准备

收集断路器铭牌参数信息（型号、电流、电压等级）、出厂说明书或出厂试验报告，确定断路器行程、标准行程曲线，速度定义、速度合格范围等关键信息，同时确认断路器分、合闸线圈直流电阻及绝缘电阻，分、合闸电磁铁动作电压试验已完成，数据合格。

8.4.2　现场接线

用地线将三相断路器的一端短接，然后与仪器金属接地柱可靠连接，再接断路器断口线，如图 5 - 8 - 5 所示。对于感应电很强的 220、500kV 等高压断路器，现场接线应戴上绝缘手套。

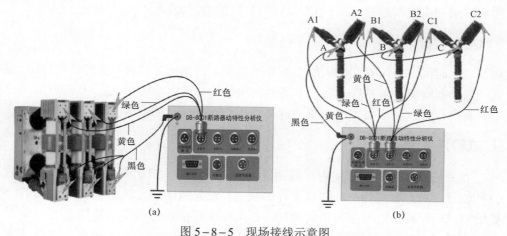

图 5 - 8 - 5　现场接线示意图

（a）真空断路器机械特性测试接线图；（b）双断口断路器机械特性测试接线图

8.4.3　操作流程

（1）核对铭牌参数，检查外观（包括气体压力值等）。

（2）检查远方就地位置、电动机电源、控制电源并记录。

（3）释放能量：切就地位置，对断路器进行合、分操作一次，再拉开控制电源、电动机电源。

（4）挂接地线。

（5）先接仪器地线，再接测试线、安装速度传感器。

（6）接取临时试验电源。

（7）量取控制回路电压，切远方位置，合上控制电源、电动机电源，检查试验接线。

（8）记录温、湿度，调整仪器参数设置，设置断路器名义行程、速度定义，下令分、合闸动作。

（9）检查分闸指示正确、记录数据、综合打印。

（10）检查合闸指示正确、记录数据、综合打印。

（11）断开试验电源，合上控制电源、电动机电源。

（12）呼唱现场人员远离断路器、下令合 – 分动作。

（13）检查合 – 分指示正确、记录数据、综合打印。

（14）关闭仪器、断开试验电源。

（15）收取控制线，切就地位置，拉开控制电源、电动机电源。

（16）拆除临时电源、拆除测量线、传感器、仪器地线、收仪器、温湿度计。

（17）拆除三相接地线，后拆接地端。

（18）检查断路器状态、现场状态恢复至试验前状态。

8.4.4　数据记录

记录断路器的合闸时间、分闸时间、同期差、分闸速度、合闸速度、合 – 分时间数值、合闸弹跳时间（真空断路器），打印并保存测试机械特性曲线。

8.4.5　试验判断

实测合闸时间、分闸时间、同期差、分闸速度、合闸速度、合 – 分时间数值、合闸弹跳时间（真空断路器）应符合产品技术条件的规定，与历史数据相比无明显变化，断路器实测分、合闸行程曲线应与厂家给出的标准行程曲线比较无明显差异。

8.4.6　试验注意事项

（1）安装传感器之前，要检查断路器处于未储能状态，防止机械伤人。

（2）测试之前，要按照产品技术文件的规定，设置速度定义、行程，行程一般可使用厂家提供的标准行程，也可由现场实测行程后按厂家提供的比例关系换算得出。

（3）测量断路器机械特性曲线，应在断路器的额定操作电压、气压或液压下进行。

（4）测试之前应确认断路器分、合闸电磁铁动作电压测试试验合格，分、合闸线圈绝缘电阻，直流电阻测试数据合格。

8.5　主要引用标准

（1）GB 50150《电气装置安装工程　电气设备交接试验标准》

（2）Q/GDW 1168《输变电设备状态检修试验规程》

（3）国家电网设备〔2018〕979 号《国家电网公司十八项电网重大反事故措施（修订版）》

9

特高压直流分压器例行试验

9.1　适用范围

本典型作业法适用于 ±800kV 韶山换流站 PSC 型直流分压器。

9.2　试验条件

（1）试验时要求环境温度不小于 5℃，相对湿度不大于 80%。

（2）必须在直流分压器停电时进行试验。

（3）测试前，应先拆除直流分压器高压引下线。

（4）抗干扰介质损耗电桥一台，容量不大于 1mA 的电容表一块，万用表一块。

9.3　分压器的结构介绍

韶山站所用的分压器为南京南瑞继保电器有限公司生产，根据电压等级可分为 PCS－9250－EAVD－800、PCS－9250－EAVD－100 两种型号。PCS－9250－EAVD－800 型分压器的一次额定电压为 800kV；PCS－9250－EAVD－100 型分压器的一次额定电压为 100kV；两者二次额定电压均为 5V。其结构原理图如图 5－9－1 所示。

分压器的低压臂设计成可拆式结构，电容单元和电阻单元集成在金属盒中，检修时可将低压单元盒拆下来，极大方便了检修试验工作。为了增强分压器的可靠性，分压器高压臂的尾端及低压臂的测量出线均采用一回常用接线加一回备用接线的形式。分压器低压臂结构如图 5－9－2 所示。

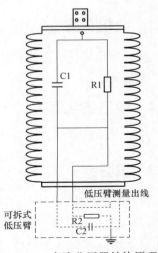

图 5－9－1　直流分压器结构原理图

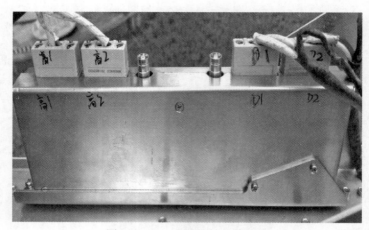

图 5-9-2 分压器低压臂结构

9.4 试验项目

根据直流五通要求,阻容式直流分压器例行试验项目包括以下两个:

(1)测量高压臂和低压臂的分压电阻。

(2)测量高压臂和低压臂的电容量。

并且要求同等测量条件下,初值差不超过±3%,或符合设备技术文件要求。

由于低压单元容许流过的电流很小,测量低压臂电容量时,只能采用容量小于 1mA 的电容表测量,不允许用电容电桥测量,否则容易损坏低压单元。

9.5 现场测试

9.5.1 资料准备

收集分压器铭牌参数信息(型号、电压等级、运行编号)、编写作业指导书,执行三级审批制度。

9.5.2 现场条件确认

确认分压器已停电,高压引线已拆除。

9.5.3 试验步骤

(1)打开低压单元盒的防雨罩。按图 5-9-3 中箭头指示方向,向上拉开防雨罩。

(2)打开密封盒。根据图 5-9-4 中标注的顺序按步骤拆除密封盒。端子盒外侧的接地线有 3 根,全都需要解开。

(3)抽出低压单元盒。操作步骤如图 5-9-5 所示。

图 5-9-3　打开防雨罩

(a)

(b)

(c)

图 5-9-4　打开密封盒

（a）第一步拧开螺丝；（b）第二步轻轻挪开盖板；（c）第三步解开外侧接地线

(a)

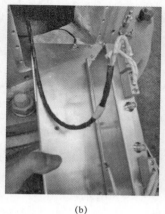

(b)

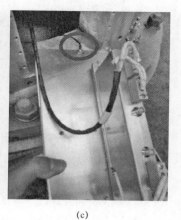

(c)

图 5-9-5　抽出低压单元盒

（a）第一步拧开外侧固定螺丝；（b）第二步抽出低压单元盒；（c）第三步解开内侧小接地线

（4）拆除低压单元盒上的高压臂尾端线和低压臂测量线。

1）做好标识。为了防止恢复接线时出错，在拆除低压单元盒上的接线时，首先应根据对应的位置做好标识，低压单元盒标识如图5-9-6所示。

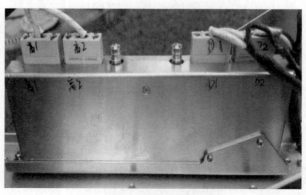

图5-9-6 低压单元盒标识

2）拆下引线。解开高、低压臂引线插板上的螺钉，拔出插板即为拆除低压单元盒上的高、低压引线。操作步骤如图5-9-7所示。

3）完成上述步骤后，分压器低压单元上的连线已经全部解开，可以取走进行低压臂的试验。

(a)   (b)

图5-9-7 拆除低压单元盒上的高、低压引线

(a) 高压引线；(b) 低压引线

（5）高压臂的电容量和分压电阻测量。

1）高压臂的电容量测量。采用抗干扰介损电桥选择正接法测量，电压选择 2kV，介质损耗电桥加压线接在分压器的高压引线上，测量线接在高压臂尾端中与低压单元盒上 VIN 位置对应的线上，如图5-9-8所示。

高压臂尾端两根线中任选一根线都可测量。测试前应再次检查试验接线是否正确。

2）高压臂的分压电阻测量。使用万用表进行测量，接线方式与测量电容量的一致。根据高压臂的铭牌电阻值，选择合适的挡位即可。

（6）低压臂的电容量和分压电阻测量。

1）低压臂的电容量测量。低压单元允许的最大电流为 1mA，因此使用容量不大于

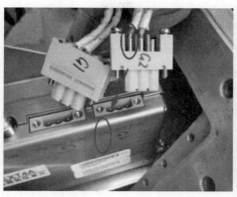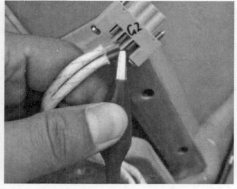

图 5-9-8　高压臂尾端接线示意图

1mA 的电容表进行低压臂电容量的测量。测量时，电容表的两个表臂分别接在低压臂出线插孔的 VOUT 和 GND 位置上。可采用图 5-9-9（a）的测量方式测量，也可以用图 5-9-9（b）的测量方式测量。

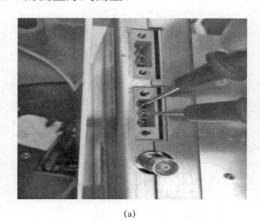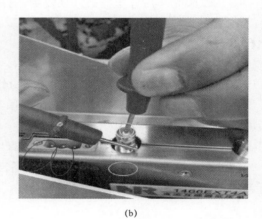

（a）　　　　　　　　　　　　　　　（b）

图 5-9-9　测量接线
（a）接线方式 1；（b）接线方式 2

2）低压臂的分压电阻测量。使用万用表进行测量，万用表的两个表臂分别接在 VOUT 和 GND 位置。

（7）恢复接线。试验完成后，应根据拆线的步骤，反向一步一步地进行恢复。

（8）试验人员恢复低压单元的接线后，负责人应再次核查恢复情况，确认无误后方可对密封盒和防雨罩恢复。

9.5.4　拆、接线流程

拆、接线流程如图 5-9-10 所示。

9.5.5　试验判断

同等测量条件下，初值差不超过±3%，或符合设备技术文件要求。

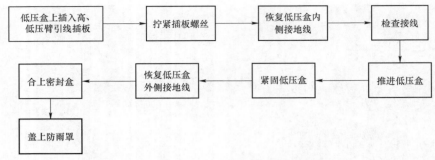

图 5－9－10　拆、接线流程图

9.5.6　试验注意事项

（1）高压臂电容量测量时加压端不宜在高压臂尾端。

（2）低压臂电容量测试时只能用电容表，不能用电容电桥（含便携式电容电桥）。

（3）试验完毕后分压器必须恢复到试验前状态。

9.6　主要引用标准

（1）Q/GDW 1168《输变电设备状态检修试验规程》

（2）国家电网设备〔2018〕979 号《国家电网公司十八项电网重大反事故措施（修订版）》

（3）国网（运检 13）913—2018《国家电网公司直流换流站检测管理规定》

（4）设备直流〔2022〕16 号《国网设备部关于印发直流换流站精益化检修指导意见（试行）的通知》

金属氧化物避雷器不拆高压引线直流泄漏试验

10.1 适用范围

本典型作业法适用于两节及以上安装结构金属氧化物避雷器未拆除高压引线时的直流泄漏试验。

10.2 试验条件

（1）试验时要求环境温度不小于 5℃，相对湿度不大于 80%，被试设备绝缘表面应清洁、干燥。

（2）避雷器首端处于接地状态，打开避雷器末端与放电计数器的连接。

（3）测试前，避雷器底座绝缘电阻合格。

10.3 测试原理

试验接线如图 5−10−1 所示。对避雷器本体上施加直流高压，并检测其流过的泄漏

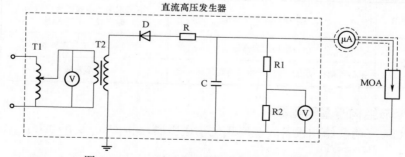

图 5−10−1 避雷器直流泄漏试验原理接线图

T1—调压器；T2—试验变压器；D—整流硅堆；R—保护电阻器；C—滤波电容器；

R1、R2—电阻分压器高、低压臂电阻；MOA—被试避雷器

电流，记录 1mA 电流时的电压 U_{1mA} 以及 $0.75U_{1mA}$ 下泄漏电流。

10.4 现场测试

10.4.1 资料准备

收集避雷器铭牌参数信息（型号、直流 1mA 参考电压值）、出厂说明书、出厂试验报告和历年试验报告。

10.4.2 测试仪器的选择

（1）根据不同试品电压的要求，选择不同电压等级的直流高压发生器。试验电压应能满足试验的极性和电压值（通常采用负极性加压），还必须具有足够的电源容量。

（2）试验电压应在高压侧测量，一般用电阻分压器进行测量，测量用的微安表，其准确度不低于 1.0 级。

10.4.3 试验接线

金属氧化物避雷器直流 1mA 电压（U_{1mA}）及在 $0.75U_{1mA}$ 下泄漏电流测量接线方法见表 5-10-1。

表 5-10-1   金属氧化物避雷器 U_{1mA} 及在 $0.75U_{1mA}$ 下泄漏电流测量接线法

测试项目		试验接线		读数
		高压端、屏蔽端（如有）	接地端	
两节结构	上节	上节末端接仪器高压端（即高压线，下同）	下节末端（串接限流电阻和微安表）	$I_X - I_1$
	下节	下节首端接仪器高压端	下节末端（串接微安表）	I_1
三节结构	上节	上节末端接仪器高压端	下节末端（串接微安表）	$I_X - I_1$
		上节末端接仪器高压端，中节末端接屏蔽端（即屏蔽线，下同）	下节末端	I_X
	中节	中节末端接仪器高压端	下节末端（串接限流电阻和微安表）中节首端	$I_X - I_1$
	下节	下节首端接仪器高压端	下节末端（串接微安表）	I_1
		下节首端接仪器高压端，中节首端接屏蔽端	下节末端	I_X

10.4.3.1 两节结构避雷器测量

对于 220kV（两节结构设备）金属氧化物避雷器，其 U_{1mA} 及在 $0.75U_{1mA}$ 下泄漏电流测量方法如下：

（1）上节避雷器 U_{1mA} 及在 $0.75U_{1mA}$ 下泄漏电流测量。上节测量接线如图 5-10-2（a）所示，直流高压输出端串接微安表（读数记为 I_X）接上节末端，下节末端串接限流电阻 R

和微安表（读数记为 I_1）接地，当 I_X 与 I_1 的差值达到 1mA 时，直流高压输出电压为上节 U_{1mA}，直流高压输出电压降为 $0.75U_{1mA}$ 时，电流 I_X-I_1 即为上节 $0.75U_{1mA}$ 参考电压下的泄漏电流。

（2）下节避雷器 U_{1mA} 及在 $0.75U_{1mA}$ 下泄漏电流测量。下节测量接线如图 5-10-2（b）所示，直流高压输出端串接微安表（读数记为 I_X）接上节末端，下节末端串接微安表（读数记为 I_1）接地，当 I_1 达到 1mA 时，直流高压输出电压即为下节避雷器 U_{1mA}，当直流高压输出电压降为 $0.75U_{1mA}$ 时，电流 I_1 即为下节 $0.75U_{1mA}$ 参考电压下的泄漏电流。

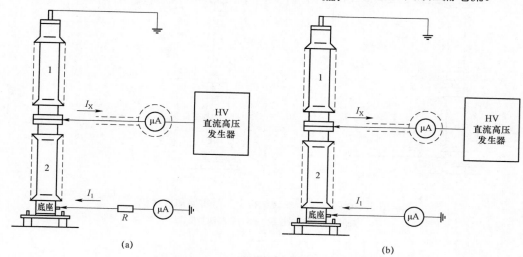

图 5-10-2　两节安装结构避雷器测量接线

（a）上节测量接线；（b）下节测量接线

10.4.3.2　三节结构避雷器测量

对于 500kV（三节结构设备）金属氧化物避雷器，其 U_{1mA} 及在 $0.75U_{1mA}$ 下泄漏电流测量方法如下：

（1）上节避雷器 U_{1mA} 及在 $0.75U_{1mA}$ 下泄漏电流测量。上节避雷器试验时可采用两种方法。

1）双表法：测量接线如图 5-10-3（a）所示，直流高压输出端串接微安表（读数记为 I_X）接上节末端，下节末端串接微安表（读数记为 I_1）接地，当 I_X 与 I_1 的差值为 1mA 时，直流高压输出电压即为上节 U_{1mA}，直流输出电压降为 $0.75U_{1mA}$ 时的电流（I_X-I_1）即为上节 $0.75U_{1mA}$ 参考电压下的泄漏电流。

2）屏蔽法：测量接线如图 5-10-3（b）所示，直流高压输出端串接微安表（读数记为 I_X）接上节末端，中节末端接屏蔽线，下节末端接地。当 I_X 的值达到 1mA 时，直流高压输出电压即为上节 U_{1mA}，直流输出电压降为 $0.75U_{1mA}$ 时电流 I_X 即为上节 $0.75U_{1mA}$ 参考电压下的泄漏电流。

（2）中节避雷器 U_{1mA} 及在 $0.75U_{1mA}$ 下泄漏电流测量。中节测量接线图如图 5-10-4 所示，直流高压输出端串接微安表（读数记为 I_x）接中节末端，中节首端接地，下节末端串接限流电阻 R 和微安表（读数记为 I_1）接地，I_X 与 I_1 的差值为 1mA 时，直流高压输出电压即为中节避雷器 U_{1mA}，直流高压输出电压降为 $0.75U_{1mA}$ 时，电流 $I_X - I_1$ 即为中节 $0.75U_{1mA}$ 参考电压下的泄漏电流。

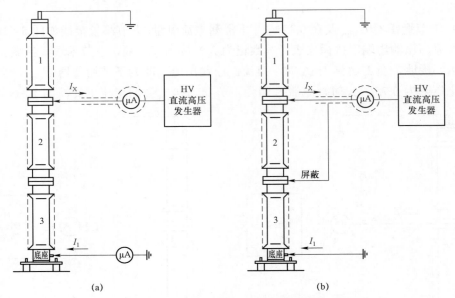

图 5-10-3　三节安装结构上节避雷器测量接线

（a）双表法测量接线；（b）屏蔽法测量接线

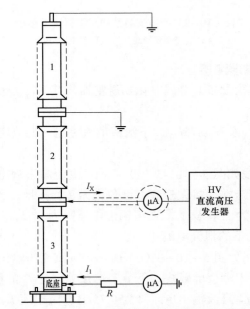

图 5-10-4　三节安装结构中节避雷器测量接线

（3）下节避雷器 U_{1mA} 及在 $0.75U_{1mA}$ 下泄漏电流测量。上节避雷器试验时可采用两种方法。

1）双表法：测量接线如图 5-10-5（a）所示，直流高压输出端串接微安表接下节首端，下节末端串接微安表（读数记为 I_1）后接地，I_1 值达到 1mA 时，直流高压输出电压即

为下节 U_{1mA}，直流高压输出电压降为 $0.75U_{1mA}$ 时，电流 I_1 为下节 $0.75U_{1mA}$ 参考电压下的泄漏电流。

2）屏蔽法：测量接线如图 5-10-5（b）所示，直流高压输出端串接微安表（读数记为 I_X）接下节首端，中节首端接屏蔽线，下节末端接地，当 I_X 值达到 1mA 时，直流高压输出电压即为下节 U_{1mA}，直流高压输出电压降为 $0.75U_{1mA}$ 时，电流 I_X 为下节 $0.75U_{1mA}$ 参考电压下的泄漏电流。

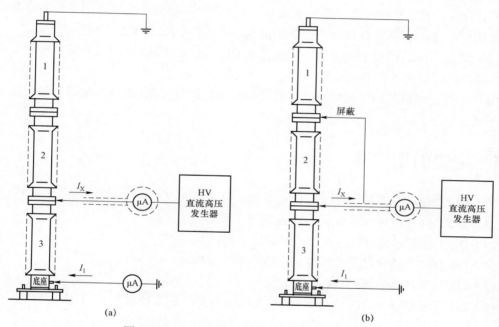

图 5-10-5　三节安装结构下节避雷器测量接线
（a）双表法测量接线；（b）屏蔽法测量接线

10.4.4　试验判断

（1）U_{1mA} 初值差不超过 ±5% 且不低于 GB/T 11032《交流无间隙金属氧化物避雷器》的规定值。

（2）$0.75U_{1mA}$ 参考电压下的泄漏电流不大于 50μA 或初值差不大于 30%。

（3）将试验数据结合温湿度，与历史数据或同类设备比较，并结合相关规程及其他试验结果进行综合判断。

10.4.5　试验注意事项

不拆高压引线进行金属氧化物避雷器停电例行试验时的注意事项如下：

（1）四节及以上结构的金属氧化物避雷器可按照三节结构的设备进行试验，单节结构的金属氧化物避雷器需要拆除高压引线试验。

（2）直流 1mA 电压 U_{1mA} 及在 $0.75U_{1mA}$ 下泄漏电流测量时使用的限流电阻 R 的阻值应合适，一般选择 5～15MΩ 之间，测试时需要根据避雷器的实际情况调整。

（3）高压引线应采用整根同轴屏蔽电缆，并与地电位保持足够距离，以消除杂散电流的影响。

（4）对两节安装结构的避雷器下节进行试验时，直流发生器的总电流为上下两节电流之和，考虑到金属氧化物避雷器电阻片的非线性特性，当泄漏电流超过 1mA 时，电压稍有升高，电流将大幅度上升，如果试验时上节先于下节达到直流 1mA 电压 U_{1mA}，而当下节电流达到 1mA 时，上节电流可能已经远超过 1mA，从而造成试验回路的总电流超出仪器量程。因此，升压时应注意观察电流大小，不能超过其容量，直流高压发生器容量应有裕度，输出电流应至少为 3mA。当容量不能满足时，应拆除引线进行试验。

（5）对三节安装结构的避雷器中节进行试验时，在对应节首端加装的接地线应尽量与避雷器成 90°，以消除杂散电流的影响。

（6）不拆引线测得的试验数据异常时应拆除引线进行复测，最终结果以拆除引线情况下的测试数据为准。

10.5 主要引用标准

（1）DL/T 474.2《现场绝缘试验实施导则 直流高压试验》
（2）DL/T 474.5《现场绝缘试验实施导则 避雷器试验》
（3）DL/T 1331《交流变电设备不拆高压引线试验导则》
（4）Q/GDW 1168《输变电设备状态检修试验规程》
（5）Q/GDW 11086《变电设备不拆高压引线试验导则》
（6）Q/GDW 11447《10kV～500kV 输变电设备交接试验规程》

11

变压器有载调压开关吊芯相关试验

11.1 适用范围

本典型作业法适用于有载调压分接开关吊芯检修时的电气试验。本典型作业法不包含油试验。

11.2 一般试验条件

（1）环境温度不宜低于 5℃，相对湿度不大于 80%。

（2）待试设备处于检修状态。

（3）现场区域满足试验安全距离要求。

（4）设备上无其他外部作业。

（5）在常温下测量直流电阻，并将其修正至 75℃，修正后的值为 R_{ct}（额定值）；注：$R_{ct}=R_{meas}（235+75）/（235+T_{meas}）$，其中 R_{meas} 为实测电阻，T_{meas} 为实测时的油温。

11.3 基本原理与方法

11.3.1 有载分接开关基本原理

有载分接开关调压的基本原理是在变压器绕组中引出若干个分接头，通过在不中断负载电流的情况下，由一分接头"切换"到另一分接头，以改变有效匝数，即改变其变压器的电压比，从而实现调压的目的。

有载分接开关由于是在带负载的情况下变换分接位置，所以它必须满足两个基本条件：

（1）在变换分接过程中，保证负载电流的连续，即不能开路。

（2）在变换分接过程中，保证分接间不能短路。

在切换分接的过程中必然要在某一瞬间同时桥接两个分接以保证负载电流的连续性。而在桥接的两个分接间，必须串入电阻以限制循环电流，保证不发生分接间短路，如此，有载分接开关便可以由一个分接过渡到下一个分接。实现这一功能的电路称为过渡电路，对应的机构称为切换开关。切换开关根据过渡电阻数可分为单电阻、双电阻和四电阻等类型，其中常见的是双电阻的切换开关，图5-11-1为双电阻有载分接开关切换过程示意图。

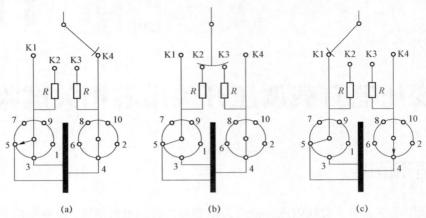

图5-11-1　双电阻有载分接开关切换示意图（4挡至5挡）
(a) 4挡位置；(b) 过渡位置；(c) 5挡位置

　　根据有载分接开关的工作原理及相关规程要求，在对有载分接开关吊芯检修时，应进行有载分接开关切换试验、过渡电阻试验、接触电阻试验以及变压器回路电阻试验。

11.3.2　有载分接开关试验方法

11.3.2.1　有载分接开关切换试验

　　有载分接开关在检修前后应进行切换试验。由切换开关的动作原理可知，切换开关在

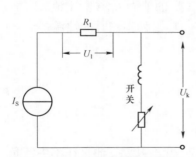

图5-11-2　带绕组进行有载
分接开关切换试验原理图

切换过程中，串入回路的电阻值随时间有规律地改变，将这一变化以图形方式记录下来，并与标准波形进行比较，就可以判断出切换开关的动作是否正常。在现场试验中，有载分接开关常与电力变压器在一起进行测试，其原理图如图5-11-2所示。

　　以双绕组有载分接开关为例，一个标准的切换波形如图5-11-3所示。t为总的切换时间，t_1为分开侧主触头打开至闭合侧过渡电弧触头闭合的时间，这段时间也是提供给分开侧主触头可利用的熄弧时间。主触头打开瞬间，动、静触头之间将产生电弧，当电流过第一个零点时，若此时两者之间的断口足够大，则电弧熄灭，反之则电弧重燃至电流第2次过零时熄灭。由于触头断开瞬间电流相位是随机的，所以要求 t_1 至少有一个电流过零点使得电弧能够熄灭。t_2为分开侧过渡电弧触头与闭合侧过渡电弧触头同时接通的桥接时间。此时回路中有2个过渡电阻并联，所以其阻值只有前一过程的一半。

　　测试波形与理想波形进行比较时应注意以下几点：

　　（1）测试波形与理想波形相似，可以看出明显的过渡过程。

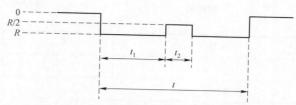

图 5-11-3　双绕组分接开关切换波形图

（2）各切换程序的时间误差应在制造厂提供的误差范围内，且三相开断不同步时间不大于 3ms。

（3）当波形出现过零点且持续 2ms 以上、阻值很大时，可能存在接触不良或有松动处，此时应慎重对待，多测几次。

（4）要和同型号的波形比较，特别是要和上一次的波形比较，通过对比，更便于发现缺陷。

11.3.2.2　过渡电阻、接触电阻与变压器回路电阻试验

有载分接开关在吊出检修后、重新安装前应进行过渡电阻与接触电阻的测量，可使用万用表与回路电阻仪分别进行。根据 DL/T 265《变压器有载分接开关现场试验导则》规定，过渡电阻值与铭牌值的偏差应不大于 ±10%，接触电阻应符合制造企业技术要求，当制造企业无技术要求时，触头接触电阻：$R \leqslant 500\mu\Omega$。

有载分接开关在检修前后应进行变压器回路电阻试验，以检查有载分接开关动触头与静触头的接触情况。现场常用变压器回路电阻测试仪进行试验，根据规程规定，回路电阻值应满足：

（1）1.6MVA 以上变压器，各相绕组电阻相互间的差值，不应大于 2%；无中性点引出的绕组，线间差值不应大于 1%。

（2）1.6MVA 及以下变压器，相互间的差值一般不应大于 4%；线间差值一般不应大于 2%。

（3）与相同部位、相同温度下的出厂值比较，其变化不应大于 2%。

11.4　现场测试

11.4.1　试验准备

试验前，应详细了解设备情况，制定相应的技术措施。收集被试设备铭牌参数信息、出厂说明书或出厂试验报告、历年试验报告，准备现场试验所需相关材料，并配备合适的试验仪器与安全工器具，见表 5-11-1。

表 5-11-1　　　　　　　　　　　试验仪器与安全工器具

序号	名称	单位	数量
1	接地线	根	若干
2	安全围栏	个	1

续表

序号	名称	单位	数量
3	安全带	个	1
4	放电棒	个	1
5	万用表	个	1
6	变压器直阻仪	台	1
7	回路电阻仪	台	1
8	有载分接开关测试仪	台	1
9	220V 电源盘	个	1

11.4.2 试验流程

有载分接开关吊芯试验流程如图 5-11-4 所示。

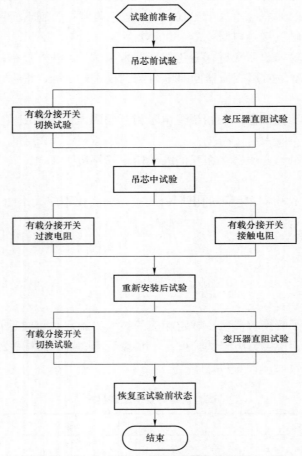

图 5-11-4 有载分接开关吊芯试验流程图

有载分接开关吊芯检修试验可分为修前、修中与修后三个阶段。修前试验包括有载分接开关切换与变压器直阻试验，该阶段试验数据应作为修后试验的依据；修中试验包括过渡电阻与接触电阻的测量，其值应符合厂家技术要求及相关规程规定；修后试验重复修前试验内容，并与修前试验数据进行比对，确认两者基本一致。

11.4.3　试验安全风险

在试验过程中，应采取以下措施，保证试验顺利进行。

（1）试验电源接取应由两人进行，接取前应检查电源箱和电源盘的漏电保安器动作正常，并核对电源电压。

（2）有载分接开关试验进行电动操作前应经变压器专业检修工作负责人确认开关极限限位可靠后方可进行，且试验后应恢复至运行挡位。

（3）有载分接开关动作前检查传动轴动作范围内无人工作，并设专人监护。

（4）变压器直阻测试完毕后对被试设备充分放电，防止剩余电荷伤人。

（5）试验全过程应设置好围栏，防止无关人员进入试验现场。

（6）在 220kV 及以上套管端部解、接线使用高处作业车或作业平台时，正确使用安全带，防止高处坠落。

11.4.4　试验接线

有载分接开关切换试验与变压器直阻试验接线方法如图 5-11-5 所示，过渡电阻（接触电阻）接线仅需将回路电阻仪（万用表）正负极接入电阻两侧即可。

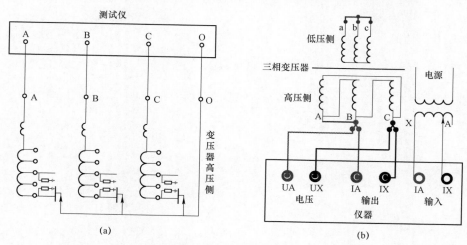

图 5-11-5　试验接线图

（a）有载分接开关切换试验；（b）变压器直阻试验

在试验中，应注意：

（1）进行有载分接开关切换试验时，非被试绕组需短路接地，并在正序与倒序中分别测量单→双、双→单的切换时间。

（2）对结构不清楚的有载分接开关，应在厂家指导下完成过渡电阻与接触电阻测量。

（3）记录油温并测量所有分接位置的直流电阻，非被试绕组应开路，试验数据需换算至相同温度后进行纵横向比较。

11.4.5 数据记录

按要求记录修前修后的有载分接开关切换时间与变压器直阻值、修中的过渡电阻值与接触电阻值。

11.4.6 试验判断

实测的试验数据应符合厂家技术要求及相关规程规定，并与历年试验或出厂试验的比较，不应有显著变化。

11.5 主要引用标准

（1）GB 50150《电气装置安装工程　电气设备交接试验标准》
（2）DL/T 265《变压器有载分接开关现场试验导则》
（3）Q/GDW 1168《输变电设备状态检修试验规程》
（4）国家电网设备〔2018〕979 号《国家电网公司十八项电网重大反事故措施（修订版)》
（5）《国家电网公司电力安全工作规程（变电部分)》

12

220kV 及以上电压等级设备交流耐压试验

12.1　适用范围

　　本典型作业法适用于在变电站、发电厂和修理车间、试验室等条件下对 220kV 及以上电压等级交流变压器、气体绝缘全封闭组合电器（简称 GIS）、电抗器、消弧线圈、电流互感器、断路器、电力电缆、隔离开关、母线等高电压电气设备进行调频谐振交流耐压试验。

12.2　一般试验条件

　　（1）试验时要求环境温度为不宜低于 5℃，相对湿度不宜大于 80%，且试验期间，大气环境条件应相对稳定。

　　（2）现场区域满足试验安全距离要求，且待试设备与周边设备保持足够的安全距离。

　　（3）试验应在装配完整的设备上进行，且待试设备的表面应清洁干燥。

　　（4）待试设备处于检修试验状态，且待试设备上无接地线或者短路线。

　　（5）待试设备交流耐压试验前常规试验合格。

　　（6）待试设备交流耐压试验前保证足够的静置时间，且充油被试设备在条件允许的情况下应开展排气工作，以排除内部可能残存的空气。

　　（7）充气被试设备在交流耐压试验前应处于额定压力范围。

　　（8）对于有二次绕组的被试设备，试验时二次绕组应短路并可靠接地；对于电力电缆，试验时电缆外护套应可靠接地。

12.3　测试原理

　　试验频率 f 一般在 30～300Hz 范围内，试验回路中产生谐振，此时试品上的电压是励磁变高压端输出电压的 Q 倍。Q 为系统品质因素，即电压谐振倍数，一般为十几到几十。先通过调节变频电源装置的输出频率使试验回路发生谐振，再在试验回路谐振的条件下调节变频电源输出电压使试品电压达到试验值，满足试验需要。

12.3.1　串联谐振耐压

当试验变压器（励磁变压器）的额定电压小于所需试验电压，但电流额定量能满足试品试验电流的情况下，可用串联补偿的方法进行试验，即称串联谐振耐压。串联谐振耐压试验接线的原理图如图 5 – 12 – 1 所示。

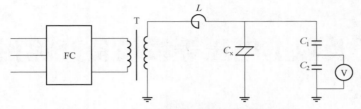

图 5 – 12 – 1　串联谐振耐压试验接线原理图

FC—变频电源；T—励磁变压器；L—串联电感；C_x—试品电容；C_1、C_2—分压器电容

补偿电抗及试品电容组成串联回路。此时，电路中电流为

$$I = \frac{U}{\sqrt{R^2 + (X_L - X_C)^2}}$$

$$(5 – 12 – 1)$$

式中，R、X_L 分别为电抗器的等效电阻及电抗；X_C 为试品容抗。调节试验回路频率，使 X_L 和 X_C 相等，此时试验回路发生串联谐振，试品上的电压 U_C 与电抗器上的电压 U_L 相等，即

$$U_C = U_L = IX_L = \frac{U}{R} \cdot X_L = QU$$

$$(5 – 12 – 2)$$

式中，Q 为试验回路的品质因数，从式（5 – 12 – 2）中可以看出，串联补偿法可在试品上产生数十倍于试验变压器输出的电压，从而可以大大降低试验变压器额定电压及容量。使用串联补偿，当试验回路达到 $X_L = X_C$ 且回路电阻很小时，可能在试品上出现危险的过电压。因此，采用串联补偿应注意尽量避免产生谐振，并且使用的补偿电抗器最好是空心绕组电抗器，有铁芯的电抗器容易造成非线性谐振。利用串联谐振耐压试验有两个优点：① 若试品击穿，则谐振终止，高压消失；② 击穿后电流下降，不致造成试品击穿点扩大。

12.3.2　并联谐振耐压

并联谐振法也称电流谐振法。当试验变压器的额定电压能满足试验电压的要求，但电流达不到试品所需的试验电流时，采用并联谐振对电流加以补偿，以解决容量不足的问题。并联谐振耐压试验接线的原理图如图 5 – 12 – 2 所示。

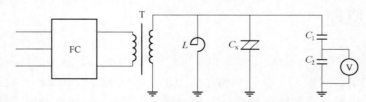

图 5 – 12 – 2　并联谐振耐压试验接线原理图

FC—变频电源；T—励磁变压器；L—并联电感；C_x—试品电容；C_1、C_2—分压器电容

补偿电抗及试品电容组成并联回路，并联回路两支路的感抗和容抗分别为 X_L 和 X_C，当 $X_L=X_C$ 时，回路产生谐振。这时虽然两个支路的电流都很大，但回路的总电流 $I\approx 0$，X_C 上的电压等于试验变压器（励磁变压器）的输出电压。但实际上因试验回路中有电阻和铁芯的损耗，回路电流不可能完全等于零，因补偿电流 I_L 的方向与电容电流 I_C 的方向相反，所以试验变压器的输出电流 $I=|I_L-I_C|$，输出电流很小。

12.3.3　串并联谐振耐压

除了上述讲的串联、并联谐振以外，当试验变压器的额定电压和额定电流都不能满足试验要求时，可同时运用串、并联谐振回路，通常称为串并联补偿法。串并联谐振耐压试验接线的原理图如图 5－12－3 所示。

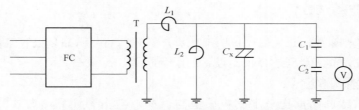

图 5－12－3　串并联谐振耐压试验接线原理图

FC—变频电源；T—励磁变压器；L_1—串联电感；L_2—并联电感；C_x—试品电容；C_1、C_2—分压器电容

用 L_2 对 C_x 进行欠补偿，即并联后仍呈容性负荷，再与 L_1 形成串联谐振，这样能同时满足试验电压和电流的要求。对要求试验电压高、电容量大的试品，如高压电力电缆，就一般采用串并联谐振耐压试验法。

12.3.4　试验电压的测量

交流试验电压的测量装置（系统）一般可采用电容（或电阻）分压器与低压电压表、高压电压互感器、高压静电电压表等组成的测量系统。交流试验电压的测量装置（系统）的测量误差不应大于 3%。试验电压的测量一般应在高压侧进行。对一些小电容试品，如绝缘子、绝缘工具等的交流耐压试验也可以在低压侧测量，并根据变比进行换算。测量电压的峰值，应除以 $\sqrt{2}$ 作为试验电压值。

对试验电压波形的正弦性有怀疑时，可测量试验电压的峰值与有效（方均根）值之比，此比值应在 $\sqrt{2}\pm 0.07$ 的范围内，则可认为试验结果不受波形畸变的影响。因此，当波形较好时，可用有效值表计测量即可，而当波形畸变时，则宜采用测峰值的表计进行测量。

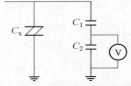

用电容式分压器测量高压电压是最常用的方法。分压器结构简单，精度较高，具有可选择峰值读数和有效值读数的选择功能，适用于现场和试验室各种场合使用，且电容分压器一般使用成套设备，其基本原理图如图 5－12－4 所示。

图 5－12－4　电容分压器接线原理图

C_x—试品电容；C_1—高压臂电容器电容；

C_2—低压臂电容器电容

电容分压器由高压臂电容器与低压臂电容器串联组成，用电压表测量低压臂电容器上的电压 U_2，然后按分压比算出高压 U_1。

$$U_1 = \frac{C_2 + C_1}{C_1} U_2$$

$$(5-12-3)$$

当 C_2 远大于 C_1 时，U_1 大约等于 $U_2 \cdot C_2/C_1$。为了保护测量仪器，测量时可在低压臂电容 C_2 上或测量仪器上并联过电压保护装置，如适当电压的放电管或氧化锌压敏电阻等。

12.4　现场测试

12.4.1　资料准备

收集试品铭牌参数信息、出厂说明书或出厂试验报告、试品总电容量估算值等。根据试品总电容量估算值，合理选择仪器设备的组合配置。

12.4.1.1　谐振频率的计算

根据所选试验回路的电抗器的电感值与试品对地电容计算谐振时的频率。谐振频率率应符合试验频率的要求范围，一般谐振耐压的频率范围为 30～300Hz。谐振频率 f_0 按式（5-12-4）计算。

$$f_0 = \frac{1}{2\pi\sqrt{LC_X}} \times 10^3$$

$$(5-12-4)$$

式中　f_0——谐振频率，Hz；

L——试验回路等效电感量，H；

C_X——试验回路中总电容量，一般为试品和分压器电容之和，μF。

12.4.1.2　高压试验回路电流的计算

达到谐振后，高压试验回路的电流 I 的计算公式如下：

（1）串联谐振耐压试验回路

$$I = I_L = I_C = \omega C_X U_S \times 10^{-3}$$

$$(5-12-5)$$

（2）串并联谐振耐压试验回路

$$I = |I_C - I_L| = \left| \omega C_X U_S \times 10^{-3} - \frac{U_S}{\omega L} 10^{-3} \right|$$

$$(5-12-6)$$

式中　I——高压试验回路电流，A；

ω——谐振时角频率，$\omega = 2\pi f_0$；

U_S——试验电压，kV；

L——并联补偿电抗器电感量，H；

C_X——试验回路中总电容量，一般为试品和分压器电容之和，μF。

12.4.1.3　励磁变容量的选择

按高压试验回路电流 I 计算。

$$P = IU_N \qquad\qquad (5-12-7)$$

式中　P——励磁变压器容量，VA；

$\quad\quad\;\; I$——高压试验回路电流，A；

$\quad\quad U_N$——励磁变高压侧额定电压，V。

12.4.1.4　变频电源输出功率的选择

变频电源输出功率应满足试验要求，变频电源输出功率一般等于励磁变压器的输出容量。

12.4.1.5　谐振（补偿）电抗器的选择

谐振（补偿）电抗器用于试验回路进行谐振或补偿，以获得高电压或补偿电容电流。谐振（补偿）电抗器的额定电压和额定电流应满足试验电压和补偿电流值的要求，具体根据试验电压和试品对地电容来选取谐振（补偿）电抗器。

12.4.1.6　电容分压器的选择

电容分压器的额定电压应满足试验电压的要求，精度 1.5 级及以上。

12.4.1.7　电源容量的选择

试验电源为谐振耐压系统提供激励能量，为满足试验要求，试验前必须对电源容量进行估算。一般采用三相交流 380V 电源，输出电流应大于变频电源的输入电流，变频电源的输入电流按式（15-12-8）计算。

$$I_1 = \frac{P}{\sqrt{3}U_1} \qquad\qquad (15-12-8)$$

式中　I_1——变频电源输入电流，A；

$\quad\quad P$——变频电源输入功率，VA；

$\quad\quad U_1$——变频电源输入电压，V。

12.4.2　试验接线

根据试品的试验电压、电容量和现场实际试验设备条件来选择接线方式，对于开展 220kV 及以上电压等级的交流耐压试验，一般采用串联谐振接线或串并联谐振接线方式。在试验时，应将试验设备外壳可靠接地。变频电源的输出与励磁变压器输入端相连，励磁变压器高压侧尾端接地。对于串联谐振接线，励磁变压器的高压输出首端与电抗器尾端连接，如使用多节电抗器串联使用，注意上下节首尾连接，然后电抗器首端（高压端）采用大截面软引线与电容分压器和试品相连。对于串并联谐振接线，励磁变压器的高压输出首端与谐振电抗器尾端连接，谐振电抗器首端（高压端）与电容分压器和试品相连，补偿电抗器的首端与谐振电抗器首端（高压端）相连，补偿电抗器的尾端可靠接地。

12.4.3　试验步骤

耐压试验前，对有绕组的试品，应将被试绕组自身的两个端子短接，非被试绕组也应短接并与外壳连接后可靠接地。同时应先进行其他常规试验，合格后再进行耐压试验。对于电力电缆，试验前应充分放电，检查并核实电缆两端是否满足试验条件。

耐压试验时，检查试验接线并确认接线正确。接上被试品，接通试验电源，开始升压进行试验。升压必须从零（或接近于零）开始，切不可冲击合闸。升压速度在75%试验电压以前，可以是任意的，自75%电压开始应均匀升压，均为每秒2%试验电压的速率升压。升压过程中应密切监视高压回路，监听被试品有何异响。升至试验电压，开始计时并读取试验电压，记录试验电压和升压时间。交流耐压试验时加至试验标准电压后的持续时间，以具体的规程标准或试验方案为准。计时结束，迅速均匀降压到零（或接近于零），切断电源，并将被试品放电。对于油浸式试品，耐压试验结束后应进行油色谱分析。

12.4.4　试验判断

（1）试验中如无破坏性放电发生，且耐压前后的绝缘电阻无明显变化，则认为耐压试验通过。

（2）在升压和耐压过程中，如发现试验回路电压变化很大，电流也急剧增加，调节增大变频电源输出，电流上升、电压却基本不变甚至有下降趋势，被试品冒烟、出气、焦臭、闪络、燃烧或发出击穿响声（或断续放电声），应立即停止升压，降压、停电后查明原因。这些现象如查明是绝缘部分出现的，则认为被试品交流耐压试验不合格。如确定被试品的表面闪络是由于空气湿度或表面脏污等所致，应将被试品清洁干燥处理后，再进行试验。

（3）被试品为有机绝缘材料时，试验后如出现普遍或局部发热，则认为绝缘不良，应立即处理后，再做耐压。

12.4.5　试验注意事项

（1）耐压试验应在干燥良好的天气情况下进行，耐压试验前后应测量试品的绝缘电阻。

（2）对夹层绝缘或有机绝缘材料的设备，如果耐压试验后的绝缘比耐压前下降30%，则检查该试品是否合格。

（3）容升效应。试验变压器所接被试品大多是电容性，在交流耐压时，容性电流在绕组上产生漏抗压降，造成实际作用到被试品上的电压值超过按变比计算的高压侧所应输出的电压值，产生容升效应。被试品电容及试验变压器漏抗越大，则容升效应越明显。

（4）过电压保护。耐压试验回路（装置）应具备过电压、过电流保护。必要时，对重要的试品（如变压器）进行交流耐压试验时，可在高压侧设置保护球隙，该球间隙的放电距离整定为变压器1.15～1.2倍额定电压所对应的放电距离。

（5）为减小电晕，提高试验回路Q值，应尽量缩短试验引线，高压试验引线宜采用大直径金属软管，或专用防晕试验线。

（6）试验时必须在较低电压下调整谐振频率，然后才可以升压进行试验。

（7）变更试验接线时应在试品上悬挂放电棒，确保人身安全。在再次升压前，先取下放电棒，防止带接地放电棒升压。

（8）试品中的电流互感器二次绕组不得开路，电压互感器二次绕组不得短路。电流互感器在大电流下切断电源或在运行中发生二次开路时，通过短路电流以及在采取直流电源的各种试验后，都有可能在电流互感器的铁芯中留下剩磁，剩磁可能会影响励磁电流，试验前应对被试绕组退磁。

（9）当同一电压等级不同试验标准的电气设备连在一起进行试验时，试验标准应采用连接设备中的最低标准。

12.5　主要引用标准

（1）GB/T 1094.3《电力变压器　第 3 部分：绝缘水平、绝缘试验和外绝缘空气间隙》

（2）GB/T 16927.2《高电压试验技术　第 2 部分：测量系统》

（3）DL/T 474.4《现场绝缘试验实施导则　交流耐压试验》

（4）DL/T 1015《现场直流和交流耐压试验电压测量系统的使用导则》

（5）Q/GDW 1168《输变电设备状态检修试验规程》

（6）《国家电网公司变电检测通用管理规定　第 18 分册　外施交流耐压试验细则》

13

220kV 及以上电压等级
变压器局部放电试验

13.1　适用范围

本典型作业法适用于电力系统中 220kV 及以上电压等级变压器局部放电试验。

13.2　试验条件

（1）试验时要求环境温度不宜低于 5℃，相对湿度不宜大于 80%。

（2）试验宜在顶层油温低于 50℃且高于 0℃时进行。

（3）试验工作不得少于 3 人。

（4）试验应在装配完整的产品上进行，其他常规试验均已完成且符合相关规程规定。

（5）被试变压器的外壳、铁芯、夹件应可靠接地，测量设备与加压设备分开接地。

（6）变压器升高座电流互感器二次可靠接地。

（7）主变压器经过充分排气。

（8）试验前后要进行绝缘电阻测量。

（9）试验前后对套管末屏接地情况进行详细检查。

13.3　测试原理

13.3.1　局部放电的产生

对于电气设备的某一绝缘结构，其中可能存在着一些绝缘弱点，它在一定的外施电压作用下会首先发生放电，但并不随即形成整个绝缘贯穿性的击穿。这种导体间绝缘仅被局部桥接的电气放电被称为局部放电。这种放电可以在导体附近发生也可以不在导体附近发生。

注 1：局部放电一般是由于绝缘体内部或绝缘表面局部电场特别集中而引起的。通常这种放电表现为持续时间小于 1μs 的脉冲。

注 2：电晕是局部放电的一种形式，它通常发生在远离固体或液体绝缘的导体周围的气体中。

注 3：局部放电的过程除了伴随着电荷的转移和电能的损耗之外，还会产生电磁辐射、超声、发光、发热以及出现新的生成物等。

高压电气设备的绝缘内部常存在着气隙。另外，变压器油中可能存在着微量的水分及杂质。在电场的作用下，杂质会形成小桥，泄漏电流的通过会使该处发热严重，促使水分汽化形成气泡；同时也会使该处的油发生裂解产生气体。绝缘内部存在的这些气隙（气泡），其介电常数比绝缘材料的介电常数要小，故气隙上承受的电场强度比邻近的绝缘材料上的电场强度要高。另外，气体（特别是空气）的绝缘强度却比绝缘材料低。这样，当外施电压达到某一数值时，绝缘内部所含气隙上的场强就会先达到使其击穿的程度，从而气隙先发生放电，这种绝缘内部气隙的放电就是一种局部放电。

还有绝缘结构中由于设计或制造上的原因，会使某些区域的电场过于集中。在此电场集中的地方，就可能使局部绝缘（如油隙或固体绝缘）击穿或沿固体绝缘表面放电。另外，产品内部金属接地部件之间、导电体之间电气联结不良，也会产生局部放电。

由此可知，如果高电压设备的绝缘在长期工作电压的作用下，产生了局部放电，并且局部放电不断发展，就会造成绝缘的老化和破坏，就会降低绝缘的使用寿命，从而影响电气设备的安全运行。为了高电压设备的安全运行，就必须对绝缘中的局部放电进行测量，并保证其在允许的范围内。

13.3.2　局部放电的表征参数

通常表征局部放电最通用的参数是视在电荷（q）。局部放电的视在电荷等于在规定的试验回路中，在非常短的时间内对试品两端间注入使测量仪器上所得的读数与局放电流脉冲本身相同的电荷。视在电荷通常用皮库（pC）表示。

通常视在放电量（视在电荷）与试品实际点的放电量并不相等，实际局部放电量是无法直接测得，而视在电荷是可以测量的。试品放电引起的电流脉冲在测量阻抗端子上所产生的电压波形可能不同于注入脉冲引起的波形，但通常可以认为这两个量在测量仪器上读到的响应值相等。两者之间的关系可以通过图 5 – 13 – 1 气隙放电的等效回路来导出。

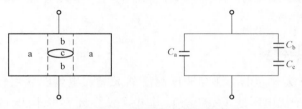

图 5 – 13 – 1　气隙放电的等效回路

图 5 – 13 – 1 表示了一种研究气隙放电的简化模型。

设气隙放电时气隙两端的电压变化为 Δu_c，则实际局部放电电荷为

$$q_r = \left(C_c + \frac{C_a C_b}{C_a + C_b} \right) \Delta u_c \qquad (5-13-1)$$

由于放电的时间很短，远远小于电源回路的时间常数，因此可以认为 C_a 两端的电压变化为

$$\Delta u_a = \frac{C_b}{C_a + C_b} \Delta u_c \qquad (5-13-2)$$

则视在电荷为

$$q_a = \left(C_a + \frac{C_b C_c}{C_b + C_c} \right) \Delta u_a = \left(C_a + \frac{C_b C_c}{C_b + C_c} \right) \frac{C_b}{C_a + C_b} \Delta u_c \qquad (5-13-3)$$

将式（5-13-1）中的 Δu_c 代入式（5-13-3），简化可得

$$q_a = \frac{C_b}{C_b + C_c} q_r \qquad (5-13-4)$$

通常由于气隙较小，气隙电容 C_c 一般均大于与其串联部分的电容 C_b，因此实际局部放电电荷总是大于视在电荷。但是由于视在电荷可以直接测得，用它来表征局部放电仍是各国及 IEC 标准推荐的方法。

脉冲重复率是表征局部放电的又一参数。其定义为在选定的时间间隔内所记录到的局部放电脉冲的总数与该时间间隔的比值。在实际测量中，一般只考虑超过某一规定幅值或在规定幅值范围内的脉冲。

平均放电电流 I 和放电功率 P 也是表征局部放电的参数。在选定的参考时间间隔 T_{ref} 内的单个视在电荷 q_i 的绝对值的总和除以该时间间隔即为平均放电电流。

$$I = \frac{1}{T_{ref}} (|q_1| + |q_2| + |q_3| + \cdots + |q_i|) \qquad (5-13-5)$$

平均放电电流一般用库仑每秒（C/s）或安培（A）表示。

在选定的参考时间间隔 T_{ref} 内由视在电荷 q_i 馈入试品两端间的平均脉冲功率即为放电功率 P（单位为 W）。

$$P = \frac{1}{T_{ref}} (q_1 u_1 + q_2 u_2 + q_3 u_3 + \cdots + q_i u_i) \qquad (5-13-6)$$

式中　$u_1, u_2, u_3, \cdots, u_i$——单个视在电荷 q_i 对应的放电瞬时 t_i 的试验电压瞬时值。

注：以上是几个主要的表征局部放电的参数，其他有关表征参数可参见 GB/T 7354《高电压试验技术 局部放电测量》。

13.3.3　局部放电的测量

局部放电测量方法分为电测法和非电测法两大类。电测法应用较多的是脉冲电流法（ERA 法）和无线电干扰电压法（RIV 法）。非电测法主要有声测法、光测法、红外摄像法和化学检测法等。目前，其中脉冲电流法由于其具有以下优点而广泛用于局部放电的定量测量。放电电流脉冲信息含量丰富，可通过电流脉冲的统计特征（如 $\varphi - q - n$ 谱图）和实测波形来判定放电的严重程度，进而运用现代分析手段了解绝缘劣化的状况及其发展趋

势；对于突变信号反应灵敏，易于准确及时地发现故障，易于定量。

非电测量由于至今没有一个标准的局部放电定量方法，使其应用受到了一定限制。

采用脉冲电流法（ERA 法）进行局部放电测量的基本测试回路通常分为直接法和桥式法（平衡法）两大类，直接法又有并联测试回路和串联测试回路两种。

图 5-13-2（a）和图 5-13-2（b）为直接法测试回路。图 5-13-2（a）为并联测试回路，多用于试品电容 C_x 较大，试验电压下，试品的工频电容电流超出测量阻抗 Z_m 允许值，或试品有可能被击穿，或试品无法与地分开的情况。图 5-13-2（b）为串联测试回路，多用于试品电容 C_x 较小的情况下，试验电压下，试品的工频电容电流符合测量阻抗 Z_f 允许值时，耦合电容 C_k 兼有滤波（抑制外部干扰）和提高测量灵敏度的作用，其效果随 C_x/C_k 的增大而提高。C_k 也可利用高压引线的杂散电容 C_s 来代替。这样，可使线路更为简单，从而减少过多的高压引线和联结头，避免电晕干扰，该方法多用于 220kV 及以上产品的试验。图 5-13-2（c）为桥式测试回路，利用电桥平衡原理将外来干扰信号平衡掉，因而这种回路的抗干扰能力较强。但是，由于电桥的平衡条件与频率有关，因此只有当 C_x 和 C_k 的电容量比较接近时，才有可能同时完全平衡掉各种外来的干扰。桥式测量的灵敏度一般低于直接法测试。

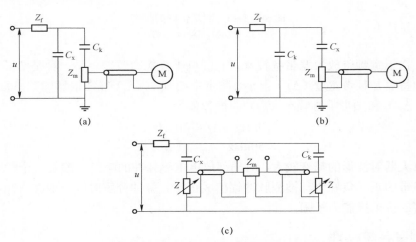

图 5-13-2　脉冲电流法基本测试回路
(a) 并联测试回路；(b) 串联测试回路；(c) 桥式测试回路

进行局部放电模拟测量的仪器一般由指示部分和放大部分组成（数字测量仪还有数字处理部分）。测试阻抗上的脉冲电压首先通过放大器放大，然后通过指示仪器来观察和计量。指示仪器分示波器和指示仪表两大类。示波器类能直接观察波形、相位、极性，并能测量视在放电量的大小。它便于研究局部放电的特性，并有能区分产品内部放电和外部干扰的优点，指示仪表类的优点是读数清楚。但是，在放电稀少和有干扰的情况下，指示元件容易摆动和跳动，数据难以读准，而且抗干扰能力也差，因此要求有较好的屏蔽条件和电源滤波效果，常用的指示仪表有毫伏表，它可以测量视在放电电荷。

放大器是放大脉冲电压所必需的。对放大器有三项主要的要求，即放大倍数、频带宽度和噪声水平。为了观测到足够小的视在放电电荷，放大器的放大倍数一般要求在 103～

104 以上。考虑到测量不同的放电电荷的需要，放大器一般应设置若干个衰减挡。按测试频率来分，常用放大器可分为两种，一种是宽频带放大器，这种仪器与耦合装置联合组成的测量系统的下限频率（f_1）、上限频率（f_2）和频带宽度（Δf）推荐值为

$$30\text{kHz} \leqslant f_1 \leqslant 100\text{kHz}$$
$$f_2 \leqslant 500\text{kHz}$$
$$100\text{kHz} \leqslant \Delta f \leqslant 400\text{kHz}$$

这种放大器对波形的畸变小，对局部放电电流脉冲（非振荡形）的响应一般是一个比较好的衰减振荡，脉冲分辨时间一般在 5～10μs，实际放电脉冲幅值与被测脉冲幅值成正比，通过示波图能对各种信号进行区分。测量仪器的频带如图 5-13-3 所示。

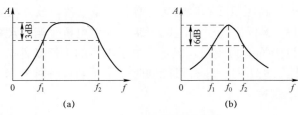

图 5-13-3 测量仪器的频带
(a) 宽频带；(b) 窄频带

但是，由于宽频带放大器带宽较宽，它的抗干扰能力较差。另一种是窄频带放大器，这种仪器的特点是频带宽度（Δf）很小，频带中心频率（f_m）能在很宽的频率范围内变化，频带宽度（Δf）和频带中心频率（f_m）的推荐值为

$$9\text{kHz} \leqslant \Delta f \leqslant 30\text{kHz}$$
$$50\text{kHz} \leqslant f_\text{m} \leqslant 1\text{MHz}$$

这种放大器对波形的畸变较大，对局部放电电流脉冲的响应一般是一个瞬态振荡，振荡脉冲包络带的正、负峰值与被测脉冲幅值成正比。脉冲分辨时间一般在 80μs 以上，由于带宽窄它的抗干扰能力较强。

13.3.4　测量系统校准

要进行局部放电测量必须对测量系统进行校准，校准的目的是为了验证测量系统能够正确地测量规定的局部放电值。完整试验回路中测量系统的校准是用来确定视在电荷测量的刻度因数 K，因为试品电容会影响回路的特性，因此要对每个被测试品分别进行校准，除非试品的电容值都在平均值的±10%以内。一个完整试验回路中的测量系统的校准是在试品的两端注入已知电荷量（q）的短时电流脉冲（如图 5-13-4 所示）。

图 5-13-4（a）和图 5-13-4（b）是并联和串联校正回路，图 5-13-4（c）是平衡校正回路。由于校准电容（C_0）通常为一低电压电容器，因此，校正一般是在试品不带电的情况下进行。为了使校准有效，校准电容器的电容量一般应小于试品电容的 1/10。如果校准器满足要求，则校准脉冲就等效于放电量（$q = U_0 C_0$，U_0：阶跃脉冲电压幅值）的单个放电脉冲。

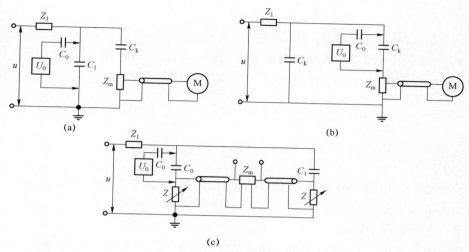

图 5-13-4　局部放电校准回路

（a）并联校正回路；（b）串联校正回路；（c）平衡校正回路

在试验系统带电之前必须把校准电容（C_0）移去，如果校准电容（C_0）是高压型的且具有足够低的局部放电水平，则允许其连接在测试系统中。此时，校准电容必须小于试品电容 1/10 的要求不再适用。对几何尺寸较大试品，在对测量系统进行校准时，注入电容（C_0）应尽量靠近被试品的高压端，一避免杂散电容的影响。

按 GB/T 7354《高电压试验技术　局部放电测量》的要求，脉冲校准器的阶跃脉冲电压上升时间应小于 60ns。衰减时间必须大于测量系统 $1/f_1$（对应于 30～100kHz 下限频率；阶跃脉冲的衰减时间在 33～10μs 之间）。

注：上述介绍的校准方法为直接校准，将已知电荷量 q_0 注入测量阻抗 Z_m 两端称为间接校准。其目的是求得回路衰减系数，关于间接校准的方法可参看有关标准。

校准时的注意事项：

（1）校准方波发生器的输出电压 U_0 和串联电容 C_0 的值要用一定精度的仪器定期测定，如 U_0 一般可用经校核好的示波器进行测定；C_0 一般可用合适的低压电容电桥或数字式电容表测定。每次使用前应检查校准方波发生器电池是否充足电。

（2）从 C_0 到 C_X 的引线应尽可能短直，C_0 与校准方波发生器之间的连线最好选用同轴电缆，以免造成校准方波的波形畸变。

（3）当更换试品或改变试验回路任一参数时，必须重新校准。

13.4　现场测试

13.4.1　工前准备

13.4.1.1　资料准备

（1）收集变压器铭牌参数信息（型号、电压组合、容量、联接组别、额定电流、冷却方式、出厂序号、出厂日期、制造厂家等）、出厂试验报告、交接试验报告、历年例行试验报告。

（2）除非另有规定，当试验电压频率等于或小于 2 倍额定频率时，对于设备最高运行电压 $U_{\mathrm{m}}\leqslant800\mathrm{kV}$ 的变压器，其增强电压下的试验时间应为 60s；对于 $U_{\mathrm{m}}>800\mathrm{kV}$ 的变压器，其增强电压下的试验时间应为 300s。当试验频率超过两倍额定频率时，试验时间应为

$$120\times\frac{额定频率}{试验频率}（\mathrm{s}），但不少于15\mathrm{s}\,(U_{\mathrm{m}}\leqslant800\mathrm{kV})$$

$$600\times\frac{额定频率}{试验频率}（\mathrm{s}），但不少于75\mathrm{s}\,(U_{\mathrm{m}}>800\mathrm{kV})$$

除了增强电压下的试验持续时间外，其他试验时间与频率无关。

（3）试验现场应具备三相 380V，容量满足要求的独立试验电源。

13.4.1.2　试验电压估算

以某 500kV 主变压器为例，主变压器铭牌参数：$\mathrm{ODFS}-334000/500$，电压比：$525/\sqrt{3}/230/\sqrt{3}\pm2\times2.5\%/36$。

通过计算被试变压器高压对低压变比，并考虑试品的容升效应计算低压侧应施加试验电压。

高对低变比为

$$K_{\mathrm{HL}}=525/\sqrt{3}/36=8.420$$

中对低变比为

$$K_{\mathrm{ML}}=230/\sqrt{3}/36=3.689（运行挡 3 挡）$$

低压侧励磁电压 $U_{\mathrm{1G}}=$ 高压预定电压$/K_{\mathrm{HL}}$（备注：低压侧采用双边加压方法）

按高压侧达到额定运行相电压的 1.58 倍测量局部放电量，则低压施加电压计算表格见表 5-13-1（中压在 3 挡，主变压器中性点接地）。

计算出的变压器各端子施加电压见表 5-13-1。

表 5-13-1　　　　　　　　　　变压器各端子施加电压计算表格

试验相	励磁相	高压侧（kV）				中压侧（kV）				低压侧（kV）			
		$1.8U_{\mathrm{r}}/\sqrt{3}$	$1.58U_{\mathrm{r}}/\sqrt{3}$	$1.2U_{\mathrm{r}}/\sqrt{3}$	$1.0U_{\mathrm{r}}/\sqrt{3}$	$1.8U_{\mathrm{r}}/\sqrt{3}$	$1.58U_{\mathrm{r}}/\sqrt{3}$	$1.2U_{\mathrm{r}}/\sqrt{3}$	$1.0U_{\mathrm{r}}/\sqrt{3}$	$1.8U_{\mathrm{r}}/\sqrt{3}$	$1.58U_{\mathrm{r}}/\sqrt{3}$	$1.2U_{\mathrm{r}}/\sqrt{3}$	$1.0U_{\mathrm{r}}/\sqrt{3}$
A	a-x	545.6	478.9	363.7	303.1	239.0	209.5	159.4	132.8	32.4	28.4[a]	21.6[a]	18.0[a]

[a]　考虑 5%的容升时低压侧 $158U_{\mathrm{r}}/\sqrt{3}$、$12U_{\mathrm{r}}/\sqrt{3}$、$10U_{\mathrm{r}}/\sqrt{3}$ 下数值为 30.9、27.0、20.6。

13.4.2　现场试验

13.4.2.1　测试步骤

（1）记录变压器的铭牌数据，观察和记录变压器的上层油温，记录现场环境温度、湿度等内容。

（2）将变压器各绕组接地放电，对大容量变压器应充分放电（5min 以上），放电时应用绝缘工具进行，不得用手碰触放电导线。在试验前，测试变压器各侧绕组及绕组对地间

的绝缘电阻，应正常。

（3）试验接线：按照原理图（如图 5 - 13 - 5 所示）进行试验接线。

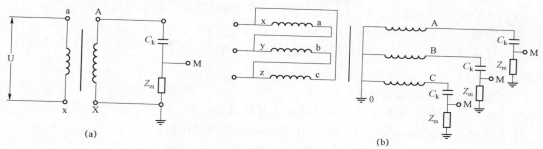

图 5 - 13 - 5　变压器局部放电原理接线图

（a）单相变压器；（b）三相变压器

C_k—耦合电容；Z_m—测试阻抗；M—测试仪器

按照原理图（如图 5 - 13 - 6 所示）进行方波校验。

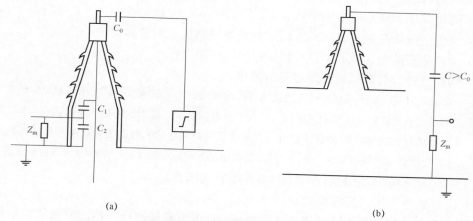

图 5 - 13 - 6　局部放电测量校准电路

（a）使用电容式套管试验抽头的局部放电测量校准电路；（b）采用高压耦合电容器的局部放电测量校准电路

（4）加压顺序（如图 5 - 13 - 7 所示）。

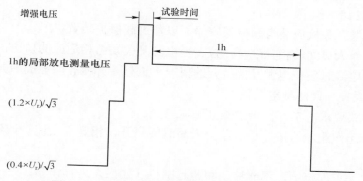

图 5 - 13 - 7　主变压器交接局部放电加压流程图

1）在不大于$(0.4 \times U_r)/\sqrt{3}$的电压下接通电源；

2）试验电压升高至$(0.4 \times U_r)/\sqrt{3}$，进行背景局部放电测量并记录；

3）试验电压升高至$(1.2 \times U_r)/\sqrt{3}$，保持至少 1min 以进行稳定的局部放电测量；

4）测量并记录局部放电水平；

5）试验电压升高至 1h 的局部放电测量电压，保持至少 5min 以进行稳定的局部放电测量；

6）测量并记录局部放电水平；

7）电压上升至增强电压，保持时间按计算值进行；

8）之后立刻不间断地将电压降至 1h 的局部放电测量电压；

9）测量并记录局部放电水平；

10）保持 1h 的局部放电测量电压至少 1h，并进行局部放电测量；

11）在 1h 内每隔 5min 测量并记录局部放电水平；

12）1h 的局部放电测量最后一次完毕后，降低电压至$(1.2 \times U_r)/\sqrt{3}$，保持至少 1min 以进行稳定的局部放电测量；

13）测量并记录局部放电水平；

14）试验电压降至$(0.4 \times U_r)/\sqrt{3}$，进行背景局部放电测量并记录；

15）试验电压降至$(0.4 \times U_r)/\sqrt{3}$以下；

16）切断电源，对被试设备进行充分放电。

注：整个测量时间内至少应能在一个测量通道连续观测到局部放电水平。在试验期间应记录任何明显的局部放电起始电压和熄灭电压，以利于在不满足试验要求的情况下评估试验结果。记录任何明显的局部放电表征参数（相角、视在放电电荷和数量）有助于对试验结果的评判。不同U_m的变压器的增强电压水平和 1h 的局部放电测量电压参照 GB/T 1094.3《电力变压器 第 3 部分：绝缘水平、绝缘试验和外绝缘空气间隙》的要求。

17）拆解试验接线，复测被试设备绝缘。

18）检查试验现场有无遗留物、是否清洁、是否恢复被测变压器的原始状态，尤其需重点检查末屏恢复情况等。

（5）注意事项。

1）安全注意事项。

a. 低压触电。

a）试验电源开关板应装有漏电保安器，以及过载保护装置；

b）做好工作人员间的相互配合，拉、合电源开关发出相适应的口令；

c）接、拆电源时应在电源开关拉开的情况下进行，并应有明显的断开点。

b. 误入、误登、误碰带电设备。

a）按工作票要求落实好安全措施并站队三交；

b）两人一起作业，严格监护，监护人短时间离开，指定专人监护或停止作业并离开现场；

c）不能扩大工作范围，不能移动和跨越围栏（遮拦）进行作业。

c. 在临近带电设备处拆、接高压引线：作业前核对设备名称、编号、位置，设专人全过程监护。

d. 接地不良造成人身设备伤害：试验装置和仪器应可靠接地。

e. 在变电站内用车辆运输较长、较宽、较高物件造成高压触电。

a）事前勘测确定路线，严禁运输超高、超宽、超长物件；

b）设专人监护，车速不得超过限速规定。

f. 在带电区域内使用吊车、斗臂车等大型机具作业造成高压触电：设专人指挥，确保作业机具与带电部位有足够的安全距离。

g. 在斗臂车（高处作业车）上工作时造成高处坠落。

a）设专人监护；

b）专人检查平台支撑稳固，摆放地点坚实平整；

c）正确使用安全带；

d）斗内有人作业时，发动机不能熄火。

h. 试验过程中试验电压伤人。

a）加压前，工作负责人先检查试验接线正确、人员已撤离加压区域，得到指令后方可开始加压；

b）加压过程中应大声呼唱，并设专人监护，操作人员应站在绝缘垫上；

c）变更接线及试验前后对被试设备充分放电，防止剩余电荷伤人。

i. 试验过程中与加压部位距离不够造成人身伤害：正确设置试验围栏，保证人员与加压部分保持足够的安全距离。

j. 变更试验接线时造成高压触电：变更试验接线时检查试验电源确已断开，升压设备高压部分已放电并短路接地。

k. 正确选择吊点，防止在起吊过程中造成倾覆，伤人。

2）试验注意事项。

a. 试验要求。

a）本试验通常是在中性点和其他正常运行情况下处于地电位的端子接地的情况下进行。三相变压器应使用共三相对称电压加压。任何不与试验电源相连的线端端子应开路。

b）试验过程中，产生于绕组线端的电压应与绕组相适应，没有电压波动，以便匝间试验电压与匝间额定电压之比和试验电压与额定电压之比相等。电压应在最高电压端子上测量，如果不可行则应在与电源相连的端子上测量。

c）带分接的变压器，除非特别规定或经用户同意，一般应在主分接下进行，试验过程中分接开关挡位不能随意变换。

d）如果用户要求低压绕组施加高于本章规定的特殊试验电压，则应在询价和订货阶段清楚地注明，并对试验方法和可能出现在高压绕组上的超过规定值的试验电压达成协议。

e）试验应在如同变压器运行条件下进行。为完成试验，电压可由任何绕组感应产生，也可通过特殊绕组或调节分接而感应产生。

f）应在变压器一个绕组的端子上施加一交流电压，其波形应尽可能接近正弦波。为了防止试验时励磁电流过大，试验时的频率应适当地比额定频率高。

g）按 GB/T 16927.1《高电压试验技术　第 1 部分：一般定义及试验要求》定义的感应试验电压的峰值和感应试验电压方均根值均应进行测量，取峰值除以 $\sqrt{2}$ 后的值与方均根值两者间的较小值作为试验电压值。

b. 局部放电量的测量。

a）局部放电按照 GB/T 7354《高电压试验技术　局部放电测量》规定的方法进行测量。

b）包括相关套管和电容耦合器在内的每个局部放电测量通道均应按照 GB/T 7354《高电压试验技术　局部放电测量》给定的视在电荷法（pC）校正。

c）局部放电测量结果用 pC 给出，应参考测量仪器指示的最高稳态重复脉冲而得出。

d）偶然出现的高幅值局部放电脉冲可以不计入。

e）试验期间，对于所有 U_m＞72.5kV 的套管出线端子，试验顺序中的每个局部放电测量步骤均要进行局部放电测量并记录。除非另有规定，当超过 6 个这样的出线端子时，仅需测量并记录 6 个出线端子（依最高电压线端排序）的局部放电量。

f）按照 GB/T 4109，U_m＞72.5kV 的套管均要带用于局部放电测量的试验抽头，但对于 U_m＜72.5kV 的变压器，如果规定了该试验为特殊试验，则测量方法需要用户与制造方协商一致。

c. 试验标准。如果试验开始和结束时测得的背景局部放电水平均没有超过 50pC，则试验方为有效。对于并联电抗器，背景局部放电水平在 100pC 也可以接受。

注：并联电抗器的背景局部放电水平之所以规定的较高是因为试验时需要高电压和大电流，对于试验电源的过滤是不可能的。

如果满足下列所有判据，则试验合格。

a）试验电压不产生突然下降。

b）在 1h 局部放电试验期间，没有超过 250pC 的局部放电量记录。

c）在 1h 时局部放电试验期间，局部放电水平无上升的趋势；在最后 20min 局部放电水平无突然持续增加。

d）在 1h 局部放电试验期间，局部放电水平的增加量不超过 50pC。

e）在 1h 局部放电测量后电压降至 $(1.2 \times U_r)/\sqrt{3}$ 时测量的局部放电水平不超过 100pC。如果 c）项或 d）项的判据不满足，则可以延长 1h 周期测量时间，如果在后续的连续 1h 周期内满足了上述条件，则可认为试验合格。

只要不产生击穿并且不出现长时间的特别高的局部放电，则试验是非破坏性的。当局部放电不能满足验收判断准则时，用户不应简单地断然拒绝验收，而应与制造方就下一步的研究工作进行协商。

d. 局部放电量标准。

a）110kV 及以上变压器必须进行现场局部放电，按照 GB/T 1094.3《电力变压器　第 3 部分：绝缘水平、绝缘试验和外绝缘空气间隙》规定进行。

b）对于新投运油浸式变压器，要求 $1.58U_r/\sqrt{3}$ 电压下，220～750kV 变压器局部放电量不大于 100pC。

c）1000kV 特高压变压器测量电压为 $1.58U_r/\sqrt{3}$，主体变压器高压绕组不大于 100pC，中压绕组不大于 200pC，低压绕组不大于 300pC；调压补偿变压器 110kV 端子不大于 300pC。

e. 典型干扰及局部放电图谱。在局部放电试验时，除绝缘内部可能产生局部放电外，引线的连接、电接触以及日光灯、高压电极的电晕等，也可能会影响局部放电的波形。为此，要区别绝缘内部的局部放电与其他干扰的波形，图 5-13-8 就是 4 种典型的波形。

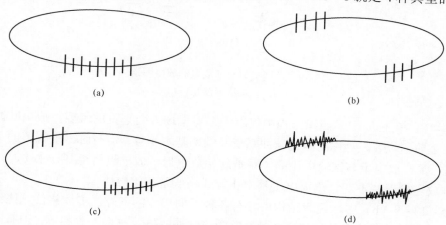

图 5-13-8 典型放电的图谱

（a）高压电极产生的电晕；（b）介质中的空穴放电；（c）靠近高压电极的空穴放电；（d）电接触噪声

图 5-13-9 为不同类型的局部放电图谱。其中图 5-13-9（a）～图 5-13-9（d）为局部放电的基本图谱，图 5-13-9（e）～图 5-13-9（g）为干扰波的基本图谱。

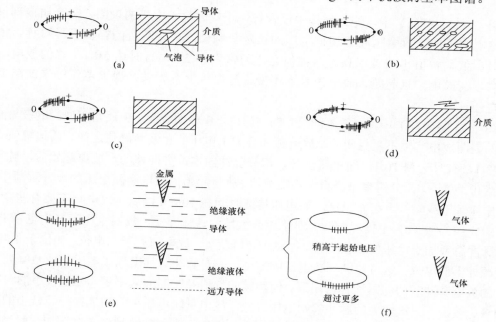

图 5-13-9 不同类型局部放电的放电图谱（一）

（a）绝缘结构中仅有一个与电场方向垂直的气隙；（b）绝缘结构内含有各种不同尺寸的气隙；（c）绝缘结构中仅含有一个气隙位于电极的表面；（d）一簇不同尺寸的气隙位于电极的表面；（e）干扰源为针尖对平板或大地的液体介质；

（f）干扰源为针尖对平板或大地的气体介质

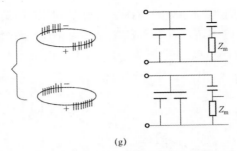

(g)

图 5-13-9　不同类型局部放电的放电图谱（二）

(g) 干扰源为悬浮电位放电

图 5-13-9（a）中，绝缘结构中仅有一个与电场方向垂直的气隙，放电脉冲叠加于正与负峰之前的位置，对称的两边脉冲幅值及频率基本相等。但有时上下幅值的不对称度 3:1 仍属正常。放电量与试验电压的关系是起始放电后，放电量增至某一水平时，随试验电压上升放电量保持不变。熄灭电压基本相等或略低于起始电压。

图 5-13-9（b）中，绝缘结构内含有各种不同尺寸的气隙，多属浇注绝缘结构。放电脉冲叠加于正及负峰之前的位置，对称的两边脉冲幅值及频率基本相等，但有时上下幅值的不对称度 3:1 仍属正常。放电刚开始时，放电脉冲尚能分辨，随后电压上升，某些放电脉冲向试验电压的零位方向移动，同时会出现幅值较大的脉冲，脉冲分辨率逐渐下降，直至不能分辨。起始放电后，放电量随电压上升而稳定增长，熄灭电压基本相等或低于起始电压。

图 5-13-9（c）中，绝缘结构中仅含有一个气隙位于电极的表面，与介质内部气隙的放电响应不同。放电脉冲叠加于电压的正及负峰值之前，两边的幅值不尽对称，幅值大的频率低，幅值小的频率高。两幅值之比通常大于 3:1，有时达 10:1。总的放电响应能分辨出。放电一旦起始，放电量基本不变，与电压上升无关。熄灭电压等于或略低于起始电压。

图 5-13-9（d）中，一簇不同尺寸的气隙位于电极的表面，但属封闭型；电极与绝缘介质的表面放电气隙不是封闭的。放电脉冲叠加于电压的止及负峰值之间，两边幅值比通常为 3:1，有时达到 10:1。随电压上升，部分脉冲向零位方向移动。放电起始后，脉冲分辨率尚可继续升压，分辨率下降直至不能分辨。放电起始后放电会随电压的上升逐渐增大，熄灭电压等于或略低于起始电压。如电压持续时间在 10min 以后，放电响应会有些变化。

图 5-13-9（e）干扰源为针尖对平板或大地的液体介质。较低电压下产生电晕放电，放电脉冲总叠加于电压的峰值位置。如位于负峰值处，放电源处于高电位；如位于正峰处，放电源处于低电位。这可帮助判断电压的零位，一对脉冲对称出现在电压正或负峰处、每一簇的放电脉冲时间间隔均各自相等。但两簇的幅值及时间间隔不等，幅值较小的一簇幅值相等、较密。一簇较大的脉冲起始电压较低，放电量随电压上升增加；一簇较小的脉冲起始电压较高，放电量与电压无关，保持不变；电压上升，脉冲频率密度增加，但尚能分辨；电压再升高，逐渐变得不可分辨。

图 5-13-9（f）针尖对平板或大地的气体介质。较低电压下产生电晕放电，放电脉

冲总叠加于电压的峰值位置。如位于负峰处，放电源处于高电位；如位于正峰处，放电源处于低电位。这可帮助判断电压的零位。起始放电后电压上升，放电量保持不变，唯脉冲密度向两边扩散、放电频率增加，但尚能分辨；电压再升高，放电脉冲频率增至逐渐不可分辨。

图 5-13-9（g）悬浮电位放电。在电场中两悬浮金属物体间，或金属物与大地间产生的放电。波形有两种情况：① 正负两边脉冲等幅、等间隔及频率相同；② 两边脉冲成对出现，对与对间隔相间，有时会在基线往复移动。起始放电后有 3 种类型：① 放电量保持不变，与电压无关，熄灭电压与起始电压完全相等；② 电压继续上升，在某一电压下，放电突然消失，电压继续上到后再下降，会在前一消失电压下再次出现放电；③ 随电压上升，放电量逐渐减小，放电脉冲随之增加。

f. 测试中的干扰及抗干扰措施。

局部放电干扰的类型：

a）来自电源的干扰，只要控制部分、调压器与变压器等是接通的（不必升压）即可能影响测量。

b）来自接地系统的干扰，通常指接地连接不好或多重接地时，不同接地点的电位差在测量仪器上造成的干扰偏转。

c）从别的高压试验或电磁辐射检测到的干扰，它是由回路外部的电磁场对自路的电磁耦合引起的，包括电台的射频干扰，邻近的高压设备，日光灯、电焊、电弧或火花放电的干扰。

d）试验线路的放电。

e）由于试验线路或样品内的接触不良引起的接触噪声。

常用的抑制干扰方法：

a）来自电源的干扰可以在电源中用滤波器加以抑制。这种滤波器应能抑制处于检测仪的频宽的所有频率，但能让低频率试验电压通过。

b）来自接地系统的干扰，可以通过单独的连接，把试验电路接到适当的接地点来消除。所有附近的接地金属均应接地良好，不能产生电位的浮动。

c）来自外部的干扰源，如高压试验、附近的开关操作、无线电发射等引起的静电或磁感应及电磁辐射，均能被放电试验线路耦合引入，并误认为是放电脉冲。如果这些干扰信号源不能被消除，就要对试验线路进行处理，使其表面光洁度好，曲率半径大，并加以屏蔽。需要有一个设计良好的薄金属皮、金属板或铁丝网的屏蔽。有时样品的金属外壳要用作屏蔽。有条件的可修建屏蔽实验室。

d）试验电压会引起的外部放电。假使试区内接地不良或悬浮的部分被试验电压充电，就能发生放电，这可通过波形判断与内部放电区别开。超声波检测仪可用来对这种放电定位。试验时应保证所有试品及仪器接地可靠，设备接地点不能有生锈或漆膜，接地连接应用螺钉压紧。

其他抗干扰措施：

a）试验中所使用的设备应尽量采用无晕设备，特别是试验变压器和耦合电容 C_k。

b）滤波器的性能要好，要做到电源与测量回路的高频隔离。

c）试验时间应尽量选择在干扰较小的时段，如夜间、无电焊施工、无切割施工等。

d）测量回路的参数配合要适当，耦合电容要尽量小于试品电容 C_x，使得在局部放电时 C_x 与 C_k 间能很快地转换电荷。

e）必须对测量设备进行校准。

13.5　主要引用标准

（1）GB/T 1094.3《电力变压器　第 3 部分：绝缘水平、绝缘试验和外绝缘空气间隙》

（2）GB 50150《电气装置安装工程　电气设备交接试验标准》

（3）Q/GDW 11447《10kV～500kV 输变电设备交接试验规程》

（4）国家电网设备〔2018〕979 号《国家电网公司十八项电网重大反事故措施（修订版）》

（5）国网（运检/3）829—2017《国家电网公司变电检测管理规定（试行）》

14 绝缘油取样及油中溶解气体分析

14.1 适用范围

本典型作业法适用于电力系统充油式设备的绝缘油取样及油中溶解气体分析方法。本典型作业法不适用于少油式电流互感器及带电情况下取油样安全距离不够的充油式设备，对于部分厂家对取样有特殊要求的设备，应根据厂家需求进行。

14.2 一般试验条件

检测应在当地大气条件下进行，且检测期间，大气环境条件应相对稳定。

（1）取样应在良好的天气下进行；

（2）要求环境温度为 5～40℃，相对湿度不大于 80%；

（3）取样采用洁净、干燥、密封性良好的 100mL 玻璃注射器。

14.3 测试原理

14.3.1 充油设备绝缘油中溶解气体的产气原理

充油设备绝缘油中溶解气体有以下 4 个来源：

（1）空气的溶解。一般充油设备绝缘油中溶解气体的主要成分是氧气和氮气。正常情况下，空气主要来源一方面是安装时残留的空气；另一方面，由于目前国内多数的隔膜保护变压器不是全密封结构，运行过程中，外部空气进入变压器而溶解在绝缘油中。

（2）正常运行时产生的气体。变压器等电气设备正常运行时，绝缘油和固体绝缘材料由于受到电场、温度、水分、氧气的作用缓慢老化，分解产生少量的氢气、低分子烃类气体和碳的氧化物（主要为 CO 和 CO_2），这些气体大部分溶解在油中。

（3）故障运行时产生的气体。当充油式电气设备内部存在发热或放电故障时，绝缘油在放电或高温作用下，就会加快上述气体的产生速度，不断溶解在油中，使油中气体含量不断增高。

（4）其他原因产生的气体。包括：绝缘油在油处理过程中产生的气体，设备在制造中干燥、浸泡产生的气体，新设备在运输时充入的气体，油箱或辅助设备进行电焊时油分解产生的气体，油漆释放的气体，金属材料腐蚀产生氢气等情况。

14.3.2　油色谱仪的检测原理

油色谱仪包括：载气源、进样口、色谱柱、检测器、数据处理系统等部分。图5-14-1为油色谱仪的外观。

气相色谱法的分离原理是根据被分离的气体在载气和固定相（色谱柱）两相间的分配有差异（即有不同的分配系数），当两相作相对运动时，这些组分在两相间的分配反复进行，从几千次到数百万次，最后使这些组分得到分离。

绝缘油中溶解气体通过脱气，从油中分离出来，以混合气体的形式存在。混合气体通过进样口进入色谱仪内部。混合气体通过色谱柱，基于色谱柱对不同气体的不同的保留性能而得到分离。样品经过检测器，以谱图的形式被记录，每一个峰代表最初

图5-14-1　油色谱仪

混合样品中对应的组分。峰出现的时间为对应气体的保留时间，保留时间可以用来对每个组分进行定性，峰的大小（峰高或峰面积）则是组分含量大小的度量。图5-14-2为标气出峰谱图。一般来说，载气流量、柱温、转化炉温度、桥流、热导检测器温度、氢离子火焰检测器温度设置一定后，各个组分的保留时间不会发生太大的变化。

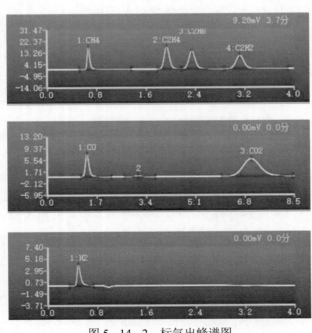

图5-14-2　标气出峰谱图

14.4　现场测试

14.4.1　绝缘油取样

14.4.1.1　工具准备

取样前，准备好水管钳、酒精、活动扳手、起子、棉纱、塑料桶、橡胶管、三通连接器、合适的适配接头、洁净取样注射器等工具，如需取 TA 油样，则需另外准备绝缘梯、安全带等登高用品。

14.4.1.2　打开取样阀

针对不同类型的取样阀，采用合适的取样工具，打开取样阀外盖，露出内阀门，将塑料桶置于取样阀下方。打开外阀门如图 5-14-3 所示。

14.4.1.3　排出死体积油

选择合适的适配接头与取样内阀连接好，另一端与橡胶导管、三通、洁净注射器连接完好。轻轻拧开内阀门，调节好油流速。根据取样阀结构放掉死体积油样。

14.4.1.4　取样

旋转三通，利用油本身的压力使油进入注射器，冲洗注射器 2～3 次。旋转三通，与设备本体隔绝，推注射器芯子使其排空，旋转三通，与大气隔绝，借设备油的自然压力，使油缓缓进入注射器中。当注射器中油样达到 60mL 左右，立即旋转三通与本体隔绝。从注射器上拔下三通，在小胶头帽中的空气被油置换后，轻轻挤压胶帽盖在注射器头部，放入专用装油箱中。

图 5-14-3　打开外阀门

14.4.1.5　恢复设备

取样完毕后，拆除取样管道，将内阀门恢复原状，用蘸有酒精的棉纱将取样部位残余油滴擦拭干净。擦拭完毕，等待 3～5min，观察擦拭部位未有液滴流下，恢复取样阀外盖。

14.4.2　油中溶解气体分析

本节以某公司的 ZF301 油色谱仪为例，采用机械振荡法对油中溶解气体进行测试分析。

14.4.2.1　脱气

（1）将采集的 100mL 注射器 A 中油样准确调整至 40.0mL，用橡胶封帽将注射器出口密封，不得有气泡。

（2）用高纯氩气清洗 10mL 注射器 B 至少 3 次后，抽取 10mL 高纯氩气，通过橡胶封帽缓慢注入有试油的注射器 A 内。

（3）将注射器 A 放入恒温定时振荡器内，注射器头部高于尾部约 5°，且注射器出口在下部。在 50℃下连续振荡 20min，静置 10min。

（4）取一支 10mL 玻璃注射器 C，空气清洗若干次，戴上橡胶封帽。如果进行含气量试验，还应用高纯氩气清洗 3 次，吸入约 0.5mL 试油，戴上橡胶封帽，插入双头针头，使针头垂直向上，将注射器中的气体慢慢排出，使试油充满注射器 C 的缝隙而不残留空气。

（5）将注射器 A 从脱气装置中取出，立即将其中的平衡气体通过双头针头转移到注射器 C 中，室温下放置 2min，准确记录其体积（V_g），以备分析用。

（6）振荡静置完成，从振荡仪拿出注射器 A 后，迅速用双面针转入用空气/氩气（做含气量必须用氩气洗，且用油封住死区体积）洗净的注射器 C 时，登记脱气量、脱气编号以及设备相序，防止混淆。

14.4.2.2 油色谱分析

（1）仪器开机。先开氩气、氢气发生器，空气泵，检查仪器上各个气体压力表，待流量正常通气 2min。然后，开启电脑及主机电源开关，打开电脑软件，检查柱箱、镍转化炉、热导和氢焰设置温度，正确无误后开始升温。待仪器基线平稳，进入"分析"状态，可进行仪器标定。注意检查氢离子检测器点火情况。

（2）仪器标定。重新开机或试验条件发生变化时应进行仪器标定，准确抽取 1mL（或0.5mL）标准气体，在气相色谱仪达到稳定的情况下进样，记录每次进样的峰高值，相邻两次进样峰高在 ±1.5%，表示仪器稳定，可进行检测分析。

（3）检测分析。空气清洗进样注射器 3 次，再用氩气清洗 3 次，然后用待测气体清洗1 次，准确抽取样品气 1mL（或 0.5mL），进样分析，重复操作 2 次，用 2 次峰高进行计算。进针注意"三快"：进针要快、推针要快、拔针要快，"三防"：防漏气、防样气失真、防操作条件发生变化。

（4）仪器关机。试验结束后，先关仪器电源，再关氢气发生器、空气泵、载气瓶。关闭空气泵时，注意点击"排水"按钮，排尽仪器中残留水分。

14.4.3 结果计算

本节引用《国家电网公司变电检测管理规定（试行） 第 15 分册 油中溶解气体检测细则》中绝缘油油中溶解气体检测标准进行计算。

14.4.3.1 样品气和油样体积的校正

按式（5-14-1）和式（5-14-2）将在室温、试验压力下的平衡气体体积 V_g 和试油体积 V_l 分别校正为 50℃、试验压力下的体积

$$V_G = V_g \cdot \frac{323}{273+t} \qquad (5-14-1)$$

式中　V_G——50℃、试验压力下平衡气体体积，mL；

　　　V_g——室温 t、试验压力下平衡气体体积，mL；

　　　t——试验时的室温，℃。

$$V_L = V_l[1 + 0.0008 \times (50 - t)] \qquad (5-14-2)$$

式中　V_L——50℃时，平衡条件下油样的体积，mL；

　　　V_l——室温 t 时所取油样体积，mL；

0.0008——油的热膨胀系数，1/℃。

14.4.3.2　油样气体含量浓度的计算

按式（5－14－3）计算油中气体的浓度（一般计 O_2、N_2、CO、CO_2）

$$C_{L(i)}^0 = 0.879 \times \frac{p}{101.3} \cdot C_{si} \cdot \frac{\overline{A}_i}{\overline{A}_{si}}\left(K + \frac{V_G}{V_L}\right) \tag{5－14－3}$$

式中　$C_{L(i)}^0$——101.3kPa 和 273K（0℃）时，溶解气体组分 i 在油中的浓度，μL/L；

C_{si}——气体组分 i 在标气中的浓度，μL/L；

p——试验时的大气压力，kPa；

0.879——油样中溶解气体浓度从 50℃校正到 0℃时的温度校正系数；

101.3——标准大气压力，kPa；

$\overline{A}_i$——油样气体中 i 组分的平均峰面积，mm^2；

$\overline{A}_{si}$——标准气体中 i 组分的平均峰面积，mm^2；

K——试验温度下，气液平衡后溶解气体组分的分配系数（见表 5－14－1）；

$\overline{A}_i$ 和 $\overline{A}_{si}$ 也可以用平均峰高 n_i 和 n_{si} 代替。

表 5－14－1　　　　　　　矿物绝缘油中溶解气体组分的分配系数 K

气体	GB/T 17623 50℃	IEC 60599 50℃
氧（O_2）	0.17	0.17
氮（N_2）	0.09	0.09
一氧化碳（CO）	0.12	0.12
二氧化碳（CO_2）	0.92	1.00
氢气（H_2）	0.06	0.05
甲烷（CH_4）	0.39	0.40
乙烷（C_2H_6）	2.30	1.80
乙烯（C_2H_4）	1.46	1.40
乙炔（C_2H_2）	1.02	0.90

14.4.3.3　二次平衡测定法

对牌号或油种不明的油样，其溶解气体的分配系数不能确定时，可采用 GB/T 17623—2017《绝缘油中溶解气体组分含量的气相色谱测定法》附录 C 中的二次平衡测定法。

按式（5－14－4）计算油中含气量

$$\varphi = \sum_{i=1}^{n} C_{L(i)}^0 \times 10^{-4} \tag{5－14－4}$$

式中　φ——油中含气量，%；

n——油中溶解气体组分个数，一般指 O_2、N_2、CO、CO_2 4 个组分。

14.4.4　试验判断

（1）试验结果应参照 GB 50150《电气装置安装工程　电气设备交接试验标准》、Q/GDW 1168《输变电设备状态检修试验规程》、DL/T 722《变压器油中溶解气体分析和判断导则》、GB/T 24624《绝缘套　管油为主绝缘（通常为纸）浸渍介质套管中溶解气体分析（DGA）的判断导则》等规程规定，超过注意值时应引起注意。

（2）对于 330kV 及以上设备，首次检测到 C_2H_2 时，应引起注意。

（3）每次进行油中溶解气体分析，应与该设备历史数据进行对比分析，若发现与历史数据相比有明显增长，即使未超出注意值，也应引起注意。

14.4.5　试验注意事项

（1）若打开取样内阀时听到"嗖嗖"负压进气声，立即关闭取样阀，停止取样，恢复设备，并立即向上级汇报。用注射器进行全密封取样，运输中，应防止油样中出现气泡。

（2）仪器较长时间不用再次使用油色谱时，应先用载气冲洗管路，时间 20min 左右。

（3）用注射器抽取被测气样时，在进样前用纸巾擦净针头，防止吸入绝缘油，造成色谱柱污染。

（4）标气在使用前需放出减压阀内残气，并摇匀，标气进样前，需用标气清洗进样器 5 针以上。

（5）记录标气校正因子，重复进样直至连续两针所得峰高值在 ±1.5% 以内。

（6）若更换新的标气，需要进行反标，烃类气体校正因子应在平均值的 10% 以内，其余气体校正因子应在平均值的 5% 以内。

（7）气体净化器内必须填装分子筛、硅胶，并注意失效后及时更换。

（8）注意经常更换进样口的硅胶垫。

14.5　主要引用标准

（1）GB/T 7597《电力用油（变压器油、汽轮机油）取样方法》

（2）GB/T 17623《绝缘油中溶解气体组分含量的气相色谱测定法》

（3）GB 50150《电气装置安装工程　电气设备交接试验标准》

（4）《国家电网公司变电检测管理规定（试行）　第 15 分册　油中溶解气体检测细则》

15

GIS 出线型变压器常规试验

15.1 适用范围

本典型作业法适用于电力系统中 GIS 出线型的变压器常规试验方法。

15.2 一般试验条件

（1）试验时要求环境温度不宜低于 5℃，相对湿度不宜大于 80%。

（2）试验应在装配完整的产品上进行。

（3）试验前，应对被试变压器充分放电。

（4）被试变压器的外壳、铁芯、夹件应可靠接地。

（5）变压器绕组电阻测试电流不宜大于 20A，铁芯的磁化极性应保持一致。

（6）变压器绕组绝缘电阻试验时，电压等级为 220kV 及以上且容量为 120MVA 及以上时，宜采用输出电流不小于 3mA 的绝缘电阻表，测量宜在顶层油温低于 50℃时进行。

（7）绕组绝缘介质损耗因数测量宜在顶层油温低于 50℃且高于 0℃时进行。

（8）不同温度下的绝缘值一般可用下式换算：$R_2=R_1 \times 1.5\ (t_1-t_2)\ /10$，式中 R_1、R_2 分别为在温度 t_1、t_2 下的绝缘电阻值。

（9）不同温度下的电阻值按下式换算：$R_2=R_1\ (T_k+t_2)\ /\ (T_k+t_1)$，式中 R_1、R_2 分别为在温度 t_1、t_2 下的电阻值，T_k 为电阻温度常数，铜导线取 235，铝导线取 225。

（10）变更接线或试验结束时，应首先断开试验电源，并对被试变压器进行放电。

（11）试验工作不得少于 2 人。

15.3 测试原理

15.3.1 绝缘电阻测试基本原理

电力设备中的绝缘材料（电介质）是不导电的物质，但并不是绝对的不导电。在绝缘电阻表直流电压的作用下，电介质中有微弱的电流流过。根据电介质材料的性质、构成及结构等的不同，这部分电流可视为三部分电流构成，如图 5－15－1 所示。

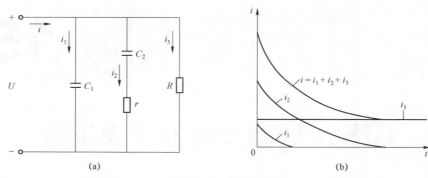

图 5－15－1　直流电压下绝缘介质中电流的构成
(a) 绝缘介质的等值电路；(b) 直流电压下通过绝缘介质的电流

i_1：电容电流。绝缘介质的极化和电导都要形成电流，由电子式极化、离子式极化所形成的电流，通常叫充电电流，也叫电容电流。由于这两种极化过程极为短暂，可以看成是瞬间完成的。其电流回路在等值电路中用一个纯电容 C_1 表示。

i_2：吸收电流。由偶极式极化和夹层式极化形成的电流叫吸收电流。吸收电流衰减慢得多，其电流回路在等值电路中用一个电容 C_2 和电阻 r 串联表示。

i_3：泄漏电流。绝缘介质中有极少数带电质点（主要是离子），在电场的作用下发生定向移动，形成电流，这部分电流叫电导电流，又叫泄漏电流，它在加压后很快趋于恒定。其电流回路在等值电路中用一个纯电阻 R 表示。

三个电流加在一起，是实际电流，这个电流曲线称为吸收曲线。

从吸收曲线可以看出，所谓绝缘电阻就是指加于试品上的直流电压与流过试品的泄漏电流之比，即

$$R=U/i_3$$

式中　U——加于试品两端的电压，V；

　　　i_3——对应于电压 U，试品中的泄漏电流，A；

　　　R——试品的绝缘电阻，Ω。

用绝缘电阻表测量设备的绝缘电阻，由于受介质吸收电流的影响，绝缘值随时间逐步增大，通常读施加电压 60s 的数值或稳定值作为工程上的绝缘电阻值。

由于 i_3 的大小取决于绝缘材料的状况，当介质受潮、老化、表面脏污或有其他缺陷（如有裂缝、灰化、气泡等）时，i_3 会增大，R 降低。因此测量绝缘电阻是了解电力设备绝缘的最简便常用的手段之一。

吸收比 $K=R_{60s}/R_{15s}$。为 60s 绝缘电阻值（R_{60s}）与 15s 绝缘电阻值（R_{15s}）之比。中小型变压器的吸收现象要弱些，根据吸收比的变化就可以判断绝缘的状况。

极化指数 $PI=R_{10min}/R_{60s}$。对于大容量和吸收过程较长的试品，如大型变压器、电缆等，有时吸收比尚不足反映吸收的全过程，而采用较长时间的绝缘电阻比值，即采用 10min 的绝缘电阻（R_{10min}）与 1min 的绝缘电阻值（R_{1min}）比值 PI 来描述绝缘吸收的全过程。

15.3.2　介质损耗测试基本原理

15.3.2.1　介质损耗的定义及意义

任何绝缘材料在电压作用下，总会流过一定的电流，所以都有能量损耗。把在电压作用下电介质中产生的一切损耗称为介质损耗或介质损失。

如果电介质损耗很大，会使电介质温度升高，促使材料发生老化（发脆、分解等），如果介质温度不断上升，甚至会把电介质熔化、烧焦，丧失绝缘能力，导致热击穿，因此电介质损耗的大小是衡量绝缘介质电性能的一项重要指标。

然而不同设备由于运行电压、结构尺寸等不同，不能通过介质损耗的大小来衡量对比设备好坏。因此引入了介质损耗因数 $\tan\delta$（又称介质损失角正切值）的概念。

介质损耗因数的定义是被试品的有功功率比上被试品的无功功率所得数值。

介质损耗因数 $\tan\delta$ 只与材料特性有关，与材料的尺寸、体积无关，便于不同设备之间进行比较。

当绝缘物上加交流电压时，可以把介质看成为一个电阻和电容并联组成的等值电路，如图 5-15-2（a）所示。根据等值电路可以作出电流和电压的相量图，如图 5-15-2（b）所示。

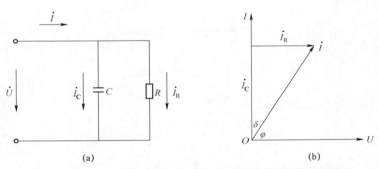

图 5-15-2　在绝缘物上加交流电压时的等值电路及相量图
(a) 绝缘介质的等值电路；(b) 等值电路电流、电压相量

由图 5-15-2（b）可知，介质损耗由 I_R 产生，夹角 δ 大时，I_R 就越大，故称 δ 为介质损失角，其正切值为

$$\tan\delta = \frac{I_R}{I_C} = \frac{1}{\omega CR}$$

介质损耗为

$$P = \frac{U^2}{R} = U^2 \omega C \tan\delta$$

由上式可见，当 U、f、C 一定时，P 正比于 $\tan\delta$，所以用 $\tan\delta$ 来表征介质损耗。

$\tan\delta$ 灵敏度较高，可以发现绝缘的整体受潮、劣化、变质及小体积设备的局部缺陷。

测量变压器绕组连同套管的介质损耗角正切 $\tan\delta$ 时，主要用于更进一步检查变压器整体是否受潮、绝缘油及纸是否劣化等严重的局部缺陷，以及绕组上是否附着油泥等杂质。

15.3.2.2　QS1 西林电桥法

西林电桥的两个高压桥臂，分别由试品 Z_N 及无损耗的标准电容器 C_N 组成；两个低压桥臂，分别由无感电阻 R_3 及无感电阻 R_4 与电容 C_4 并联组成，如图 5−15−3 所示。图中 C_X、R_X 为被测试样的等效并联电容与电阻，R_3、R_4 表示电阻比例臂，C_N 为平衡试样电容 C_X 的标准电容，C_4 为平衡损耗角正切的可变电容。

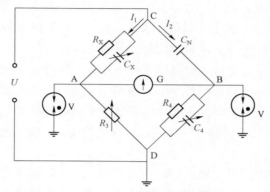

图 5−15−3　西林电桥测量原理图

各桥臂的导纳为

$$Y_X = \frac{1}{R_X} + j\omega C_X, \ Y_N = j\omega C_N$$

$$Y_3 = \frac{1}{R_3}, \ Y_4 = \frac{1}{R_4} + j\omega C_4$$

调节 R_3、C_4 使电桥达到平衡时，应满足

$$Y_X Y_4 = Y_3 Y_N$$

经推导可得

$$\tan\delta = \frac{1}{(\omega C_X R_X)} = \omega C_4 R_4$$

$$C_X = \frac{R_4 C_N}{[R_3(1+\tan^2\delta)]}$$

为了读取方便，可令 $R_4 = 10^4/\pi$，则当频率为 50Hz 时，$\tan\delta = 10^6 C_4$。

因此，当桥臂电阻 R_3、R_4 和电容 C_N、C_4 已知时就可以求得试样电容和损耗角正切。

15.3.3　直流电阻测试基本原理

电力变压器绕组的电感很大为数百亨至数千亨，而直流电阻很小最小至数百微欧，用稳压电源给大型变压器绕组充电达到稳定的时间可能长达数十分钟至数小时，因此如何快速准确测量电力变压器绕组的直流电阻一直是人们研究和追求的目标。

稳压电源给绕组充电原理如图 5−15−4 所示。

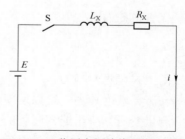

图 5−15−4　稳压电源给绕组充电原理图

L_X、R_X 为绕组电感和电阻，合上开关 S 后可知

$$E = L_X \frac{\mathrm{d}i}{\mathrm{d}t} + iR_x$$

$$i = \frac{E}{R_X}(1 - \mathrm{e}^{-\frac{t}{\tau}})$$

其中，$\tau = L_X/R_X$ 为回路时间常数。

由此可见，i 含有一直流分量和一衰减分量，当衰减分量衰减至零时 $i=E/R_X$ 时，电感不起作用，此时可通过测量 E 和 I 来得到 R_x。其充电曲线为图 15-5-5 所示的曲线①，由于大型变压器绕组的 L_X 很大、R_X 很小，所以时间常数 τ 很大，需很长一段时间电流才能达到稳定，当充电时间为 5τ 时，通过计算可知测得电阻与真实电阻相比存在 0.67%的误差。

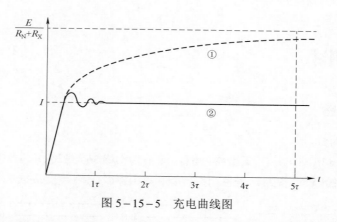

图 5-15-5　充电曲线图

为解决稳压电源给绕组充电的稳定时间过于长的问题，而采用稳压稳流电源充电的方法可使稳定时间大为缩短。稳压稳流电源可根据电源负载的大小，来决定稳压稳流电源是工作于稳压状态还是稳流状态，电源只能工作于其中一种状态，在稳流状态下电源可保持回路电流恒定。

稳压稳流电源给绕组充电原理如图 5-15-6。

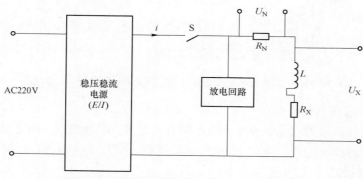

图 5-15-6　稳压稳流电源给绕组充电原理图

图 5-15-6 中 R_N 为电流取样电阻，E 为稳压稳流电源的最大稳压电压，I 为仪器设定

的稳流电流，开关 S 合上后，稳压稳流电源刚开始工作于稳压状态，回路电流逐步上升，当充电电流达到仪器设定的稳流电流时，稳压稳流电源进入稳流状态，其充电曲线为图 5−15−5 所示的曲线②。

从图 5−15−5 可以看出，稳压稳流电源充电达到电流稳定的时间比稳压电源充电达到电流稳定的时间快得多，E 越高，充电达到设定的稳流电流 I 的速度越快，所以说稳压稳流电源用于变压器直流电阻测量是一种快速充电方法。由于 U_X 为

$$U_X = iR_X + L_X \frac{di}{dt}$$

电源进入稳流状态后，$L_X di/dt=0$，这时通过测量绕组两端的电位 U_X 及取样电阻 R_N 两端的电位 U_N，可得绕组直流电阻 R_X 为

$$R_X = \frac{U_X}{U_N} R_N$$

15.4　现场测试

15.4.1　工前准备

15.4.1.1　设备简介

以某 220kV 变电站 1 号主变压器为例，该站为 GIS 站，220kV、110kV 设备及主变压器出线皆为 GIS，10kV 设备为开关柜，该 1 号主变压器及三侧一次接线如图 5−15−7 所示。

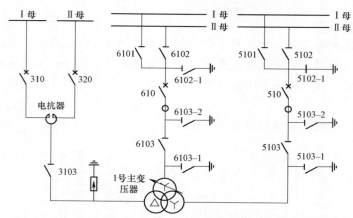

图 5−15−7　某 220kV 变电站 1 号主变压器及三侧一次接线图

15.4.1.2　资料准备

收集变压器铭牌参数信息（型号、电压组合、容量、联接组别、额定电流、冷却方式、出厂序号、出厂日期、制造厂家等）、出厂试验报告、交接试验报告、历年例行试验报告。

15.4.1.3　设备状态

（1）断开 310、320、510、610 断路器。

（2）断开 310、320、510、610 断路器控制电压及储能电源快分开关。

（3）拉开 3103、5101、5102、5103、6101、6102、6103 隔离开关。

（4）拉开 3103、5101、5102、5103、6101、6102、6103 隔离开关控制电源及储能电源快分开关。

（5）将 310、320 断路器拉至检修位置。

（6）合上 5102 - 1、5103 - 1、6102 - 1、6103 - 1 接地开关。

（7）在 1 号主变压器低压母线桥避雷器引线上装设三相短路接地线一组。

15.4.2　直流电阻试验

15.4.2.1　准备工作

试验前，解开 6103 - 1 和 5103 - 1 接地开关的接地排、1 号主变压器低压套管引线、1 号主变压器中压中性点及高压中性点套管引线。如图 5 - 15 - 8 所示。

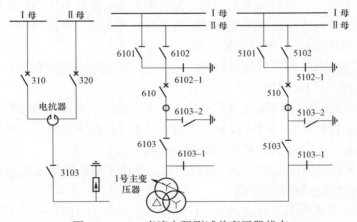

图 5 - 15 - 8　直流电阻测试前变压器状态

以高压绕组 1 挡为例，测试接线如图 5 - 15 - 9 所示。测试线夹夹在已解开的 6103 - 1 接地排上，按照顺序，依次进行 AB、BC、AC 间线电阻测试，测试结束。

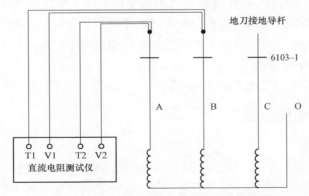

图 5 - 15 - 9　高压绕组直流电阻测试接线图

15.4.2.2　直流电阻试验步骤

（1）记录变压器的铭牌数据，观察和记录变压器的上层油温，记录现场环境温度、湿度等内容。

（2）对被试变压器放电，接地。

（3）选择合适的地点置放试验仪器，将仪器的金属外壳可靠接地。

（4）按图 5-15-9 进行试验接线，先接试验仪器一侧电压电流线、再将电压电流线另一端夹在已拆除接地排的接地开关上。试验接线接触必须良好、可靠并有防止脱落措施。

（5）检查试验接线均正确无误后。通知所有人员离开被试变压器现场。经试验负责人的同意后，开启启动测试电源开关，准备测试变压器直流电阻，操作人员应站在绝缘垫上，在测试变压器的直流电阻过程中做好监护和互唱工作。

（6）根据变压器的出厂试验报告和历次试验数据，正确选择测试仪器的测试电流挡位，选择正确后，启动开始按钮开始测试。试验人员应把手放在电源开关附近，随时警戒异常情况发生。

（7）待数据稳定后，记录测量的相别、测量的数值。按动变压器直流电阻测试仪的复位按钮，通过测试仪内放电回路对变压器绕组进行放电，开始释放绕组所存储的能量，放电完毕（蜂鸣声停止鸣响），断开仪器电源。

（8）变更试验接线，测量变压器同绕组另一相间或另一个绕组的直流电阻。经复查无误后，再按上述程序进行测量。

（9）变压器绕组的直流电阻全部测试完毕，在对绕组进行放电并接地后，首先拆除仪器的供电电源线，再将接在已拆除接地排的接地开关上的线夹撤拆掉，再拆除连接在直流电阻测试仪的测试导线，最后拆掉测试仪的接地线。

（10）检查试验现场有无遗留物、是否清洁、是否恢复被测变压器的原始状态等。

15.4.2.3 直流电阻试验注意事项

在对高压绕组直流电阻进行测试时，注意已拆接地排的 5103-1 接地开关、变压器低压绕组、高压中性点套管、中压中性点套管存在触电风险，应派人看守。同时，测量中压绕组直流电阻和低压绕组直流电阻时，也应对存在触电风险点加强看守。

15.4.2.4 直流电阻试验标准

（1）1.6MVA 以上容量，各相绕组电阻相间差别不应大于三相平均值的 2%（警示值），无中性点引出线的绕组，线间差别不应大于三相平均值的 1%（注意值）；1.6MVA 及以下容量，各相绕组电阻相间差别一般不大于三相平均值的 4%（警示值），线间差别一般不大于三相平均值的 2%（注意值）。

（2）同相初值差不超过±2%（警示值）。

15.4.3 绕组绝缘电阻试验

15.4.3.1 准备工作

试验前，解开 6103-1 和 5103-1 接地开关的接地排、1号主变压器低压套管引线、1号主变压器中性点及高压中性点套管引线。以测量高压绕组对中低压绕组及地绝缘电阻试验为例，将已解开接地排的 6103-1 接地开关 A、B、C 三相短接，高压中性点悬空，将已解开接地排的 5103-1 接地开关 A、B、C 三相短接接地，中压中性点套管接地，低压套管 A、B、C 三相短接接地。如图 5-15-10 所示。

15.4.3.2　绕组绝缘电阻测试步骤

（1）记录变压器的铭牌数据，观察和记录变压器的上层油温，记录现场环境温度、湿度等内容。

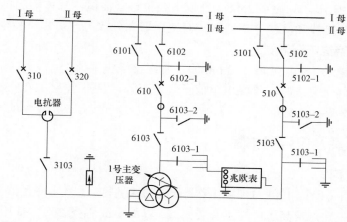

图 5-15-10　高压绕组对中低压绕组及地的绝缘电阻测试原理图

（2）将变压器各绕组接地放电，对大容量变压器应充分放电（5min 以上），放电时应用绝缘工具进行，不得用手碰触放电导线。

（3）进行绝缘电阻表自检，检查绝缘电阻表是否正常。

（4）按照图 5-15-10 进行接线，经检查确认无误后，启动绝缘电阻表进行测量，分别读取 15s、60s、10min 绝缘电阻值，并做好记录。

（5）读取绝缘电阻表后，应先断开接至被试品高压端的连接线，然后将停止绝缘电阻表测量，以免变压器在测量时所充的电荷经绝缘电阻表放电而损坏绝缘电阻表。

（6）对变压器测试部位放电接地，并依次进行中压绕组对高低压绕组及地和低压绕组对高中压绕组及地的绝缘电阻试验。

（7）吸收比、极化指数测试。将分别在 15s、60s、10min 读取的绝缘电阻值 R_{15s}、R_{60s}、R_{10min} 并用下面公式进行计算。

$$吸收比 = \frac{R_{60s}}{R_{15s}}$$

$$极化指数 = \frac{R_{10min}}{R_{60s}}$$

且应满足吸收比大于 1.3，极化指数大于 1.5 的规定要求。

（8）变压器绕组的绝缘电阻全部测试完毕，在对绕组进行放电并接地后，方可拆除试验接线。

（9）检查试验现场有无遗留物、是否清洁、是否恢复被测变压器的原始状态等。

15.4.3.3　绕组绝缘电阻测试注意事项

（1）在进行高压绕组对中低压绕组及地绝缘电阻测试时，高压中性点套管存在触电风险，应派人看守。同时，测量中压绕组对高低压绕组及地绕组绝缘电阻测试时，中压中性点套管也存在触电风险，应派人看守。

（2）在进行高压绕组对中低压绕组及地和中压绕组对高低压绕组及地绝缘电阻测试时，不应使用绝缘电阻表 5000kV 挡位，因 6103－1 和 5103－1 接地开关的绝缘垫可能不能承受 5000kV 的电压，应使用 2500V 及以下挡位进行测试，具体情况具体分析。

（3）试验更改接线和试验完毕后，应对变压器充分放电，防止试验电伤人。

15.4.3.4　绕组绝缘电阻测试标准

（1）测量并记录 15s、1min、10min 的各绕组绝缘电阻值。

（2）换算至同一温度时，绝缘电阻值无显著下降，且不小于 10000MΩ或吸收比不小于 1.3 或极化指数不小于 1.5。

15.4.4　介质损耗及电容量试验

15.4.4.1　准备工作

试验前，解开 6103－1 和 5103－1 接地开关的接地排、1 号主变压器低压套管引线、1 号主变压器中压中性点及高压中性点套管引线。以测量高压绕组对中低压绕组及地介质损耗及电容量试验为例，将已解开接地排的 6103－1 接地开关 A、B、C 三相短接，高压中性点悬空，将已解开接地排的 5103－1 接地开关 A、B、C 三相短接接地，中压中性点套管接地，低压套管 A、B、C 三相短接接地，如图 5－15－11 所示。

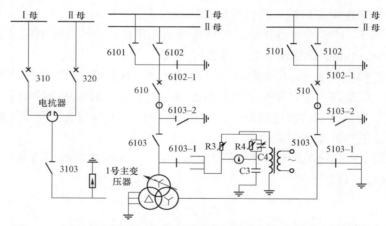

图 5－15－11　高压绕组对中低压绕组及地的介损和电容量测试原理图

15.4.4.2　介质损耗及电容量测试步骤

（1）记录变压器的铭牌数据，观察和记录变压器的上层油温，记录现场环境温度、湿度等内容。

（2）将变压器各绕组接地放电，对大容量变压器应充分放电（5min 以上），放电时应用绝缘工具进行，不得用手碰触放电导线。在测量 $\tan\delta$ 前，测试变压器各侧绕组及绕组对地间的绝缘电阻，应正常。

（3）将接地线一端接在地网上，另一端可靠接于仪器面板的接地螺栓上，且地网的接地点应具有良好的导电性，否则会影响测量的正确性，甚至危及人身安全。

（4）按图 5－15－11 进行接线，被试变压器的测试端三相用裸铜线短接，非被试端三相短路与变压器外壳连接后接地。

（5）接线确认无误后，开始试验，将电压升至试验电压，采用反接线进行测试。试验过程中，试验人员应把手放在电源开关附近，随时警戒异常情况发生。

（6）待数据稳定后，记录测量的相别、测量的数值，试验数据应符合相关标准规定要求。

（7）对变压器测试部位放电接地，并依次进行中压绕组对高低压绕组及地和低压绕组对高中压绕组及地的介质损耗及电容量试验。

（8）变压器绕组的介质损耗及电容量试验全部测试完毕，在对绕组进行放电并接地后，方可拆除试验接线。

（9）检查试验现场有无遗留物、是否清洁、是否恢复被测变压器的原始状态等。

15.4.4.3　介质损耗及电容量测试注意事项

（1）在进行高压绕组对中低压绕组及地介质损耗及电容量测试时，高压中性点套管存在触电风险，应派人看守。同时，在进行中压绕组对高低压绕组及地介质损耗及电容量测试时，中压中性点套管也应对存在触电风险，应派人看守。

（2）在进行高压绕组对中低压绕组及地和中压绕组对高低压绕组及地介质损耗及电容量测试时，不应使用 10kV 挡位测试，因 6103－1 和 5103－1 接地开关的绝缘垫可能不能承受 10kV 的电压，应用 2000V 及以下挡位进行测试，具体情况具体分析。

（3）变压器绕绕组介质损耗及电容量测试时，应采用反接线进行测试，仪器必须可靠接地。

（4）试验更改接线和试验完毕后，应对变压器充分放电，防止试验电伤人。

15.4.4.4　介质损耗及电容量测试标准

（1）采用反接线，试验电压 10kV。

（2）介质损耗因数 $\tan\delta$（20℃）。330kV 及以上：≤0.5%；110～220kV：≤0.8%；35kV 及以下：≤1.5%（注意值）。

15.5　主要引用标准

（1）GB 50150《电气装置安装工程　电气设备交接试验标准》

（2）Q/GDW 11447《10kV～500kV 输变电设备交接试验规程》

（3）国家电网设备〔2018〕979 号《国家电网公司十八项电网重大反事故措施（修订版）》

（4）国网（运检/3）829—2017《国家电网公司变电检测管理规定（试行）》